高职高专大数据技术专业系列教材

MySQL 数据库应用与管理项目化教程

(微课版)

主　编　何小苑　陈惠影

副主编　卢少明　涂毅晗　龚　静

参　编　林岚岚　马梦成　高　扬

西安电子科技大学出版社

内 容 简 介

本书以党的二十大精神为指引，MySQL8.0 为主要应用环境，以电商购物管理系统为典型案例，由浅入深、循序渐进地介绍了数据库的应用、管理和设计等三方面技术和数字素养。数据库应用技术包括：数据库基本概念和环境安装与配置，创建数据库和应用存储引擎，创建数据表，插入、修改和删除数据，查询数据，视图，存储过程与函数，触发器等；数据库管理技术包括：索引和事务，数据库安全与备份恢复管理等；数据库设计技术包括：需求分析，模型设计与综合案例等技术内容和相关素质。

本书包含 11 个项目，每一个项目均安排多个任务，每个任务配有大量应用实例、运行效果图、微课视频和任务实施步骤，并在最后一个项目中提供了电商购物管理系统案例设计的完整过程、设计方案和对象编写代码，易学易用。本书是“十四五”职业教育国家规划教材。

本书可以作为应用型本科、高等职业技术院校及各类职业学校计算机类专业的教材，也可以作为教师、科研人员、工程技术人员和相关培训机构的参考书，还可以作为希望快速学习软件开发、云技术、大数据技术、人工智能和物联网技术的初、中级用户和自学者的学习用书。

图书在版编目(CIP)数据

MySQL 数据库应用与管理项目化教程：微课版 / 何小苑，陈惠影主编. — 西安：西安电子科技大学出版社，2021.3(2025.1 重印)
ISBN 978-7-5606-6020-2

Ⅰ. ①M… Ⅱ. ①何… ②陈 Ⅲ. ①关系数据库系统—教材 ②SQL 语言—程序设计—教材 Ⅳ. ①TP311.132.3 ②TP311. 138

中国版本图书馆 CIP 数据核字(2021)第 029118 号

策　　划　明政珠
责任编辑　张　玮
出版发行　西安电子科技大学出版社(西安市太白南路 2 号)
电　　话　(029)88202421　88201467　　邮　　编　710071
网　　址　www.xduph.com　　电子邮箱　xdupfxb001@163.com
经　　销　新华书店
印刷单位　陕西天意印务有限责任公司
版　　次　2021 年 3 月第 1 版　　2025 年 1 月第 11 次印刷
开　　本　787 毫米 × 1092 毫米　1/16　　印　张　18.5
字　　数　430 千字
定　　价　49.00 元
ISBN 978-7-5606-6020-2

XDUP 6322001-11

序

自从2014年大数据首次写入政府工作报告，大数据就逐渐成为各级政府关注的热点。2015年9月，国务院印发了《促进大数据发展行动纲要》，系统部署了我国大数据发展工作，至此，大数据成为国家级的发展战略。2017年1月，工信部编制印发了《大数据产业发展规划(2016—2020年)》。

为对接大数据国家发展战略，教育部批准于2017年开办高职大数据技术专业，2017年全国共有64所职业院校获批开办该专业，2020年全国619所高职院校成功申报大数据技术专业，大数据技术专业已经成为高职院校最火爆的新增专业。

为培养满足经济社会发展的大数据人才，加强粤港澳大湾区区域内高职院校的协同育人和资源共享，2018年6月，在广东省人才研究会的支持下，由广州番禺职业技术学院牵头，联合深圳职业技术学院、广东轻工职业技术学院、广东科学技术职业学院、广州市大数据行业协会、佛山市大数据行业协会、香港大数据行业协会、广东职教桥数据科技有限公司、广东泰迪智能科技股份有限公司等200余家高职院校、协会和企业，成立了广东省大数据产教联盟，联盟先后开展了大数据产业发展、人才培养模式、课程体系构建、深化产教融合等主题的研讨活动。

课程体系是专业建设的顶层设计，教材开发是专业建设和三教改革的核心内容。为了普及和推广大数据技术，为高职院校人才培养做好服务，西安电子科技大学出版社在广泛调研的基础上，结合自身的出版优势，联合广东省大数据产教联盟策划了“高职高专大数据技术专业系列教材”。

为此，广东省大数据产教联盟和西安电子科技大学出版社于2019年7月在广东职教桥数据科技有限公司召开了“广东高职大数据技术专业课程体系构建与教材编写研讨会”。来自广州番禺职业技术学院、深圳职业技术学院、深圳信息职业技术学院、广东科学技术职业学院、广东轻工职业技术学院、中山职业技术学院、广东水利电力职业技术学院、佛山职业技术学院、广东职教桥数据科技有限公司、广东泰迪智能科技股份有限公司和西安电子科技大学出版社等单位的30余位校企专家参与了研讨。大家围绕大数据技术专业人才培养定位、培养目标、专业基础(平台)课程、专业能力课程、专业拓展(选修)课程及教材编写方案进行了深入研讨，最后形成了如表1所示的高职高专大数据技术专业课程体系。在课程体系中，为加强动手能力培养，从第三学期到第五学期，开设了3个共8周的项目实践；为形成专业特色，第五学期的课程，除4周的“大数据项目开发实践”外，其他都是专业拓展课程，各学校根据区域大数据产业发展需求、学生职业发展需要和学校办学条件，开设纵向延伸、横向拓宽及X证书的专业拓展选修课程。

表 1　高职高专大数据技术专业课程体系

序号	课程名称	课程类型	建议课时
第一学期			
1	大数据技术导论	专业基础	54
2	Python 编程技术	专业基础	72
3	Excel 数据分析应用	专业基础	54
4	Web 前端开发技术	专业基础	90
第二学期			
5	计算机网络基础	专业基础	54
6	Linux 基础	专业基础	72
7	数据库技术与应用 (MySQL 版或 NoSQL 版)	专业基础	72
8	大数据数学基础——基于 Python	专业基础	90
9	Java 编程技术	专业基础	90
第三学期			
10	Hadoop 技术与应用	专业能力	72
11	数据采集与处理技术	专业能力	90
12	数据分析与应用——基于 Python	专业能力	72
13	数据可视化技术(ECharts 版或 D3 版)	专业能力	72
14	网络爬虫项目实践(2 周)	项目实训	56
第四学期			
15	Spark 技术与应用	专业能力	72
16	大数据存储技术——基于 HBase/Hive	专业能力	72
17	大数据平台架构(Ambari，Cloudera)	专业能力	72
18	机器学习技术	专业能力	72
19	数据分析项目实践(2 周)	项目实训	56
第五学期			
20	大数据项目开发实践(4 周)	项目实训	112
21	大数据平台运维(含大数据安全)	专业拓展(选修)	54
22	大数据行业应用案例分析	专业拓展(选修)	54
23	Power BI 数据分析	专业拓展(选修)	54
24	R 语言数据分析与挖掘	专业拓展(选修)	54
25	文本挖掘与语音识别技术——基于 Python	专业拓展(选修)	54
26	人脸与行为识别技术——基于 Python	专业拓展(选修)	54
27	无人系统技术(无人驾驶、无人机)	专业拓展(选修)	54
28	其他专业拓展课程	专业拓展(选修)	
29	X 证书课程	专业拓展(选修)	
第六学期			
29	毕业设计		
30	顶岗实习		

基于此课程体系，与会专家和老师研讨了大数据技术专业相关课程的编写大纲，各主编教师就相关选题进行了写作思路汇报，大家相互讨论，梳理和确定了每一本教材的编写内容与计划，最终形成了该系列教材。

本系列教材由广东省部分高职院校联合大数据与人工智能企业共同策划出版，汇聚了校企多方资源及各位主编和专家的集体智慧。在本系列教材出版之际，特别感谢深圳职业技术学院数字创意与动画学院院长聂哲教授、深圳信息职业技术学院软件学院院长蔡铁教授、广东科学技术职业学院计算机工程技术学院(人工智能学院)院长曾文权教授、广东轻工职业技术学院信息技术学院院长廖永红教授、中山职业技术学院信息工程学院院长赵清艳教授、顺德职业技术学院校长杨小东教授、佛山职业技术学院电子信息学院院长唐建生教授、广东水利电力职业技术学院大数据与人工智能学院院长何小苑教授，他们对本系列教材的出版给予了大力支持，安排学校的大数据专业带头人和骨干教师积极参与教材的开发工作；特别感谢广东省大数据产教联盟秘书长、广东职教桥数据科技有限公司董事长陈劲先生提供交流平台和多方支持；特别感谢广东泰迪智能科技股份有限公司董事长张良均先生为本系列教材提供技术支持和企业应用案例；特别感谢西安电子科技大学出版社副总编辑毛红兵女士为本系列教材提供出版支持；也要感谢广州番禺职业技术学院信息工程学院胡耀民博士、詹增荣博士、陈惠红老师、赖志飞博士等的积极参与。感谢所有为本系列教材出版付出辛勤劳动的各院校的老师、企业界的专家和出版社的编辑！

由于大数据技术发展迅速，教材中的欠妥之处在所难免，敬请专家和使用者批评指正，以便改正完善。

广州番禺职业技术学院
余明辉
2020 年 6 月

前　言

为深入学习贯彻党的二十大精神，本书以立德树人为根本任务，着力应用新理念、新思路、新办法，对照新修订的职业教育法和《国家职业教育改革实施方案》要求，以职业需求为导向，以实践能力培养为重点，深化“产教融合、育训结合”的指导思想。结合教学实际融入科学精神、工程思维和创新意识，注重以社会主义核心价值观铸魂育人。编者围绕高职“大数据技术”专业对应的岗位群做了深入调研，对学生就业情况和企业人才需求状况进行了充分分析，在与企业专家进行反复研讨的基础上，针对当前高职院校学生对数据库技术缺乏系统思维和项目实践能力的情况编写了本书。本书精心设计了以企业典型项目为载体、任务为驱动、“教、学、做”一体化的教学内容，融入了“1 + X”职业技能等级证书要求和企业职业标准，在基本理论的基础上突出实践技能，注重案例项目化的实践教学，引导学生在实践的基础上理解并掌握理论知识，从而掌握数据库工程师岗位的基本技能，提高其综合应用能力。

本书以 Oracle 公司的 MySQL 数据库管理系统为数据管理平台，以企业典型项目“电商购物管理系统”作为教学案例项目，介绍了数据库运行环境、配置以及数据库应用、管理与设计等内容，内容安排遵循学生的学习认知规律。本书以项目化任务引导整个教学过程，充分体现了高职高专职业实践能力培养的特色。

本书在编者十多年教学探索和实践经验的基础上，联合企业团队共同开发编写而成，结构清晰，内容完整，操作直观，通俗易懂，是集“理、实、视、练”于一体的新形态立体化教材。本书具有如下特色：

(1) 案例。精心设计开发的“电商购物管理系统”案例贯穿项目教学的全过程，将数据库技术与案例系统开发应用、教学内容和案例系统应用展示有机融为一体。

(2) 微课。项目任务配有大量微课，通过手机扫描二维码即可进行在线学习。

(3) 实例。所有任务均包含大量实例，提供了运行语句和运行效果图，使读者在阅读时脱离系统运行环境也能直观看到运行效果。

(4) 任务实施。所有任务之后都给出一个相应的任务实施，既突出本任务的重点内容，也加强对重点技术的实践训练。

(5) 多岗位模块。包含四大模块：应用基础模块、应用开发模块、管理模块、系统设计模块。按岗位学习或专业开课需要，可以从四大模块中选择或组合不同的项目，其中应用基础模块是其他模块的基础。各项目相应的课时安排和模块说明如下表所示。

(6) 育人题材。以数据管理科技发展、数字意识、计算思维、数字创新和数字社会责任等数字素养为主线，将民族自信、家国情怀、国家安全、科学思维、工程伦理、职业精神、工匠精神、科技创新、法治意识、绿色环保和社会责任等方面的育人题材作为思政元素有机融入教材，做到润物无声。

项目课时和所属模块一览表

项目名称	建议课时		模块
项目一　初识数据库应用系统	6	42	应用基础
项目二　创建和管理数据库	6		
项目三　创建和管理数据表	6		
项目四　数据处理	8		
项目五　数据查询	16		
项目六　视图	8	24	应用开发
项目七　存储过程与函数	10		
项目八　创建触发器	6		
项目九　索引和事务	8	16	管理
项目十　数据库安全与备份恢复管理	8		
项目十一　应用数据库设计	16	16	系统设计

本书由广东水利电力职业技术学院、江西应用科技学院、湖南环境生物职业技术学院一线教师团队联合编写。全书由何小苑设计和统稿，配套资源和微课录制由何小苑、陈惠影完成，项目一、项目三和项目四由陈惠影编写，项目二由涂毅晗编写，项目九和项目十由卢少明编写，项目五、项目六、项目七、项目八和项目十一由何小苑编写，龚静参与了MySQL 程序设计部分内容编写并提供了相关素材，林岚岚、马梦成和高扬参与了案例系统的设计和项目十一的编写。在本书编写过程中，编者得到了所在单位领导的大力支持和帮助，还得到了广州原动力技术有限公司的大力支持，在此表示由衷的感谢！

本书配套有电子课件、电子教案、课程标准、课后答案、案例代码、微课视频等资源，书中涉及的个人信息等敏感数据都经过脱敏处理，读者可以发送邮件到 hexy@gdsdxy.cn 联系获取，也可以登录西安电子科技大学出版社官网(www.xduph.com)进入本书详情进行下载。

由于编者水平有限，书中不足之处在所难免，欢迎广大同行和读者批评指正。

编　者

2020 年 12 月

目　录

项目一　初识数据库应用系统

项目介绍

数据库应用系统是部署在数据库管理系统中，以数据检索处理功能为主的一类应用软件系统，广泛应用于日常生活工作中。新一代信息技术应用的快速发展，数据价值得到空前重视，数据库技术起到重要作用。本书主要介绍 MySQL 数据库应用系统。本项目以大家熟悉的电商购物管理系统为案例，通过演示商品订购和商品管理功能与数据库的关系，引导读者初步认识数据库应用系统和数据库的作用，了解数据库运行环境与配置，最终达到能够安装和配置数据库服务器的目的和本项目教学目标的达成。本项目主要包括了解数据库系统和 MySQL 环境安装与配置两个任务。

教学目标

素质目标

◎ 具备数据的主动发现、真伪识别和正确应用等数字意识；

◎ 关注科技发展，增加民族自信，具有科技报国的家国情怀。

知识目标

◎ 了解数据库应用及其基本概念和数据库管理系统主流产品；

◎ 了解数据模型和结构化查询语言 SQL。

能力目标

◎ 能够安装 MySQL 数据库系统环境，配置 MySQL 服务器；

◎ 能够排除 MySQL 服务器安装、启动服务和连接服务类的故障。

学习重点

◎ 下载安装和配置 MySQL 服务器；

◎ 测试启动和连接服务。

学习难点

◎ 排除服务器配置和连接故障。

任务1　了解数据库系统

数据库案例
系统介绍

数据库系统在生活、工作中应用广泛，在学习数据库技术前，先了解数据库的发展历程和基本概念，有利于理解数据库技术在工作中所起的作用。通过观看“数据库案例系统介绍”视频，读者应了解数据库系统的基本构成和数据库的应用，熟悉数据库的基本概念，达到对数据库系统的初步认识。

一、数据库的发展历程

数据库管理技术先后经历了人工管理、文件管理、数据库管理三大主要阶段。

1. 人工管理

20世纪40年代中期至50年代中期，计算机主要用于科学计算，外部存储器只有磁带、卡片和纸带等，还未有磁盘等直接存取的存储设备。软件只有汇编语言，无数据管理方面的软件，数据处理方式是批处理。

这个阶段的特点：数据主要用于科学计算，数据与程序是一个整体，数据不存在共享；无直接存取存储设备，数据不能长期保存，还未出现操作系统。

2. 文件管理

20世纪50年代末到60年代中期，计算机不仅用于科学计算，而且还运用在信息管理方面。随着信息数据量的增加，数据结构和数据管理技术迅速发展起来。此时外存储器有了磁盘、磁鼓等直接存取的存储设备；软件领域出现了操作系统，数据以“文件”为单位存储在外存设备，由操作系统中的文件系统进行统一管理。

这个阶段的特点：数据不仅用于科学技术也用于管理。数据由文件系统管理，数据可以长期保存，虽有一定的独立性和共享性，但数据冗余大，共享性差，数据独立性差。

3. 数据库管理

20世纪60年代末以来，计算机开始广泛应用于数据管理领域，数据库管理技术应运而生，能够统一管理和共享数据的数据库管理系统(DataBase Management System，DBMS)诞生，它可对所有的数据实行统一管理，提供多用户访问，减少数据的冗余度，实现数据共享以及数据库与应用程序之间的逻辑独立性，使应用程序开发和维护的复杂度降到较低程度。目前数据库是应用最广泛的数据管理工具。

这个阶段的特点：数据由DBMS统一管理和控制，实现了数据整体结构化，数据共享性高，冗余度低，数据库的逻辑结构和物理结构相互独立，互不影响。

二、数据库的基本概念

1. 数据库

数据库是指按一定的数据结构将相关数据组织在一起并长期存储在计算机内，能够

为多用户共享、与应用程序彼此相互独立的一组关联数据的集合，是存放数据的仓库。

2. 数据库管理系统

数据库管理系统是指位于用户与操作系统之间的一层数据管理系统软件。数据库管理系统具备数据库的定义、操纵、查询及控制等功能，是为数据库的建立、使用和维护而配置的软件，它提供了安全性、完整性、多用户并发访问及系统故障恢复等统一控制机制，方便用户管理和存取大量的数据资源。常用的数据库管理系统有国产金仓(KingbaseES)数据库、Microsoft SQL Server、Oracle、MySQL、DB2 等。

3. 数据库应用系统

数据库应用系统是指系统开发人员利用数据库和某种前台开发工具开发的，面向某一类信息处理业务的软件系统，如教务管理系统、图书借阅管理系统，京东、天猫、携程网等公司使用的都是数据库应用系统。

4. 数据库系统

数据库系统通常指的是由计算机的硬件系统、软件系统、数据库、数据库管理系统和数据管理员组成的一个完整系统。

5. 数据库管理员

数据库管理员(DataBase Administrator，DBA)是管理和维护数据库管理系统(DBMS)的相关工作人员的统称，属于运维工程师的一个分支，主要负责业务数据库从设计、测试、部署交付到运营维护的全生命周期管理。DBA 的核心目标是保证数据库管理系统的稳定性、安全性、完整性和高性能，保证数据库服务 7 × 24 小时的稳定高效运转。DBA 也称作数据库工程师(DataBase Engineer)，与数据库开发工程师(DataBase Developer)不同。

- 数据库工程师：主要职责是运维和管理数据库管理系统，侧重于运维管理。
- 数据库开发工程师：主要职责是设计和开发数据库管理系统和数据库应用系统，侧重于软件研发。

三、数据库系统的应用模式

目前人们的工作生活中会用到众多数据库应用系统，有通信、银行、航空、购物等需要浏览访问的网站，也有证券、QQ、微信等需要下载安装并不断升级的软件，这两类不同应用访问的数据库系统分别属于下面两种应用模式。

1. C/S 模式

C/S 模式即 Client/Server(客户机/服务器)模式，这种模式将任务合理分配到客户端和服务器端，从而降低系统的通信开销，充分利用了两端计算机的资源。基于 C/S 模式的数据库应用软件必须安装在每个客户端，启动软件时直接在安装了软件的客户端启动即可，如图 1-1 所示的 QQ 聊天软件。

基于 C/S 模式的数据库应用软件响应速度快，可以充分满足客户自身的个性化要求，但升级不方便，维护和管理的难度较大，一般在特定行业使用，如证券交易系统、聊天软件(微信、QQ)、财务软件等。

图 1-1　基于 C/S 模式的数据库应用软件

2. B/S 模式

B/S 模式即 Browser/Server(浏览器/服务器)模式，该模式是随着计算机网络技术的兴起而产生的。在这种模式下，软件系统安装在一台称为 Web 服务器的电脑上，客户端只需安装浏览器，通过浏览器即可访问软件系统。这种软件系统通常称为网站，如图 1-2 所示的京东购物网站和电商购物管理案例系统的后端管理网站。

图 1-2　基于 B/S 模式软件的访问客户端前台和管理员后台管理网站

基于 B/S 模式的软件系统对用户所处的地域没有限制，只要终端有浏览器，就可随时随地进行查询、浏览等业务，系统升级和维护方便，只要维护一台 Web 服务器即可，但较难实现个性化的功能，响应速度较慢。目前应用广泛的电子政务、电子商务、购物系统等几乎都基于 B/S 模式。

四、数据模型

数据(Data)是描述事物的符号记录，模型(Model)是现实世界的抽象。数据模型从抽象层次上描述应用系统的静态特征、动态行为和约束条件，是数据与数据之间的联系、数据的语义和数据一致性约束的概念性工具的集合。数据模型也是数据库结构的核心与基础，为数据库系统的信息表示与操作提供了一个抽象的框架。

1. 数据模型的三要素

数据模型通常由数据结构(静态特征)、数据操作(动态特征)和数据完整性约束三要素组成。

(1) 数据结构。数据结构用于描述数据库对象的静态特征，包括数据的类型、内

容、性质及数据之间的联系等。数据结构是数据模型的基础，数据操作和约束都建立在数据结构之上。不同的数据结构具有不同的操作和约束。

(2) 数据操作。数据操作用于描述数据库对象的动态特征，是对数据库各种对象实例的操作，主要指查询、插入、删除和修改以及对各类数据库对象的建立管理等操作。

(3) 数据完整性约束。数据完整性约束是一组完整性规则的集合，它定义了给定数据库模型中数据及其联系所具有的制约和依存规则，主要描述数据结构内数据间的语法、词义联系，数据之间的制约和依存关系，并且规定了数据库状态及状态变化所应满足的条件，以保证数据的正确性、有效性和相容性。

2. 数据模型

数据库技术发展至今，经历了层次数据模型和网状数据模型(第一代数据库)、关系数据模型(第二代数据库)以及以面向对象数据模型为代表的新型数据模型(第三代数据库)。其中，层次数据模型、网状数据模型和面向对象数据模型统称为非关系数据模型，关系数据模型是当前最流行的数据模型。

(1) 层次数据模型。层次数据模型发展最早，它以树结构为基本结构，典型代表是 IMS 模型。该模型有且仅有一个根结点，根结点没有双亲结点，除根结点以外的其他结点有且仅有一个双亲结点。这种模型层次分明，结构清晰，容易理解，能反映实体的一对多联系，但同一属性数据要存储多次，数据冗余度大，对联系复杂的事物难以描述。

(2) 网状数据模型。网状数据模型通过网状结构表示数据间的联系，开发较早且有一定优点，目前使用仍然较多，典型代表是 DBTG 模型。相比层次数据模型，网状数据模型允许一个以上的结点无双亲结点，一个结点可以有多个双亲结点，两个结点间可以有多对多的联系，但网状结构太复杂。

(3) 关系数据模型。关系数据模型是通过满足一定条件的二维表格来表示实体集合以及数据间联系的一种模型，是数据库系统中最重要、应用最广泛的一种数据模型，典型模式有 Oracle、MySQL。这种模型的数据库将复杂的数据结构归结为简单的二维表来表示，便于利用各种实体与属性之间的关系进行存储和变换。关系数据库即采用关系数据模型设计的数据库。

(4) 面向对象数据模型。随着人工智能、分布式、多媒体等技术的应用发展，不断涌现出面向对象数据库、分布式数据库、多媒体数据库等新型数据库，其中面向对象数据库以其实用性强、适用面广而被广泛研究和应用。在关系数据库中纳入面向对象元素，又出现了“关系-对象”数据模型。

五、结构化查询语言 SQL 简介

结构化查询语言(Structured Query Language，SQL)是一种应用于关系数据库查询的结构化语言，用于存取数据以及查询、更新和管理关系数据库系统。1986 年，SQL 被美国国家标准协会(ANSI)定为关系数据库管理系统的标准语言，同时它被国际标准化组织(ISO)采纳为国际标准。ANSI/ISO 先后发布了 SQL-89、SQL-92 标准，市场流行的关系数据库管理系统(DBMS)通常都支持 ANSI SQL-92 标准。

SQL 语言主要由 4 部分语句组成。

1. 数据定义语言

数据定义语言(Data Definition Language，DDL)提供了定义、修改和删除数据库、数据表以及其他数据库对象的一系列语句。常用语句的关键字为 CREATE、ALTER 和 DROP。

2. 数据操作语言

数据操作语言(Data Manipulation Language，DML)提供了插入、修改、删除和检索数据库记录的一系列语句。常用语句的关键字为 INSERT、UPDATE、DELETE 和 SELECT。

3. 数据控制语言

数据控制语言(Data Control Language，DCL)提供了授予和收回用户对数据库和数据库对象访问权限的一系列语句。常用语句的关键字为 GRANT(授予权限)和 REVOKE(收回权限)。

4. 事务控制语言

事务控制语言(Transaction Control Language，TCL)提供了提交或回滚记录更新的事务控制语句。常用语句的关键字为 COMMIT(提交事务)、SAVEPOINT(设置保存点)、ROLLBACK(回滚事务)。

六、主流数据库简介

当前正处在大数据时代，数据的价值变得越来越重要，类型多样的数据促进了数据库技术的快速发展，从主流数据库的应用可以了解到数据库技术的发展程度和未来趋势。

1. 国产数据库

近年，国产数据库正快速崛起并发展壮大，逐步获得突出地位，打破了国际数据库产品的高度垄断状态。以南大通用大数据新型列储存数据库(GBase)、人大金仓通用关系型数据库(KingbaseES)、华为关系型数据库系统 GaussDB(openGauss，开源数据库)为代表的众多国产自主品牌数据库，正在支撑国家信息技术自主可控战略，带动我国产业发展并走向世界。

2. Oracle 数据库

Oracle 数据库是由美国 Oracle 公司开发的超大型关系型数据库管理系统，一般比较适合超大型的行业领域，如银行、电信、移动等部门。目前，Oracle 数据库占领的市场份额仍然较大，但随着国产数据库的兴起，Oracle 数据库在我国市场上的份额逐渐缩小。Oracle 数据库的不同版本可运行在 Unix、Linux 和 Windows Server 等多种操作系统上，其 SQL 语言称为 PL/SQL。

3. DB2 数据库

DB2 数据库是 IBM 公司开发的关系型数据库管理系统，主要应用于大型应用系

统，尤为适合大型分布式应用系统，具有较好的可伸缩性，从大型机到单用户环境均可支持。DB2 能在许多主流平台上运行，包括目前广泛使用的 Windows、Unix 和 Linux 操作系统。

4. SQL Server 数据库

SQL Server 数据库是 Microsoft 公司推出的关系型数据库管理系统。它是面向 Microsoft Windows 操作系统用户的应用开发的，其拥有图形化的管理工具，比较适合中小型企业数据库管理。

5. MySQL 数据库

MySQL 数据库是开源的关系型数据库管理系统，为本书重点，后面将单独介绍。

6. 非关系型数据库

非关系型数据库也称为 NoSQL(Not only SQL)，是一种不同于关系型数据库的数据库管理系统设计方式，是对非关系型数据库的统称。它所采用的数据模型并不是结构化的，不需要固定的表结构，采用的是类似键值、列族、文档等的非关系模型，可以灵活处理半结构化/非结构化的大数据。常用的非关系型数据库有 MongoDB、HBase、Redis、MemCache 等。

七、MySQL 数据库的发展与优势

MySQL 是目前流行的开源关系型数据库管理系统之一，可以运行于任何计算机平台上，由于其具有开放源码这一特点，吸引了众多开源软件开发者，广泛应用于中小型网站的开发，也被不少大型互联网公司选择使用，如 Facebook、Tencent、Baidu 等。

MySQL 软件采用了双授权政策，分为社区版和企业版。社区版是完全免费的，官方不提供任何技术支持；企业版是收费的，增加了更多企业级功能。

1. MySQL 的发展

MySQL 最早来源于瑞典 MySQL AB 公司前身的 ISAM 与 mSQL 项目(主要用于数据仓库场景)，1996 年 10 月发布第一个版本 MySQL1.0，当时只支持 SQL 特性，不支持事务。MySQL 正式发布的是 3.11.1 版本，是第一个对外提供服务的版本，加入了 MySQL 主从复制功能。MySQL 的发展历程如下：

- 2000 年，MySQL 公布了源代码，并采用 GPL(General Public License)协议，正式进入开源社区，用户可以阅读、修改和优化其源代码。
- 2008 年 1 月，MySQL AB 公司被 Sun 公司收购，MySQL 数据库进入 Sun 时代。
- 2009 年 4 月，Oracle 公司收购 Sun 公司，从此 MySQL 数据库进入 Oracle 时代，而其第三方的存储引擎 InnoDB 早在 2005 年就被 Oracle 公司收购。
- 2015 年 10 月，5.7 版本的 GA 版本正式发布，增加了 JSON 数据类型等功能。这个版本也是到目前为止最新的稳定版本分支。
- 2016 年 9 月，Oracle 决定跳过 MySQL5.x 命名系列，并抛弃之前的 MySQL6/7 两个分支(从来没有对外发布的两个分支)，直接进入 MySQL8 版本命名，也就是进

入 MySQL8.0 版本的开发，这也是当前 MySQL 最新版本。

2. MySQL 的特点和优势

MySQL 可以运行于多种计算机平台，具有支持多用户和多线程等众多特点和优势，具体如下：

- 开放源代码，无版权制约，自主性强，使用成本低，对于多数人是免费的。
- 运行速度快，检索高效，服务稳定，很少出现异常宕机，性能卓越。
- 软件体积小，安装使用简单，易于维护，安装及维护成本低。
- 支持 Linux、Windows、MacOS 等多种操作系统。
- 提供多种语言 API 接口，支持 C、C++、Java、Python、.NET 等多种开发语言。
- 支持多种存储引擎，支持多线程，资源利用率高，应用灵活。
- 社区用户非常活跃，开源应用软件和插件多，利于使用者参考学习。

八、任务实施

按下列内容完成任务，关注技术新动态和扩大视野，不拘泥于教材，充分应用网上资源，具有独立解决问题的能力。

(1) 上网检索数据库的发展历程和最新动态；

(2) 上网检索主流数据库产品的用途与区别；

(3) 上网检索并了解数据模型的发展和特点；

(4) 上网检索结构化查询语言 SQL 的发展及其与各 DBMS 产品的关系；

(5) 上网检索 DBA 的岗位职责和涉及应用的技术。

任务 2　MySQL 环境安装与配置

MySQL 可以在 Windows 和 Linux 环境下安装，免费的社区版也集中了强大功能，建议读者下载社区版进行学习。本任务是在 Windows 环境下，下载安装 MySQL 软件，并对其进行配置和应用测试，同时了解可视化管理软件的应用。

一、下载 MySQL

安装配置服务器

在安装 MySQL 软件之前，应先检查自己的计算机操作系统是 32 位的还是 64 位的，以便确定需下载的版本；然后登录官网，找到需要下载的安装文件进行下载。详细步骤如下：

(1) 在浏览器地址栏输入官网下载地址“https://dev.mysql.com/downloads/mysql”，并按回车键进入 MySQL 官方网站的下载页面，如图 1-3 所示。

说明：图 1-3 所示页面显示的是 MySQL 最新版的安装文件。若选择页面的“Archives”选项卡，则可以下载其他版本，建议读者下载最新版本，因为其功能比较完善。

(2) 在图 1-3 所示页面中的“Select Operating System”下拉框中，选择需要支持

的操作系统，默认的是“Microsoft Windows”。

说明：窗口中显示有“Windows(x86，32&64-bit)，MySQL Installer MSI”和“Windows(x86，64-bit)，ZIP Archive”两类安装文件，MSI 是安装版的安装包，有适合于 32 位和 64 位操作系统两种情况的安装文件；ZIP 是免安装版的安装包，下载后解压运行即可，但只有适合 64 位操作系统的安装文件；带 Debug Binaries & Test Suite 标识的是具有 Debug 功能和测试案例的安装文件。

(3) 点击图右边相应的“Download”按钮，进入下载页面。

说明：此处以本书案例版本为例，先在图 1-3 中选择“Archives”选项卡，在出现的图 1-4 所示的页面中选择 8.0.15 版本，点击“Windows(x86，64-bit)，ZIP Archive”右侧的“Download”按钮。

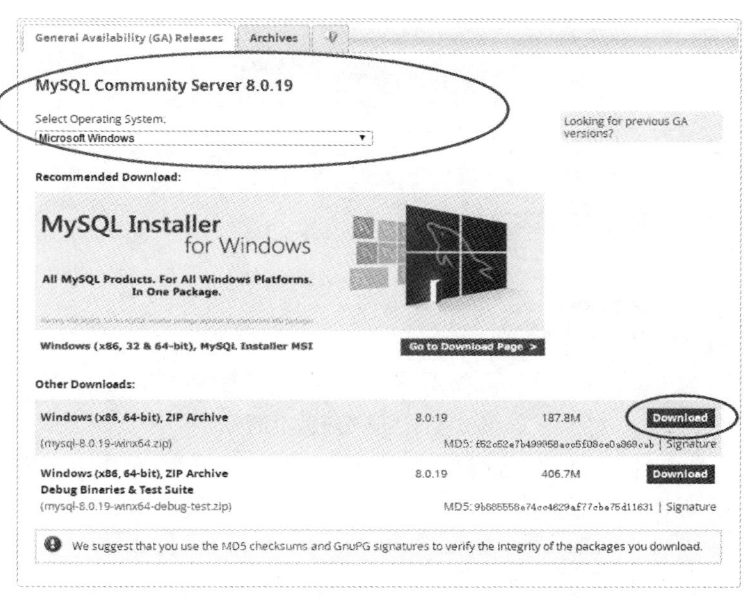

图 1-3　下载 MySQL 最新版本的页面

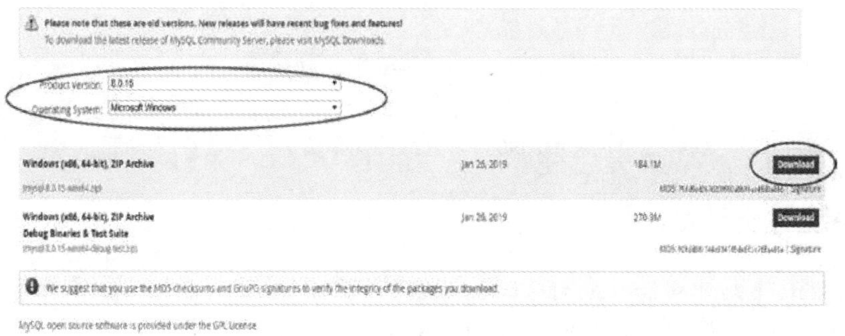

图 1-4　下载 MySQL 其他版本的页面

(4) 单击“Download”按钮后，若下载最新版本，则进入到开始下载页面，如图 1-5 所示。如果有 MySQL 账户，可以点击“Login”按钮下载；如果没有 MySQL 账户，则直接单击下方显示的文字“No thanks，just start my download.”超链接，会跳过注册步骤，出现图 1-6 所示的下载文件保存窗口。若下载非最新版本，则不会跳出注册页面，直接出现图 1-6 所示的下载文件保存窗口。

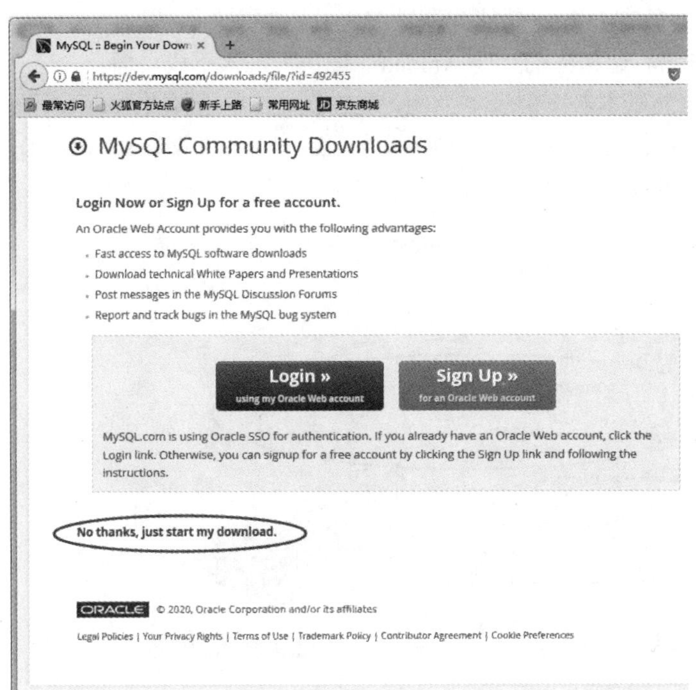

图 1-5　注册或下载页面

(5) 在下载文件保存窗口选择保存目录，如“D:\工具”，单击“下载”按钮，即可开始下载，如图 1-6 所示。

图 1-6　下载文件保存窗口

二、安装与配置 MySQL

MySQL 下载完成后，即可安装与配置。新旧版本号的安装与配置方法相同。说明：本书以已经下载的“mysql-8.0.15-winx64.zip”免安装版为例。

1. 安装版

使用安装版时，要注意在安装过程中的参数设置，密码需要记住，其他可以使用默认值，用户也可以根据自己的需要修改参数。参数设置说明如下：

• 设置端口号，默认为 3306，一般使用默认。

• 设置 root 用户的密码(需要记住)。

• 设置服务器名，默认是 MySQL(也可以修改为带版本号的名称，如 MySQL8)。

安装完毕可查看 MySQL 安装目录下的 my.ini 的配置。一般安装版会直接配置好，如果需要修改，则与免安装版的方法一样。

2. 免安装版

使用免安装版时，可直接解压下载的系统压缩文件，再配置 my.ini 文件，进行初始化和服务安装。详细步骤如下：

第一步，将 MySQL 系统文件解压到指定目录，建立配置文件 my.ini。

(1) 安装系统文件到指定目录。将文件“mysql-8.0.15-winx64.zip”解压到本地磁盘安装目录，此处选择 D 盘根目录。

(2) 创建配置文件“my.ini”。若在 MySQL 系统安装目录中没有文件“my.ini”，则可以新建一个。方法：在安装系统目录中，单击鼠标右键菜单“新建”|“文本文件”，以“my.ini”为文件名保存，如图 1-7 所示。

图 1-7 在 MySQL 系统安装目录中新建 my.ini 文件

说明：配置文件 my.ini 是 MySQL 的核心文件，其内容是 MySQL 的各项配置参数，包含 MySQL 服务器的端口号、MySQL 系统在本机的安装位置、MySQL 数据库文件的存储位置及 MySQL 数据库的编码等配置信息。

(3) 使用记事本打开“my.ini”文件，编辑录入并保存如下基本内容：

```
[mysqld]
# 设置数据库的服务端口，默认为 3306 端口
port=3306
```

```
# 设置 mysql 的安装目录
basedir=D:\mysql-8.0.15-winx64
# 设置 mysql 数据库文件的存放目录，系统会自动建立此目录
datadir=D:\mysql-8.0.15-winx64\data
# 允许最大连接数，其中一个连接是保留的，留给管理员专用
max_connections=200
# 允许连接失败的次数。这是为了防止有人从该主机攻击数据库系统
max_connect_errors=10
# 服务端使用的字符集默认为 UTF8
#character-set-server=utf8
# 创建新表时使用的默认存储引擎
default-storage-engine=INNODB
# 默认使用“mysql_native_password”插件认证方式
#default_authentication_plugin=mysql_native_password
```

说明：

• [mysqld] 表示服务器设置参数。

• default_authentication_plugin 表示认证方式。MySQL8.0 默认的加密方式是 caching_sha2_password，但是也支持旧版默认方式 mysql_native_password。现在很多客户端工具还不支持 MySQL8.0 这种新加密的认证方式，因此连接测试时就会报错，这时可设置为旧版认证方式。

第二步，初始化 MySQL 数据库。

(1) 用管理员身份打开 cmd 窗口。单击“开始菜单”|“附件”|“命令提示符”(Windows 10 系统选择“开始菜单”|“Windows 系统”|“命令提示符”)，选择右键菜单“以管理员身份运行”，出现“管理员：命令提示符”窗口，也即 cmd 窗口，如图 1-8 所示。

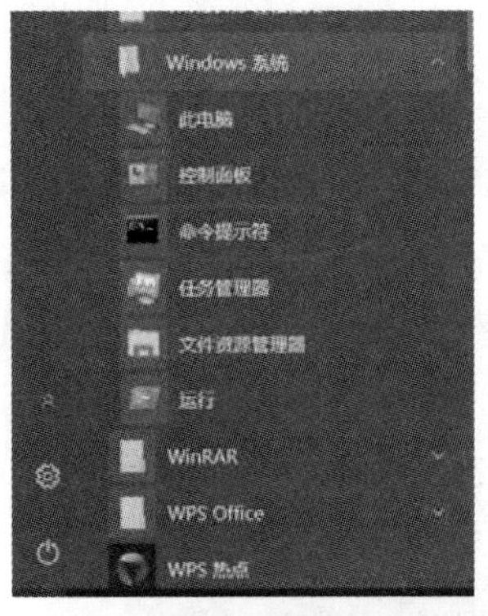

图 1-8　以管理员身份运行的 cmd 命令提示符窗口

此时可以设置命令提示符窗口背景，比如设置成白色，方法如下：

• 右键单击命令提示符窗口的标题栏，选择“属性”菜单项，如图 1-9 所示。

• 在打开的“‘命令提示符’属性”窗口中修改“屏幕背景”为白色、“屏幕文字”为黑色，接着单击“确定”按钮，屏幕背景就改为白色，显示的文字就改为黑色了。

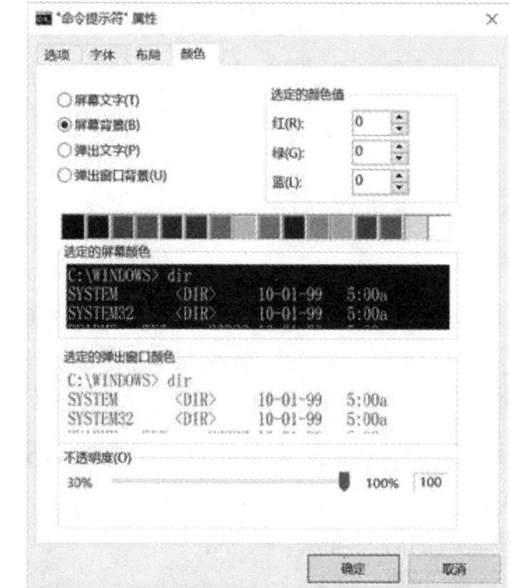

图 1-9　命令提示符窗口标题栏右键“属性”项及其属性窗口

(2) 进入 MySQL 系统 bin 目录。在 cmd 窗口录入盘符“d:”并回车，进入到 D 盘根目录，然后录入命令“cd D:\mysql-8.0.15-winx64\bin”进入 D 盘的 MySQL 系统 bin 目录，如图 1-10 所示。

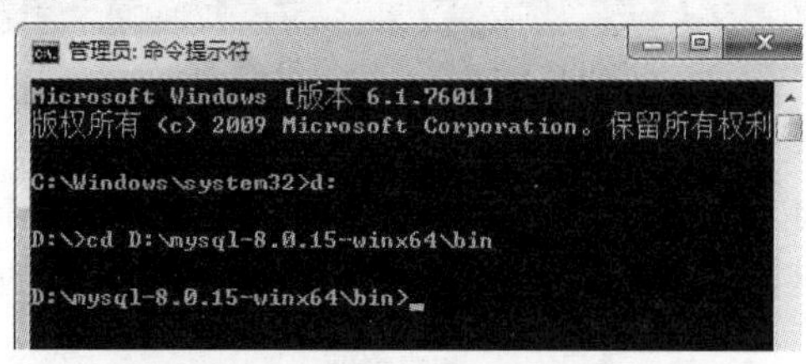

图 1-10　MySQL 系统 bin 目录

(3) 初始化 MySQL 数据库。

在 cmd 窗口中，执行 mysqld 数据库初始化命令。

语法：

```
mysqld--initialize--console
```

【实例 1-1】 在 MySQL 系统的 bin 目录下初始化 MySQL 数据库。执行命令如下：

```
D:\mysql-8.0.15-winx64\bin>mysqld--initialize--console
```

运行结果如图 1-11 所示。

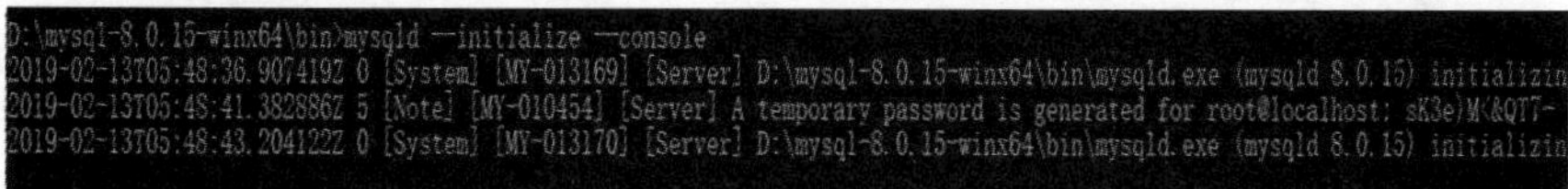

图 1-11　初始化 MySQL 数据库

说明：

• 初始化会自动创建“data”文件夹，不需要手工创建。

• 执行完成后，会打印 root 用户的初始默认密码(不含首位空格)：如图 1-11 所示信息的第二行末尾 root@localhost 后面的 sK3e)M<&QT7-(请记录该初始密码，后面未更改密码前的登录需要使用该初始密码)。

第三步，安装 MySQL 服务。

以管理员身份打开 cmd 窗口，执行 mysqld 命令来安装服务。

语法：

```
Mysqld--install [服务名]
```

说明：

• [服务名] 可省略，默认为 mysql。若电脑上需要安装多个 MySQL 服务，则可用不同的名字进行区分，比如“mysql5_7”或“mysql 8”。

• 看到服务成功安装的信息，表示已经安装了 MySQL 服务。

【实例 1-2】 用默认服务器名方式安装 MySQL 服务。执行命令如下：

```
C:\Windows\system32>mysqld--install
```

运行结果如图 1-12 所示。

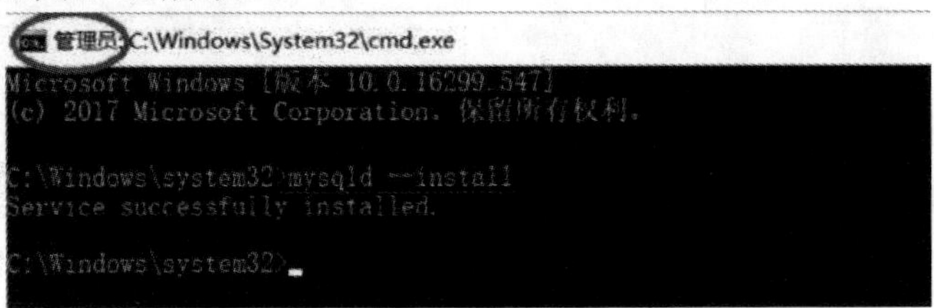

图 1-12　安装 MySQL 服务

第四步，设置环境变量 Path。

(1) 右键单击桌面上的“计算机”(或“我的电脑”)，选择菜单项“属性”，出现“系统属性”窗口，如图 1-13 所示，单击“高级”选项卡中的“环境变量”按钮。

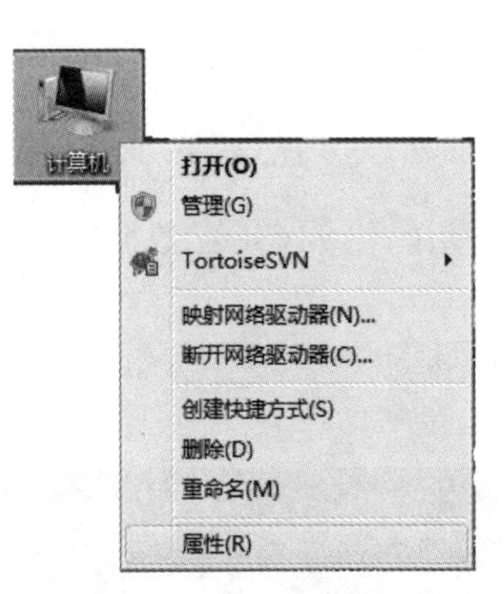

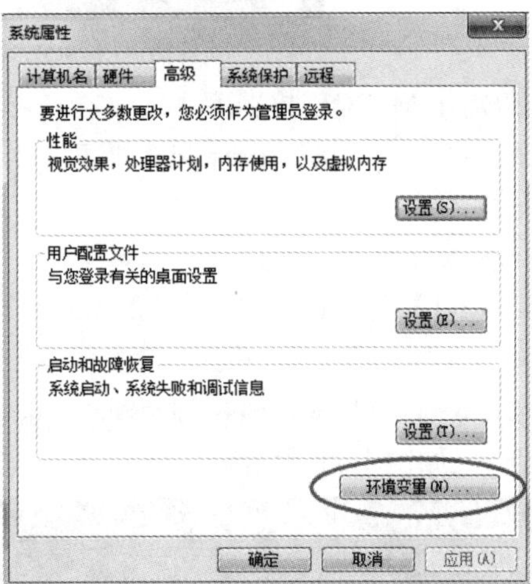

图 1-13　“计算机”右键菜单及“系统属性”窗口

(2) 在弹出的如图 1-14 所示的“环境变量”窗口中，选择“he 的用户变量”或“系统变量”中的“Path”，再单击“编辑”按钮，出现编辑环境变量 Path 的编辑窗口。

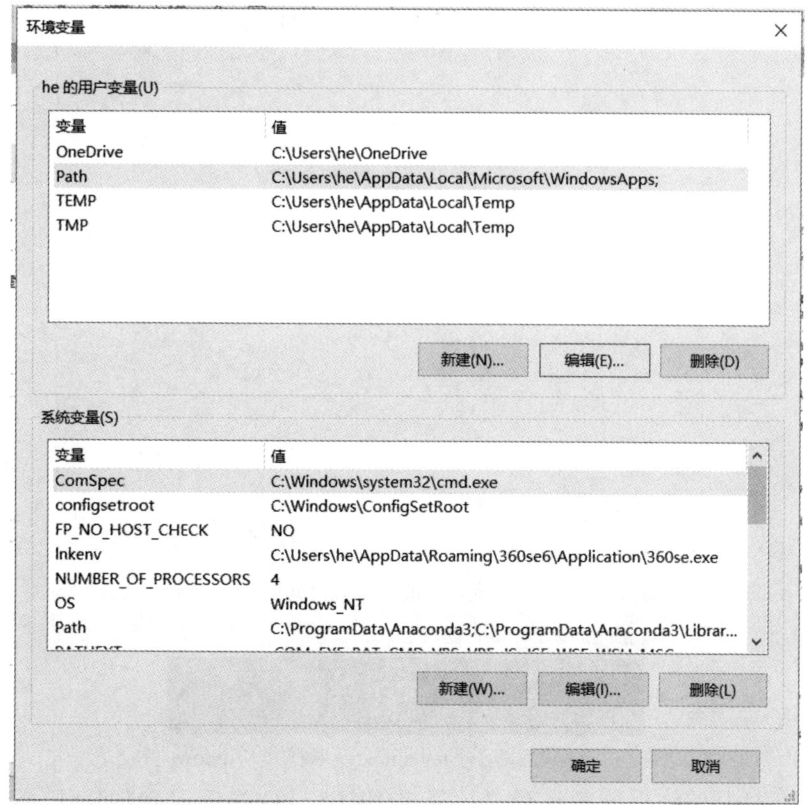

图 1-14 环境变量窗口

(3) 单击编辑窗口中的“新建”按钮，添加 MySQL 系统的 bin 目录，之后单击“确定”按钮。

说明：

- 图 1-14 所示是 Windows 10 系统的环境变量窗口，其变量编辑比较方便，如图 1-15 所示，具有一个变量占一行的编辑方式(有些 Windows 系统版本的 Path 路径设置是所有变量放在一行编辑的，没那么清晰，这种情况可以将 Path 栏的环境值复制到记事本，增加新变量路径，用分号“;”与其他路径隔开，再复制回 Path 栏中)。
- 设置环境变量的目的是方便执行 MySQL 中的 exe 执行文件，这样就无需到相应 MySQL 的 bin 目录下执行 MySQL 系统命令，大大提高了以后应用的方便性。

第五步，检查 MySQL 服务在 Windows 注册表中的路径。

MySQL 服务在 Windows 注册表中的路径一般是默认系统的路径，可能与用户安装的 MySQL 路径不一致，可能造成服务启动失败。这就需要用户手动打开 Windows 注册表，修改注册表中的 MySQL 服务路径。

(1) 用管理员身份运行 cmd 窗口，输入 regedit 命令并运行，如图 1-16 所示，以打开 Windows 注册表。

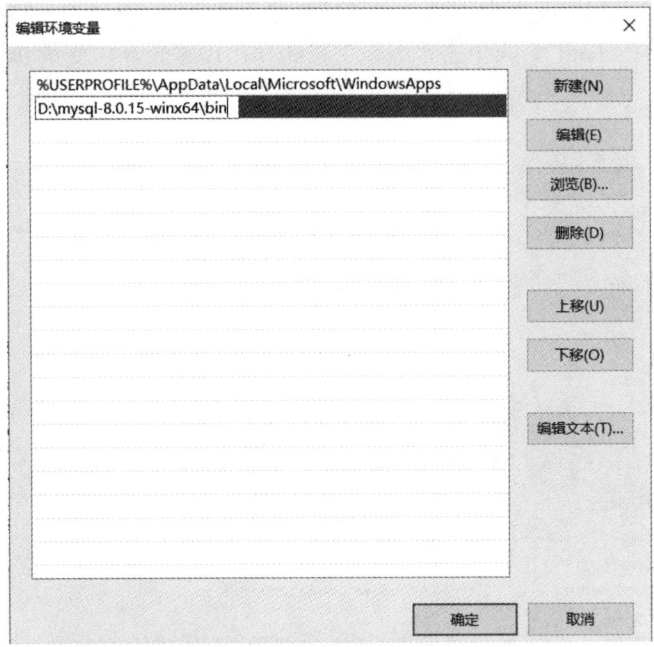

图 1-15　在环境变量 Path 中添加 MySQL 系统 bin 目录

图 1-16　在 cmd 窗口运行 regedit 命令以打开 Windows 注册表

(2) 在打开的注册表中选择“计算机\HKEY_LOCAL_ MACHINE\ SYSTEM\ Current ControlSet\Services\MySQL”下拉项，选择其右边窗口的服务程序项“ImagePath”，单击右键菜单“修改”项，将“ImagePath”的“数值数据”修改为 MySQL 服务文件，此处值改为“D:\mysql-8.0.15-winx64\bin\mysqld"MySQL”(其中的 MySQL 表示服务名，省略则用默认值)，如图 1-17 所示。

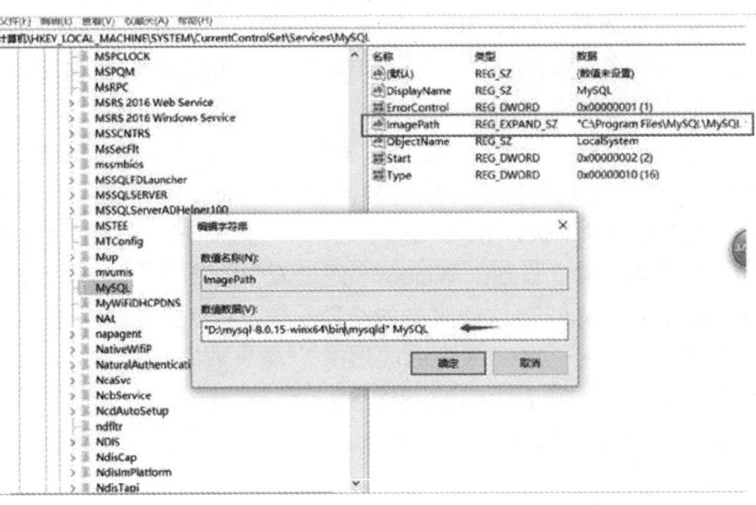

图 1-17　在注册表中编辑 MySQL 服务路径

三、启动和停止 MySQL 服务

MySQL 安装完成后，需要先启动 MySQL 服务，用户才能访问数据库。通常 MySQL 启动以后，需要运行 24 小时来提供服务，此外在进行某些工作(如数据恢复)时，还需要停止服务。Windows 系统下可以通过两种方法管理 MySQL 服务：Windows 服务管理器和 cmd 命令提示符。

1. 通过 Windows 服务管理器启动和停止 MySQL 服务

(1) 选择“开始菜单”|“控制面板”|“管理工具”|“服务”项，打开 Windows 服务管理器，在其窗口中找到“MySQL”服务。若是 Windows 10 系统，则选择“开始菜单”|“Windows 管理工具”|“服务”项，如图 1-18 所示。

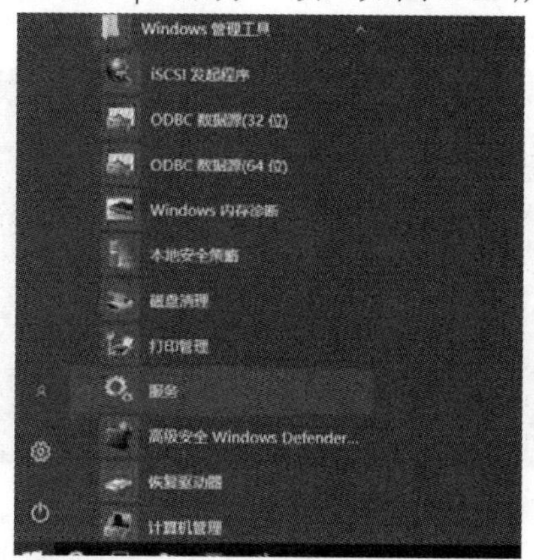

图 1-18　Windows 10“服务”菜单

登录服务器

(2) 在打开的“服务”窗口中，找到 MySQL 服务并单击右键，在右键菜单中可以点击启动、停止、暂停、重新启动等任务，此处已经启动服务，所以“启动”项目显示灰色，如图 1-19 所示。

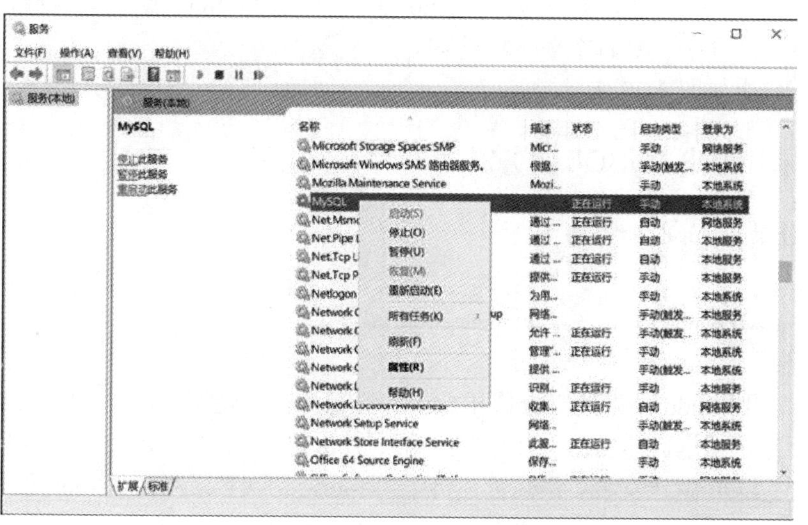

图 1-19　Windows 系统服务中的 MySQL 服务

2. 通过 cmd 命令提示符启动和停止 MySQL 服务

(1) 单击“开始菜单”|“附件”|“命令提示符”，选择右键菜单“以管理员身份运行”，打开“管理员：命令提示符”窗口。

(2) 启动 MySQL 服务器。

语法：

```
net start 服务名
```

说明：服务名是指定连接启动的 MySQL 服务名。

【实例 1-3】 以管理员身份打开 cmd 窗口，启动 MySQL 服务。执行命令如下：

```
C:\Windows\System32>net start mysql
```

运行结果如图 1-20 所示。

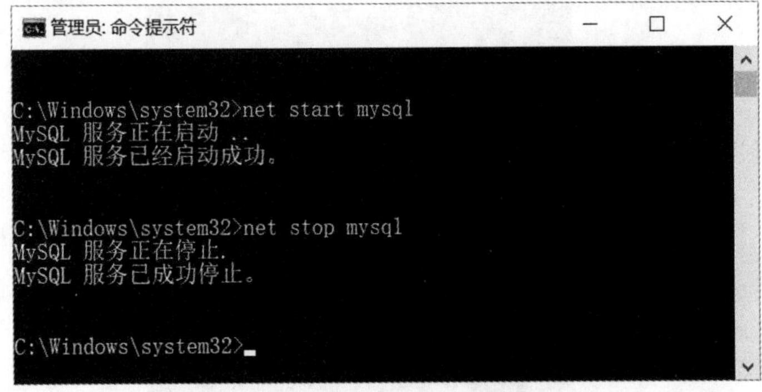

图 1-20 执行命令启动和停止 MySQL 服务

(3) 停止服务器。

语法：

```
net stop 服务名
```

说明：服务名是已经连接需要停止的 MySQL 服务名。

【实例 1-4】 以管理员身份打开 cmd 窗口，停止 MySQL 服务。执行命令如下：

```
C:\Windows\System32>net stop mysql
```

运行结果如图 1-20 所示。

四、登录和退出 MySQL 服务器

1. 登录 MySQL 服务器

语法：

```
mysql -u root [-h 服务器 IP] -p[password]
```

说明：

- 使用 Windows 普通身份打开 cmd 命令窗口。可使用快捷键“Win 键+R”打开“运行”对话框，然后在“打开”栏输入“cmd”打开命令窗口；
- MySQL 默认安装了最高管理员账户 root，初次登录时使用 root 账户和安装 root 的初始密码；
- [-h 服务器 IP] 表示连接登录的服务器(如-h 127.0.0.1)，默认为本主机；

• [password] 表示登录的账户密码。若在-p 后面输入密码，则不能有空格(明文显示密码，不推荐)；若不输入密码，则会出现输入密码提示，输入的密码以加密方式为一串星号“******”。

服务的启动连接及密码修改

【实例 1-5】 启动 MySQL 服务后，打开 cmd 窗口，使用用户名 root 和密码登录 MySQL 服务器(初次登录时，使用前面初始化数据库时产生的随机密码)。执行命令如下：

```
C:\Windows\system32>mysql -u root -p
```

运行结果如图 1-21 所示。

```
管理员: 命令提示符 - mysql -u root -p
Microsoft Windows [版本 10.0.16299.936]
(c) 2017 Microsoft Corporation。保留所有权利。

C:\Windows\system32>net start mysql
MySQL 服务正在启动 .
MySQL 服务已经启动成功。


C:\Windows\system32>mysql -u root -p
Enter password: ******
Welcome to the MySQL monitor.  Commands end with ; or \g.
Your MySQL connection id is 9
Server version: 8.0.15 MySQL Community Server - GPL

Copyright (c) 2000, 2019, Oracle and/or its affiliates. All rights reserved.

Oracle is a registered trademark of Oracle Corporation and/or its
affiliates. Other names may be trademarks of their respective
owners.

Type 'help;' or '\h' for help. Type '\c' to clear the current input statement.

mysql> _
```

图 1-21　启动 MySQL 服务和使用 root 账户登录服务器

说明：

• Enter password: ******表示输入密码，星号*是输入的密码，第一次登录服务，可粘贴安装系统时给的初始密码；

• Commands end with；or \g.表示在 MySQL 环境下的命令使用“;”或“\g”结束；

• Type'help; 'or'\h'for help.表示录入“help; ”或“\h”可以显示帮助信息；

• mysql>表示 MySQL 命令提示符，这里已连接登录了 MySQL 服务器；

• MySQL 命令关键字大小写无区别，为方便区别，一般系统关键字使用大写，用户定义名称使用小写。

2. 修改用户密码

初次登录 MySQL 服务器，最好先修改用户密码，以方便记忆。修改 MySQL 密码，可使用 ALTER USER 和 SET PASSWORD 两种命令。

命令一语法：

```
ALTER USER'root'@'localhhost'
```

IDENTIFIED WITH mysql_native_password BY'new_password';

说明：

• 指定加密方式“mysql_native_password”，这是旧版加密方式，MySQL8.0 已经使用新加密方式，也支持旧加密方式。但仍有许多第三方软件不支持新加密方式，所以这种指定旧加密方式目前还更为适用。

• 更改密码后，原来的密码作废，登录必须使用新密码。

【实例 1-6】 启动 MySQL 服务，登录服务器后，使用指定认证方式，将 root 用户的密码修改为“123456”。执行命令如下：

```
mysql> ALTER USER'root'@'localhost'IDENTIFIED WITH mysql_native_password BY'123456';
```

运行结果如图 1-22 所示。

```
管理员: C:\Windows\System32\cmd.exe - mysql -u root -p
Microsoft Windows [版本 10.0.16299.936]
(c) 2017 Microsoft Corporation。保留所有权利。

C:\Windows\system32>net start mysql    启动mysql服务
MySQL 服务正在启动 ..
MySQL 服务已经启动成功。


C:\Windows\system32>mysql -u root -p    使用root账户登录
Enter password: ************
Welcome to the MySQL monitor.  Commands end with ; or \g.
Your MySQL connection id is 8
Server version: 8.0.15

Copyright (c) 2000, 2019, Oracle and/or its affiliates. All rights reserved.

Oracle is a registered trademark of Oracle Corporation and/or its
affiliates. Other names may be trademarks of their respective
owners.

Type 'help;' or '\h' for help. Type '\c' to clear the current input statement.

mysql> ALTER USER 'root'@'localhost' IDENTIFIED WITH mysql_native_password BY '123456';    修改密码
Query OK, 0 rows affected (0.01 sec)

mysql> _
```

图 1-22　启动 MySQL 服务、root 账户登录服务并修改密码

说明：要使用第三方软件连接登录服务器，目前最好用这种指定旧加密认证的账户，因为许多第三方软件还不支持 MySQL8.0 版本的新认证方式。

命令二语法：

SET PASSWORD FOR root@localhost='newpassword';

说明：

- 使用默认加密方式，MySQL8.0 版本默认使用新的加密方式；
- 若使用的第三方软件不支持新加密方式，则使用指定加密方式修改密码。

【实例 1-7】 将 root 用户的密码修改为“123”，并使用新密码登录。执行命令如下：

```
mysql>SET PASSWORD FOR root@localhost='123';
```

运行结果如图 1-23 所示。

命令提示符 - mysql -u root -p123

```
mysql> SET PASSWORD FOR root@localhost='123';
Query OK, 0 rows affected (0.03 sec)

mysql> exit
Bye

C:\Users\he>mysql -u root -p123
mysql: [Warning] Using a password on the command line interface can be insecure.
Welcome to the MySQL monitor.  Commands end with ; or \g.
Your MySQL connection id is 11
Server version: 8.0.15 MySQL Community Server - GPL

Copyright (c) 2000, 2019, Oracle and/or its affiliates. All rights reserved.

Oracle is a registered trademark of Oracle Corporation and/or its
affiliates. Other names may be trademarks of their respective
owners.

Type 'help;' or '\h' for help. Type '\c' to clear the current input statement.

mysql> _
```

图 1-23　使用默认加密方式修改用户密码

3. 退出 MySQL 服务器

若不需要连接使用数据库了，则最好退出服务器，以安全保存数据，同时降低服务器的连接压力。MySQL 退出命令包括 exit 和 quit。

语法：

exit 或 quit

说明：退出正在连接的 MySQL 服务器。

【实例 1-8】 退出当前服务器的连接。执行命令如下：

```
mysql>exit (或 mysql>quit)
```

运行结果如图 1-24 所示。

```
mysql> exit
Bye

C:\Windows\system32>
```

图 1-24　执行 exit 命令退出服务器

五、MySQL 图形窗口管理工具

MySQL 日常的开发和维护更多在命令符窗口中进行。但对于初学者来说，命令符窗口操作在刚入手时有些困难，增加了学习成本。目前许多公司开发了直观方便的 MySQL 图形窗口管理工具，读者或用户都可以通过这些图形窗口管理工具，快速学习和高效应用 MySQL。下面介绍几款常用的 MySQL 图形窗口管理工具。

MySQL 图形化工具应用

1. Navicat for MySQL

Navicat 由香港卓软数码科技有限公司开发，是基于 Windows 平台且专为 MySQL 量身定制的强大数据库管理及开发工具。它可以用于任何 3.21 或以上版本的 MySQL 数据库服务器，并支持大部分 MySQL 最新版本的功能，包括触发器、存

储过程、函数、事件、检索、用户和权限管理、备份/还原、导入导出数据(支援 CSV、TXT、DBF 和 XML 档案种类)等，易学易用，支持中文，有免费版本提供。

2. SQLyog

SQLyog 是业界著名的 Webyog 公司出品的一款简洁易用、快速高效、功能强大的图形化 MySQL 数据库管理工具。它基于 C++和 MySQLAPI 编程，支持导入与导出 XML、HTML、CSV 等多种格式的数据，可直接运行批量 SQL 脚本文件，速度极快，数据迁移功能强大。

3. PhpMyadmin

PhpMyadmin 是用 PHP 编程语言开发的，以 Web 方式架构在网站主机上的 MySQL 数据库管理工具，通过 Web 网页管理数据库。其不足之处在于对大数据库的备份和恢复不方便。

4. MySQL Workbench

MySQL Workbench 是 MySQL AB 发布的可视化数据库设计软件，是一款专为 MySQL 设计的 ER/数据库建模工具，是著名的数据库设计工具 DBDesigner4 的继任者。它支持数据库建模和设计、查询开发和测试、服务器配置和监视、用户和安全管理、备份和恢复自动化、审计数据检查以及向导驱动的数据库迁移。

六、任务实施

按下列步骤完成 MySQL 系统的安装和配置，并排除故障。

(1) 下载最新版本的 MySQL 系统软件。

操作：登录 MySQL 地址“https://dev.mysql.com/downloads/mysql”，下载 ZIP 解压文件或 MSI 安装包。

(2) 安装 MySQL 系统。

操作：根据前面下载的安装文件，采用相应的解压 ZIP 文件或者 MSI 安装包，参照任务 2，解压并安装系统。

(3) 建立配置文件 my.ini。

操作：参照任务 2，创建配置文件“my.ini”并进行编辑。

(4) 初始化数据库。

操作：参照任务 2 的“第二步，初始化 MySQL 数据库”，以管理员身份打开 cmd 窗口，进入系统的 BIN 目录，执行命令：mysqld --initialize --console，完成数据库的初始化。

(5) 安装 MySQL 服务。

操作：参照任务 2 的“第三步，安装 MySQL 服务”，以管理员身份打开 cmd 窗口，进入系统的 BIN 目录，执行命令：mysqld –install，完成服务安装。

(6) 设置 MySQL 系统环境变量 Path。

操作：参照任务 2 的“第四步，设置环境变量 Path”完成 MySQL 系统环境变量 Path 的设置。

(7) 使用指令启动 MySQL 服务。

操作：以管理员身份打开 cmd 窗口，运行指令“net start mysql”，启动 MySQL 服务。如无法启动服务，请参照本节的“第五步，检查 MySQL 服务在 Windows 注册表的路径”，解决故障问题。

(8) 使用 root 用户和安装时的初始密码进行登录连接服务器。

操作：打开 cmd 窗口，执行命令“mysql -u root -p”，使用用户名 root 和初始密码(前面初始化数据库时的随机密码)登录 MySQL 服务器。

(9) 成功登录 MySQL 后，修改 root 用户的密码为 123456。

执行命令：mysql> ALTER USER'root'@'localhost'IDENTIFIED WITH mysql_native_password BY'123456'。

(10) 退出 MySQL 连接。

执行命令：mysql>exit。

(11) 使用指令停止 MySQL 服务。

操作：以管理员身份打开 cmd 窗口，执行命令“net stop mysql”，停止 MySQL 服务。

小　结

登录服务器的故障处理

本项目主要以电商购物管理系统为引导案例，介绍了数据库的应用发展、相关概念和作用，以及 MySQL 系统的安装、配置和应用环境测试。学习完本项目，读者应能够掌握数据库特征、数据模型、应用模式、SQL 语言的作用和主流 DBMS 产品的应用特点等重点知识，具有下载安装系统环境、配置服务、测试服务和排除数据库服务安装基本故障等技术水平，提高充分应用网上资源、独立解决问题的能力。

课后习题

1. 简述数据库的特征。
2. 数据模型的三要素是什么？请以一个实例的三方面来分别描述数据模型三要素。
3. 主流关系型数据库管理系统(DBMS)有哪些商家的产品？MySQL 数据库有什么优势？
4. 简述 Windows 操作系统下 MySQL 的安装和配置过程。
5. 启动 MySQL 服务时，如果出现找不到系统文件的时候，应如何解决？

项目二　创建和管理数据库

项目介绍

数据库是数据库应用系统的核心，也是数据表和其他对象的框架，建立数据库要有发展观和全局观，以支撑数据的持续发展。建立数据表之前要先建立数据库。在前面安装配置好的 MySQL 服务器基础上，就可以建立数据库，并通过查看数据库信息来了解数据库结构，必要时可以对数据库进行字符集、字符集排序规则等的修改和删除等操作。本项目以电商购物管理系统的数据库为案例，学习数据库的建立和管理方法，以达成本项目教学目标。本项目主要内容包括查看数据库信息、建立和管理数据库、应用数据库存储引擎三个任务。

教学目标

素质目标

◎ 具有分析问题和解决问题的科学计算思维；

◎ 具有工程伦理意识和分析问题的全局意识。

知识目标

◎ 熟悉常见字符集、排序规则的应用特点，以及建立修改数据库语句；

◎ 熟悉 MySQL 存储引擎的特点和应用场合。

能力目标

◎ 能按需求选择合适的存储引擎、字符集，建立和修改应用数据库；

◎ 熟练应用指令查看数据库和字符集信息，并借助 Help 帮助文档解决问题。

学习重点

◎ 建立、查看和修改数据库；

◎ 根据应用需要设置默认的存储引擎。

学习难点

◎ 根据应用需要修改合适的存储引擎。

任务 1 查看数据库信息

在实际工作中，登录 MySQL 服务器后，一般先查看服务器中有哪些数据库，以方便操作和管理数据库。本任务学习查看数据库及字符集的方法，学会查看帮助说明文档。

说明：后面实例中凡是带有“mysql>”提示符的，都表示在登录 MySQL 环境下的提示符。本节开始使用设置了白色背景的 cmd 命令窗口。

一、MySQL 系统数据库

MySQL 数据库包含系统数据库和用户数据库两类。MySQL 系统安装时，自动在服务器上创建了以下 4 个系统数据库：

Information_schema：MySQL 的元数据信息数据库，用于存储有关数据库、表、视图等数据库对象的定义信息或访问权限等。

mysql：MySQL 的核心数据库主要负责存储数据库的用户信息、权限设置和 help 帮助文档信息等，类似于 SQL Server 中的 master 数据库。

performance_schema：主要用于收集数据库服务器性能参数。

sys：以视图方式提供数据库系统的各种数据库对象信息的系统数据库，sys 对象可用于典型的调优和诊断用例，帮助 DBA 和开发人员更好地查询和诊断性能。

除了系统数据库外，用户建立的其他数据库都是用户数据库，是用户根据工作业务需求建立的数据库。

二、查看数据库

用户登录服务器后，对数据库进行管理时，一般都需要先查看服务器中的数据库，了解当前服务器所包含的数据库。选择和查看当前需要操作的数据库时，可以使用下列数据库查看语句。

1. 查看当前服务器包含的数据库

查看数据库

语法：

```
SHOW DATABASES
```

说明：用于查看当前 MySQL 服务器中包含的数据库。

【实例 2-1】 查看当前服务器下的所有数据库。执行语句如下：

```
mysql> SHOW DATABASES;
```

运行结果如图 2-1 所示。

说明：MySQL 提示符下，可以使用“;”或“\G”“\g”结束执行语句，其中 “\g”与“;”效果一样都是列表显示，“\G”效果与前面有所区别，是横式条目说明，如图 2-2 所示。

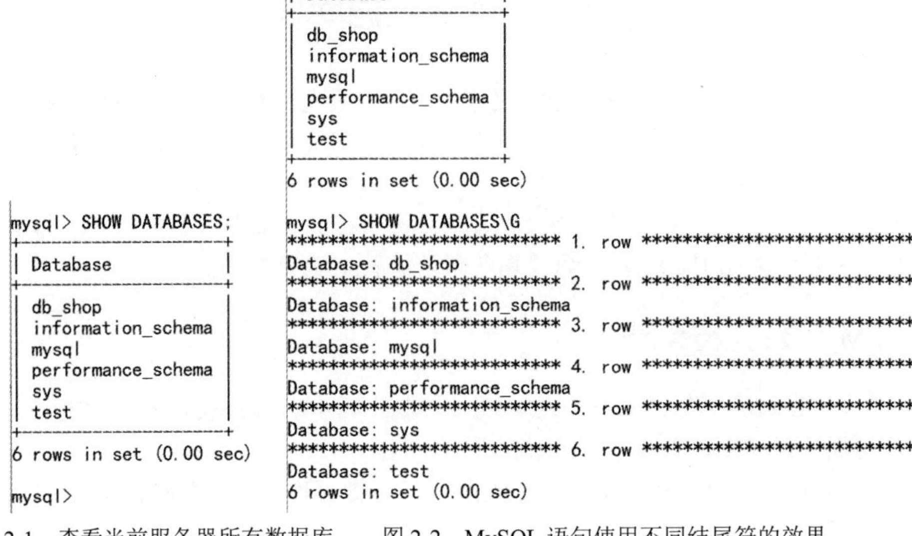

图 2-1　查看当前服务器所有数据库　　图 2-2　MySQL 语句使用不同结尾符的效果

2. 选择当前数据库

语法：

```
USE db_name
```

说明：db_name 表示服务器中存在的数据库名，选择该数据库，使其成为当前默认操作的数据库。

【实例 2-2】 选择系统数据库 mysql 为当前数据库。执行语句如下：

```
mysql> USE mysql;
```

运行结果如图 2-3 所示。

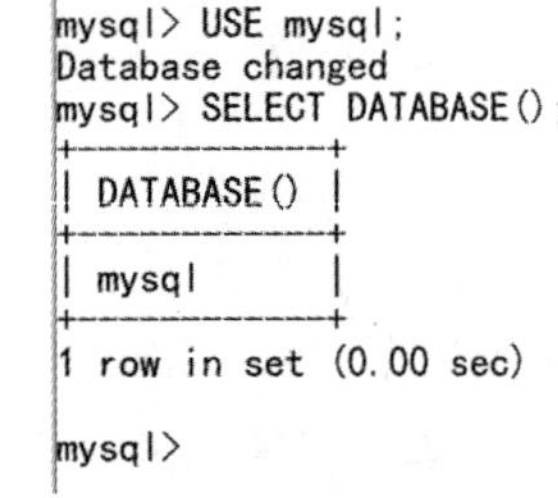

图 2-3　选择和查看当前数据库

3. 查看当前数据库

语法：

```
SELECT DATABASE()
```

说明：查看当前正在使用的数据库名。

【实例 2-3】 查看当前正在操作的数据库。执行语句如下：

```
mysql> SELECT DATABASE();
```

运行结果如图 2-3 所示。

4. 查看数据库系统服务版本

语法：

```
SELECT VERSION()
```

说明：查看当前使用的数据库的具体版本号。

【实例 2-4】 查看当前 MySQL 系统服务版本号。执行语句如下：

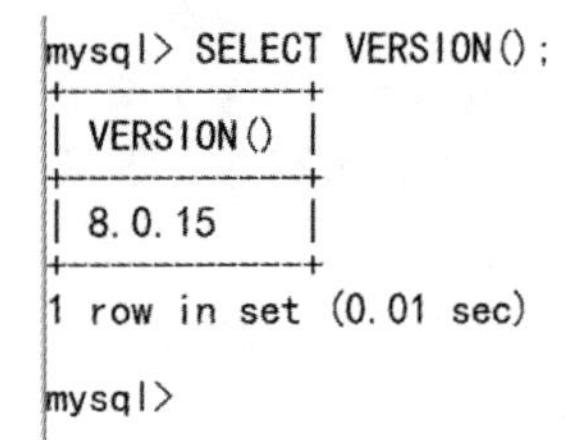

图 2-4　查看当前 MySQL 系统版本号

```
mysql> SELECT VERSION();
```

运行结果如图 2-4 所示。

5. 查看数据库定义脚本

语法：

```
SHOW CREATE DATABASE db_name
```

说明：查看数据库名为 db_name 的定义语句内容，包括使用字符集和字符排序规则。

【实例 2-5】 查看 sys 系统数据库定义信息。执行语句如下：

```
mysql> SHOW CREATE DATABASE sys;
```

运行结果如图 2-5 所示。

```
mysql> SHOW CREATE DATABASE sys;
+----------+------------------------------------------------------------------------------------------------+
| Database | Create Database                                                                                |
+----------+------------------------------------------------------------------------------------------------+
| sys      | CREATE DATABASE `sys` /*!40100 DEFAULT CHARACTER SET utf8mb4 COLLATE utf8mb4_0900_ai_ci */ |
+----------+------------------------------------------------------------------------------------------------+
1 row in set (0.00 sec)

mysql>
```

图 2-5　查看 sys 数据库定义信息

三、查看字符集

1. 字符集

字符集是自然语言字符集合及其在计算机中的编码和字符串排序规则。计算机要准确地处理各种字符集文字，就需要进行字符编码，以便计算机能够识别和存储各种文字。每个字符集至少对应一个排序规则。

2. 常见字符集

计算机系统存在大量字符集，常见的字符集有 ASCII 字符集、GB2312 字符集、BIG5 字符集、GB18030 字符集、Unicode 字符集、UTF-8 字符集等，其中：

Unicode 支持现今世界各种不同语言的书面文本的交换、处理及显示，以满足跨语言、跨平台进行文本转换、处理的要求。

UTF-8(8-bit Unicode Transformation Format)是 Unicode 的其中一个编码方式，是把 Unicode 字符集按某种格式存储，采用可变长度字节来储存 Unicode 字符。UTF-8 是一种针对 Unicode 的可变长度字符编码，又称万国码。

MySQL 支持多种字符集，MySQL8.0 默认的字符集是 UTF-8，可以设置不同级别的字符集：服务器级、数据库级、数据表级、字段级。

3. 查看 MySQL 支持的字符集

语法：

```
SHOW CHARACTER SET
```

说明：MySQL 字符集包括字符集和排序规则，字符集定义了字符串的存储方式，排序规则定义了字符串的排序方式，每个字符集至少对应一个排序规则。

【实例 2-6】 查看当前 MySQL 系统支持的字符集。执行语句如下：

```
mysql> SHOW CHARACTER SET;
```

运行结果如图 2-6 所示(截取部分显示图)。

```
mysql> SHOW CHARACTER SET;
+----------+---------------------------+---------------------+--------+
| Charset  | Description               | Default collation   | Maxlen |
+----------+---------------------------+---------------------+--------+
| armscii8 | ARMSCII-8 Armenian        | armscii8_general_ci |      1 |
| ascii    | US ASCII                  | ascii_general_ci    |      1 |
| big5     | Big5 Traditional Chinese  | big5_chinese_ci     |      2 |
| binary   | Binary pseudo charset     | binary              |      1 |
| cp1250   | Windows Central European  | cp1250_general_ci   |      1 |
| cp1251   | Windows Cyrillic          | cp1251_general_ci   |      1 |
| cp1256   | Windows Arabic            | cp1256_general_ci   |      1 |
| cp1257   | Windows Baltic            | cp1257_general_ci   |      1 |
| cp850    | DOS West European         | cp850_general_ci    |      1 |
| cp852    | DOS Central European      | cp852_general_ci    |      1 |
```

图 2-6　查看当前 MySQL 系统支持的字符集

说明：

- Charset 表示字符集；
- Description 表示字符集描述；
- Default collation 表示字符集默认的排序规则；
- Maxlen 表示字符集的最大存储字节数。

4. 查看当前服务器级字符集

语法：

```
SHOW VARIABLES [LIKE 'character_set_server'];
```

说明：

• SHOW VARIABLES 命令是查看当前服务器系统中所有环境配置参数值的指令，可通过系统配置参数 character_set_server 来指定查看服务器级字符集。如果不带 LIKE，则显示当前系统所有配置参数的值。

• MySQL 字符集有服务器级、数据库级、表级、字段级四级，如果下级没有设置，则自动继承上一级字符集。

【实例 2-7】 查看当前 MySQL 系统的服务器级字符集。执行语句如下：

```
mysql> SHOW VARIABLES LIKE 'character_set_server';
```

运行结果如图 2-7 所示。

```
mysql> SHOW VARIABLES LIKE 'character_set_server';
+----------------------+---------+
| Variable_name        | Value   |
+----------------------+---------+
| character_set_server | utf8mb4 |
+----------------------+---------+
1 row in set, 1 warning (0.00 sec)

mysql>
```

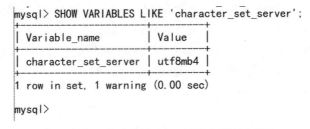

图 2-7　查看当前 MySQL 服务器级字符集

5. 查看当前数据库级字符集

语法：

SHOW VARIABLES LIKE 'character_set_database'

说明：SHOW VARIABLES 命令是查看服务器环境配置参数值的指令，可通过系统配置参数 character_set_database 来指定只查看数据库级字符集。

【实例 2-8】 查看当前数据库级字符集。执行语句如下：

```
mysql> SHOW VARIABLES LIKE 'character_set_database';
```

运行结果如图 2-8 所示(截取部分显示)。

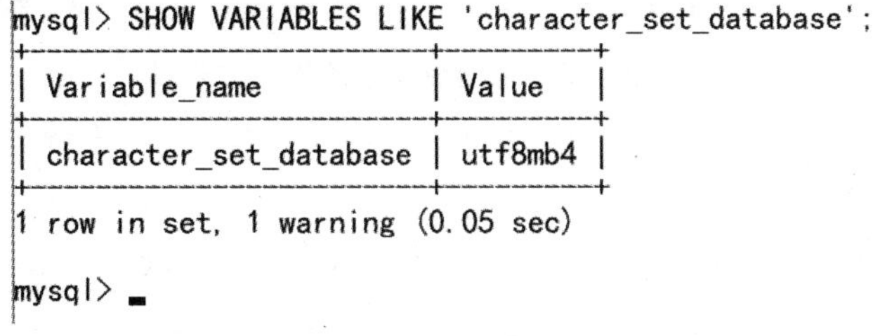

```
mysql> SHOW VARIABLES LIKE 'character_set_database';
+------------------------+---------+
| Variable_name          | Value   |
+------------------------+---------+
| character_set_database | utf8mb4 |
+------------------------+---------+
1 row in set, 1 warning (0.05 sec)

mysql> _
```

图 2-8　查看当前 MySQL 数据库级字符集

6. 查看字符集排序规则

语法：

SHOW COLLATION [LIKE 'charset_name%']

说明：

• charset_name 为指定的字符集名称;

• [LIKE ' charset_name%'] 是可选项，不选时是查看全部排序规则；选用时可以按指定的字符集名称匹配的方式查找字符集排序规则。“%”是模式匹配符号，只要字符集是%前指定字符串开头的，都会显示处理。

【实例 2-9】 查看所有字符集的排序规则。执行语句如下：

```
mysql> SHOW COLLATION;
```

运行结果如图 2-9 所示(截取部分显示图)。

mysql> SHOW COLLATION;

Collation	Charset	Id	Default	Compiled	Sortlen	Pad_attribute
armscii8_bin	armscii8	64		Yes	1	PAD SPACE
armscii8_general_ci	armscii8	32	Yes	Yes	1	PAD SPACE
ascii_bin	ascii	65		Yes	1	PAD SPACE
ascii_general_ci	ascii	11	Yes	Yes	1	PAD SPACE
big5_bin	big5	84		Yes	1	PAD SPACE
big5_chinese_ci	big5	1	Yes	Yes	1	PAD SPACE
binary	binary	63	Yes	Yes	1	NO PAD
cp1250_bin	cp1250	66		Yes	1	PAD SPACE
cp1250_croatian_ci	cp1250	44		Yes	1	PAD SPACE
cp1250_czech_cs	cp1250	34		Yes	2	PAD SPACE

图 2-9　查看所有字符集的排序规则

【实例 2-10】 查看匹配指定字符集的排序规则。执行语句如下：

```
mysql> SHOW COLLATION LIKE'utf8%';
```

运行结果如图 2-10 所示(截取部分显示)。

```
mysql> SHOW COLLATION LIKE 'utf8%';
+---------------------+---------+-----+---------+----------+---------+---------------+
| Collation           | Charset | Id  | Default | Compiled | Sortlen | Pad_attribute |
+---------------------+---------+-----+---------+----------+---------+---------------+
| utf8mb4_0900_ai_ci  | utf8mb4 | 255 | Yes     | Yes      |       0 | NO PAD        |
| utf8mb4_0900_as_ci  | utf8mb4 | 305 |         | Yes      |       0 | NO PAD        |
| utf8mb4_0900_as_cs  | utf8mb4 | 278 |         | Yes      |       0 | NO PAD        |
| utf8mb4_bin         | utf8mb4 |  46 |         | Yes      |       1 | PAD SPACE     |
| utf8mb4_croatian_ci | utf8mb4 | 245 |         | Yes      |       8 | PAD SPACE     |
| utf8mb4_cs_0900_ai_ci | utf8mb4 | 266 |       | Yes      |       0 | NO PAD        |
| utf8mb4_cs_0900_as_cs | utf8mb4 | 289 |       | Yes      |       0 | NO PAD        |
| utf8mb4_czech_ci    | utf8mb4 | 234 |         | Yes      |       8 | PAD SPACE     |
```

图 2-10　查看指定字符集的排序规则

四、查看帮助文档

在学习或开发管理 MySQL 时，遇到困难，大家首先可能就想到网上搜索，这是有效解决问题的快速途径之一。其实数据库官网一般都提供了帮助文档，可以从网上访问或者下载官网手册，MySQL 在安装时也自带了客户端 Help 帮助工具。用户可以直接运行 HELP 指令获得帮助，不在线的情况下后面两种尤其适用。

1. MySQL 官网手册

MySQL 官网手册是获取 MySQL 帮助最直接、有效的方式。该手册包含了 MySQL 数据库的整体使用说明，包括了 MySQL 安装、SQL 语法、变量、参数和数据库管理、命令行的常用工具等应用说明；支持 PDF 及 ZIP 等多种格式下载，下载地址用 HELP 指令可以查到。

如图 2-11 所示是官网手册下载页面，点击手册名称，则进入 MySQL 手册访问页面；若点击手册右边的向下箭头下载按钮，则可以下载相应格式的 MySQL 手册文档。

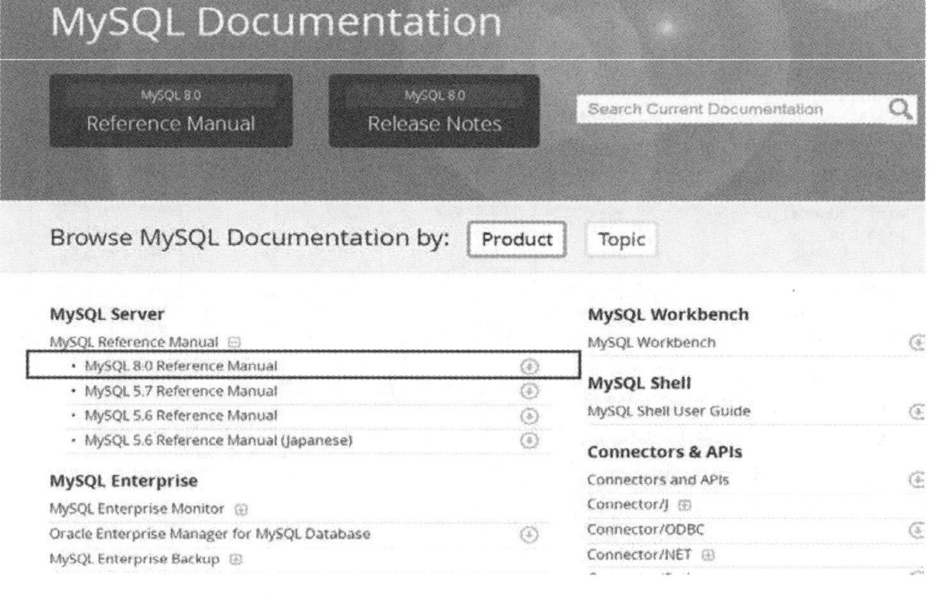

图 2-11　MySQL 手册文档下载或访问页面

2. MySQL 内置 HELP 帮助

语法：

HELP|?　[查找匹配字符[%]]

说明：

• HELP 与？的功能等价，HELP 是一个 MySQL 客户端工具指令，可不用“；”结尾。用来查看官网手册和产品网址、客户端命令行操作指令和服务器端语句说明。

• HELP 语句按给定的关键字去匹配 mysql 系统数据库 help_keyword 表的 name 字段，如果返回唯一记录就返回帮助信息，如果返回多行，则返回一个关键字列表，使用这些具体的关键字可查询到具体的帮助信息。

【实例 2-11】 执行 HELP 命令查看帮助说明。执行语句如下：

```
mysql> HELP;
```

显示的内容如下(中文注释部分由本书增加)：

```
For information about MySQL products and services，visit:
   http://www.mysql.com/                          -- MySQL 产品和服务网址
For developer information，including the MySQL Reference Manual，visit:
   http://dev.mysql.com/                          -- MySQL 参考手册访问网址
To buy MySQL Enterprise support，training，or other products，visit:
   https://shop.mysql.com/                        -- 企业支持产品访问网址

List of all MySQL commands:                      -- MySQL 命令列表
Note that all text commands must be first on line and end with'; '
?          (\?) Synonym for 'help'.              -- help 同义词，获得帮助信息
clear      (\c) Clear the current input statement.    -- 清楚当前输入语句
connect    (\r) Reconnect to the server. Optional arguments are db and host.
                                                 -- 连接服务器数据库
delimiter (\d) Set statement delimiter.          -- 设置语句结束符
ego        (\G) Send command to mysql server，display result vertically.
-- 发送命令到 MySQL 服务器，垂直地显示结果，即非列表显示
exit       (\q) Exit mysql. Same as quit.        -- 退出 MySQL，与 quit 相同
go         (\g) Send command to mysql server.    --发送命令到 MySQL 服务器
help       (\h) Display this help.
notee      (\t) Don't write into outfile.        -- 操作结果不输出到文件
print      (\p) Print current command.
prompt     (\R) Change your mysql prompt.        -- 改变 MySQL 提示符
quit       (\q) Quit mysql.                      -- 退出 MySQL
rehash     (\#) Rebuild completion hash.
source     (\.) Execute an SQL script file. Takes a file name as an argument.
--执行 SQL 脚本文件，带文件名作为参数
status     (\s) Get status information from the server.   -- 获取服务器状态信息
```

```
tee          (\T) Set outfile [to_outfile]. Append everything into given outfile.
use          (\u) Use another database. Takes database name as argument.
                                                -- 选择另一个数据库，带数据名作为参数
charset      (\C) Switch to another charset. Might be needed for processing binlog with
multi-byte charsets.                            -- 设置另一种字符集
warnings     (\W) Show warnings after every statement.
                                                --显示每个语句运行后的警告信息
nowarning (\w) Don't show warnings after every statement.
                                                --不显示每个语句运行后的警告信息
resetconnection(\x) Clean session context.
For server side help，type 'help contents'
                                                --输入“help contents”获取服务器端帮助
```

【实例 2-12】 使用 HELP CONTENTS 查看服务器端语句帮助信息。执行语句如下：

```
mysql> HELP CONTENTS;
```

运行效果如图 2-12 所示。

```
mysql> HELP CONTENTS;
You asked for help about help category: "Contents"
For more information, type 'help <item>', where <item> is one of the following
categories:
   Account Management
   Administration
   Components
   Compound Statements
   Data Definition
   Data Manipulation
   Data Types
   Functions
   Functions and Modifiers for Use with GROUP BY
   Geographic Features
   Help Metadata
   Language Structure
   Plugins
   Storage Engines
   Table Maintenance
   Transactions
   User-Defined Functions
   Utility

mysql>
```

图 2-12　查看服务器端语句帮助信息

说明：可以使用 HELP <item>格式查看图 2-12 中的内容条目帮助，<item>是图中显示条目。

【实例 2-13】 查看上例显示条目 Data Definition 的帮助信息。执行语句如下：

```
mysql> HELP Data Definition;
```

运行结果如图 2-13 所示。

```
mysql> HELP Data Definition
You asked for help about help category: "Data Definition"
For more information, type 'help <item>', where <item> is one of the following
topics:
   ALTER DATABASE
   ALTER EVENT
   ALTER FUNCTION
   ALTER INSTANCE
   ALTER PROCEDURE
   ALTER SERVER
   ALTER TABLE
   ALTER TABLESPACE
   ALTER VIEW
   CONSTRAINT
   CREATE DATABASE
   CREATE EVENT
   CREATE FUNCTION
   CREATE INDEX
   CREATE PROCEDURE
   CREATE SERVER
   CREATE SPATIAL REFERENCE SYSTEM
   CREATE TABLE
   CREATE TABLESPACE
   CREATE TRIGGER
   CREATE VIEW
   DROP DATABASE
   DROP EVENT
   DROP FUNCTION
   DROP INDEX
   DROP PROCEDURE
   DROP SERVER
   DROP SPATIAL REFERENCE SYSTEM
   DROP TABLE
   DROP TABLESPACE
   DROP TRIGGER
   DROP VIEW
   RENAME TABLE
   TRUNCATE TABLE

mysql>
```

图 2-13　查看 Data Definition 帮助信息

说明：Data Definition 是一个类型，检索到多行，则返回一个关键字列表，使用 HELP <item>格式查看这些具体的关键字，可查询到具体的帮助信息。

【实例 2-14】 查看 CREATE DATABASE 帮助信息。执行语句如下：

```
mysql> HELP CREATE DATABASE;
```

运行结果如图 2-14 所示。

```
mysql> HELP CREATE DATABASE;
Name: 'CREATE DATABASE'
Description:
Syntax:
CREATE {DATABASE | SCHEMA} [IF NOT EXISTS] db_name
    [create_specification] ...

create_specification:
    [DEFAULT] CHARACTER SET [=] charset_name
  | [DEFAULT] COLLATE [=] collation_name

CREATE DATABASE creates a database with the given name. To use this
statement, you need the CREATE privilege for the database. CREATE
SCHEMA is a synonym for CREATE DATABASE.

URL: http://dev.mysql.com/doc/refman/8.0/en/create-database.html


mysql> _
```

图 2-14　查看 CREATE DATABASE 帮助信息

说明：若检索的是一个具体语句，则显示该语句的语法使用说明，如图 2-14 中显示了 CREATE DATABASE 创建数据库语句的语法格式说明。

【实例 2-15】 查看含关键字 CREATE 的帮助。执行语句如下：

```
mysql>HELP CREATE;
```

运行结果如图 2-15 所示。

```
mysql> HELP  CREATE;
Many help items for your request exist.
To make a more specific request, please type 'help <item>',
where <item> is one of the following
topics:
   CREATE DATABASE
   CREATE EVENT
   CREATE FUNCTION
   CREATE FUNCTION UDF
   CREATE INDEX
   CREATE PROCEDURE
   CREATE RESOURCE GROUP
   CREATE ROLE
   CREATE SERVER
   CREATE SPATIAL REFERENCE SYSTEM
   CREATE TABLE
   CREATE TABLESPACE
   CREATE TRIGGER
   CREATE USER
   CREATE VIEW
   SHOW
   SHOW CREATE DATABASE
   SHOW CREATE EVENT
   SHOW CREATE FUNCTION
   SHOW CREATE PROCEDURE
   SHOW CREATE TABLE
   SHOW CREATE USER
   SPATIAL

mysql> HELP  CREA
```

图 2-15　查看关键字 CREATE 的帮助

说明：从图 2-15 可以看到，CREATE 关键字开始的语句很多，可以按关键字查看相关的帮助条目，进一步查看各个语句的语法与应用。

【实例 2-16】 查看含匹配字符“proc”的帮助条目。执行语句如下：

```
mysql> HELP %proc%;
```

运行结果如图 2-16 所示。

```
mysql> HELP %proc%;
Many help items for your request exist.
To make a more specific request, please type 'help <item>',
where <item> is one of the following
topics:
   ALTER PROCEDURE
   CREATE PROCEDURE
   DROP PROCEDURE
   SHOW CREATE PROCEDURE
   SHOW PROCEDURE CODE
   SHOW PROCEDURE STATUS
   SHOW PROCESSLIST

mysql> _
```

图 2-16　查看匹配字符“proc”的帮助条目

说明：“%”是模式匹配符，表示 0 或多个任意字符，可以通过该匹配符找到模式匹配的帮助条目。

五、查看警告信息

语法：

SHOW WARNINGS

说明：显示当前执行的语句出现的错误和警告信息。

【实例 2-17】 选择一个不存在的数据库 mysql2，再查看警告信息。执行语句如下：

```
mysql> USE mysql2;
mysql> SHOW WARNINGS;
```

运行结果如图 2-17 所示。

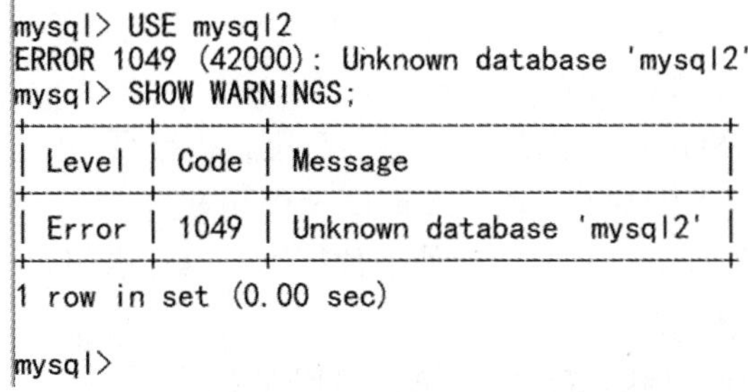

```
mysql> USE mysql2
ERROR 1049 (42000): Unknown database 'mysql2'
mysql> SHOW WARNINGS;
+-------+------+---------------------------+
| Level | Code | Message                   |
+-------+------+---------------------------+
| Error | 1049 | Unknown database 'mysql2' |
+-------+------+---------------------------+
1 row in set (0.00 sec)

mysql>
```

图 2-17　查看警告信息

说明：执行语句的错误信息一般直接显示；警告信息默认只显示警告条数，而不显示警告信息，可以使用 SHOW WARNINGS 查看警告信息内容。

六、MySQL 注释符

在语句或脚本程序中提供适当注释是一个良好的习惯，通过注释来辅助说明语句的功能，可使执行语句的可读性更强。也可以将某些暂时不执行的语句用注释符注释起来，系统编译时将自动跳过这个注释内容。MySQL 注释符有如下三种。

1. 注释符“#”

注释当前行以字符“#”开始的注释内容，可以出现在一行开始或语句右侧。

2. 注释符“--”

与#一样，注释当前行以字符“--”开始的注释文本内容，可以出现在一行开始或语句右侧。需要注意的是：--与注释内容之间要有一个空格隔开。

3. 注释符“/*...*/”

这是一对以“/*”和“*/”作为标签的注释符，可用于注释其中括住的注释内容，此注释符可以注释一行或多行文本内容。

【实例 2-18】 分别使用三种注释符对下面内容添加注释。执行语句如下：

```
mysql> SHOW DATABASES;          #查看当前服务器所有的数据库名
mysql> USE mysql;               -- 选择系统数据库 mysql 为当前数据库
/*下面演示从当前系统数据库 mysql 中查询所有表名，并查询 user 表的全部记录信息*/
```

```
mysql> SHOW TABLES;
```

七、任务实施

按下列步骤完成查看当前服务器和数据库信息。

(1) 启动 MySQL 服务，连接登录 MySQL 系统。以管理员身份打开 cmd 窗口，执行语句如下：

```
net start mysql;                              --启动服务
mysql -u root -p;                             --连接登录 MySQL 系统
```

(2) 查看当前服务器包含的所有数据库。执行语句如下：

```
mysql> SHOW DATABASES;
```

(3) 查看当前系统服务版本。执行语句如下：

```
mysql> SELECT VERSION();
```

(4) 查看当前 MySQL 系统的服务器级字符集。执行语句如下：

```
mysql>SHOW VARIABLES LIKE 'character_set_server';
```

(5) 选择系统数据库 mysql 为当前使用数据库。执行语句如下：

```
mysql> USE mysql;
```

(6) 查看当前正在操作的数据库。执行语句如下：

```
mysql>SELECT DATABASE();
```

(7) 查看当前数据库字符集。执行语句如下：

```
mysql>SHOW VARIABLES LIKE 'character_set_database';
```

(8) 查看系统数据库 mysql 的定义语句。执行语句如下：

```
mysql> SHOW CREATE DATABASE mysql;
```

任务 2　建立和管理数据库

任何数据库系统的开发都必须先建立数据库，在管理过程中，可能需要对其进行修改、删除等管理操作。本任务应用 SQL 语句建立和管理 MySQL 应用数据库。

一、创建数据库

1. CREATE DATABASE 语句

CREATE DATABASE 语句用来创建数据库。在“mysql>”提示符下执行 HELP CREATE DATABASE 可获得应用说明文档和官网文档访问地址，后面学习的语句均可用 HELP 获得帮助。

语法：

```
CREATE {DATABASE | SCHEMA} [IF NOT EXISTS] db_name
   [DEFAULT] CHARACTER SET [=] charset_name
  | [DEFAULT] COLLATE [=] collation_name
```

说明：

- MySQL 系统会自动在安装时的数据库默认目录(如 data 目录)下生成一个与新建数据库名相同的空文件夹；
- 数据库名不能使用 MySQL 关键字，也不能与其他数据库重名，否则发生错误；
- 名称可以由任意字母、阿拉伯数字、下画线“_”和“$”组成，可以使用上述的任意字符开头，但不能使用单独的数字命名，否则会造成它与数值混淆；
- 名称最长可为 64 个字符，而别名最多可长达 256 个字符；
- 建议数据库名、表名用小写，不同平台对大小写敏感度不同，Windows 不敏感而 Linux 敏感，统一小写可方便跨平台移植；
- 语句用分号“;”结尾；
- db_name 是建立的数据库名；
- CHARACTER SET 用来设置数据库字符集，若不指定字符集，系统会使用 my.ini 指定的 character-set-server 参数设置的字符集；
- COLLATE 表示字符集排序规则。

2. 创建默认字符集数据库

MySQL 遵循 SQL 标准，可以使用 CREATE DATABASE 创建数据库，在 MySQL 中 CREATE SCHEMA 是 CREATE DATABASE 的同义词，功能一致，这是与其他 DBMS 的不同之处。

方法一：CREATE DATABASE db_name。

创建数据库

【实例 2-19】 使用默认字符集和默认排序规则，建立一个名称为 db_shop1 的数据库。执行语句如下：

```
mysql>CREATE DATABASE db_shop1;
```

运行结果如图 2-18 所示。

方法二：CREATE SCHEMA db_name。

【实例 2-20】 使用默认字符集和默认排序规则，建立一个名称为 db_shop2 的数据库。执行语句如下：

```
mysql>CREATE SCHEMA db_shop2;
```

运行结果如图 2-18 所示。

```
mysql> CREATE DATABASE db_shop;
ERROR 1007 (HY000): Can't create database 'db_shop'; database exists
mysql> CREATE DATABASE db_shop1;
Query OK, 1 row affected (0.02 sec)

mysql> CREATE SCHEMA db_shop2;
Query OK, 1 row affected (0.01 sec)

mysql>
```

图 2-18　创建默认字符集的数据库

【实例 2-21】 查看前面创建的数据库 db_shop1 和 db_shop2 的定义信息。执行语句如下：

```
mysql> SHOW CREATE DATABASE db_shop1;
mysql> SHOW CREATE DATABASE db_shop2;
```

运行结果如图 2-19 所示。

```
mysql> SHOW CREATE DATABASE db_shop1;
+----------+--------------------------------------------------------------------------------------------------+
| Database | Create Database                                                                                  |
+----------+--------------------------------------------------------------------------------------------------+
| db_shop1 | CREATE DATABASE `db_shop1` /*!40100 DEFAULT CHARACTER SET utf8mb4 COLLATE utf8mb4_0900_ai_ci */ |
+----------+--------------------------------------------------------------------------------------------------+
1 row in set (0.01 sec)

mysql> SHOW CREATE DATABASE db_shop2;
+----------+--------------------------------------------------------------------------------------------------+
| Database | Create Database                                                                                  |
+----------+--------------------------------------------------------------------------------------------------+
| db_shop2 | CREATE DATABASE `db_shop2` /*!40100 DEFAULT CHARACTER SET utf8mb4 COLLATE utf8mb4_0900_ai_ci */ |
+----------+--------------------------------------------------------------------------------------------------+
1 row in set (0.00 sec)

mysql>
```

图 2-19　查看默认字符集的数据库 db_shop1 和 db_shop2 定义信息

说明：从图 2-19 可以看到默认的字符集和排序规则，与服务器级一致。

3. 创建指定字符集数据库

语法：

```
CREATE　DATABASE db_name
[DEFAULT]　[ CHARACTER SET=charset_name|CHARSET charset_name]
```

【实例 2-22】 分别建立数据库 db_shop3 和 db_shop4，使用 gbk 作为数据库字符集。执行语句如下：

```
mysql>CREATE　DATABASE db_shop3 DEFAULT CHARACTER SET=gbk;
mysql>CREATE　DATABASE db_shop4 DEFAULT CHARSET=gbk;
```

说明：DEFAULT 可省略。

运行结果如图 2-20 所示。

```
mysql> CREATE  DATABASE db_shop3  DEFAULT CHARACTER SET=gbk;
Query OK, 1 row affected (0.02 sec)

mysql> CREATE  DATABASE db_shop4  DEFAULT CHARSET=gbk;
Query OK, 1 row affected (0.02 sec)

mysql>
```

图 2-20　指定字符集建立数据库

【实例 2-23】 查看前面创建的数据库 db_shop3 和 db_shop4 的定义信息。执行语句如下：

```
mysql> SHOW CREATE DATABASE db_shop3;
mysql> SHOW CREATE DATABASE db_shop4;
```

运行结果如图 2-21 所示。

```
mysql> SHOW CREATE DATABASE db_shop3;
+----------+----------------------------------------------------------------+
| Database | Create Database                                                |
+----------+----------------------------------------------------------------+
| db_shop3 | CREATE DATABASE `db_shop3` /*!40100 DEFAULT CHARACTER SET gbk */ |
+----------+----------------------------------------------------------------+
1 row in set (0.00 sec)

mysql> SHOW CREATE DATABASE db_shop4;
+----------+----------------------------------------------------------------+
| Database | Create Database                                                |
+----------+----------------------------------------------------------------+
| db_shop4 | CREATE DATABASE `db_shop4` /*!40100 DEFAULT CHARACTER SET gbk */ |
+----------+----------------------------------------------------------------+
1 row in set (0.00 sec)

mysql>
```

图 2-21　查看指定字符集建立的数据库 db_shop3 和 db_shop4 的定义信息

4. 创建数据库前判断是否存在同名数据库

语法：

CREATE　DATABASE IF NOT EXISTS db_name

说明：使用 IF NOT EXISTS 判断当前服务器是否已经存在同名数据库，若数据库名存在，则会出现“1 warning”警告，不再创建数据库；只有数据库名不存在时，才会建立数据库。

【实例 2-24】 判断 db_shop4 数据库是否存在，若不存在则建立此数据库。执行语句如下：

```
mysql>CREATE　DATABASE IF NOT EXISTS db_shop4;
```

运行结果如图 2-22 所示。

```
mysql> \W
Show warnings enabled.
mysql> CREATE  DATABASE IF NOT EXISTS db_shop4;
Query OK, 1 row affected, 1 warning (0.01 sec)

Note (Code 1007): Can't create database 'db_shop4'; database exists
mysql>
```

图 2-22　存在性判断建立数据库 db_shop4

说明：

- 因为服务器中已经有同名数据库 db_shop4，所以不会再建立，并且会出现一个警告信息。
- “\W”是显示警告信息，也可以使用 SHOW WARNINGS 指令查看警告信息。

【实例 2-25】 存在性判断建立 db_shop5 数据库，并查看其数据库定义信息。执行语句如下：

```
mysql>CREATE　DATABASE IF NOT EXISTS db_shop5;
mysql> SHOW CREATE DATABASE db_shop5;
```

运行结果如图 2-23 所示。

```
mysql> CREATE DATABASE IF NOT EXISTS db_shop5;
Query OK, 1 row affected (0.12 sec)

mysql> SHOW CREATE DATABASE db_shop5;
+----------+-------------------------------------------------------------------------------------------------+
| Database | Create Database                                                                                 |
+----------+-------------------------------------------------------------------------------------------------+
| db_shop5 | CREATE DATABASE `db_shop5` /*!40100 DEFAULT CHARACTER SET utf8mb4 COLLATE utf8mb4_0900_ai_ci */ |
+----------+-------------------------------------------------------------------------------------------------+
1 row in set (0.01 sec)

mysql>
```

图 2-23　存在性判断建立数据库 db_shop5

说明：以图 2-23 中可以看到，当前服务器中不存在 db_shop5，所以新建立该数据库，从查看数据库定义信息可以看到使用了默认的字符集和排序规则。

二、修改数据库

数据库建立好以后，若实际应用需要修改数据库定义信息，则可使用语句 ALTER DATABASE 对数据库进行修改。

语法：

```
ALTER {DATABASE | SCHEMA} [db_name]
  [DEFAULT] CHARACTER SET [=] charset_name
  |[DEFAULT] COLLATE [=] collation_name
```

说明：对已经建立的数据库进行修改，可以修改其字符集或排序规则。

【实例 2-26】 将前面已经建立的 db_shop5 数据库字符集修改为 gbk，并查看修改后的数据库定义信息。执行语句如下：

修改数据库

```
mysql> ALTER DATABASE db_shop5 DEFAULT CHARACTER SET gbk;
mysql> SHOW CREATE DATABASE db_shop5;
```

运行结果如图 2-24 所示。

```
mysql> ALTER DATABASE db_shop5 DEFAULT CHARACTER SET gbk;
Query OK, 1 row affected (0.02 sec)

mysql> SHOW CREATE DATABASE db_shop5;
+----------+-------------------------------------------------------------------+
| Database | Create Database                                                   |
+----------+-------------------------------------------------------------------+
| db_shop5 | CREATE DATABASE `db_shop5` /*!40100 DEFAULT CHARACTER SET gbk */ |
+----------+-------------------------------------------------------------------+
1 row in set (0.00 sec)

mysql> _
```

图 2-24　修改数据库的字符集

三、删除数据库

建立的数据库若不再使用，则可以使用语句 DROP DATABSE 将指定数据库进行删除。

语法：

```
DROP {DATABASE | SCHEMA} [IF EXISTS] db_name
```

说明：删除数据库的操作应谨慎使用，一旦执行该操作，数据库的所有结构和数据都会被删除，没有恢复的可能，除非之前数据库已有备份。

【实例 2-27】 删除前面建立的 db_shop5 数据库，删除后查看服务器下是否不存在此数据库名。执行语句如下：

```
mysql>DROP DATABASE db_shop5;
mysql> SHOW DATABASES;
```

运行结果如图 2-25 所示。

```
mysql> DROP DATABASE db_shop5;
Query OK, 0 rows affected (0.01 sec)

mysql> SHOW DATABASES;
+--------------------+
| Database           |
+--------------------+
| db_shop1           |
| db_shop2           |
| db_shop3           |
| db_shop4           |
| information_schema |
| mysql              |
| performance_schema |
| stu                |
| sys                |
| test               |
+--------------------+
10 rows in set (0.00 sec)

mysql> _
```

图 2-25　删除数据库 db_shop5

四、任务实施

按下列步骤完成数据库 db_shopping 的创建和查看。

(1) 启动 MySQL 服务，连接登录 MySQL 系统。

操作：参考本项目任务 1。

(2) 使用默认字符集和默认排序规则，建立 db_shopping 数据库。执行语句如下：

```
mysql>CREATE DATABASE　db_shopping;
```

(3) 查看 db_shopping 数据库建立定义信息。执行语句如下：

```
mysql>SHOW CREATE DATABASE db_shopping;
```

任务 3　应用数据库存储引擎

MySQL 提供多种存储引擎，这是区别于其他 DBMS 只有一种存储引擎的特点。多种存储引擎可以给用户根据实际应用有更灵活的选择。本任务学习 MySQL 的各类存储引擎特点和应用场景，掌握查看、修改数据库表存储引擎以及在业务应用中选择存储引擎的方法。

一、存储引擎概述

存储引擎是 MySQL 数据库的重要组成部分，规定如何存储表数据、索引、是否支持事务，以及更新、查询数据等技术的实现方法。存储引擎也称为表类型。不同于 ORACLE、SQL Server 等数据库只用一种存储引擎，MySQL 数据库提供了多种存储引擎，用户可以根据业务需求，为表数据选择适用于专门检索数据还是适用于事务处理的存储引擎，使得服务器性能处于更佳状态。

二、查看 MySQL 存储引擎

1. 查询 MySQL 支持的存储引擎

应用数据库存储引擎

语法：

```
SHOW　ENGINES
```

【实例 2-28】 查看 MySQL 所有存储引擎。执行语句如下：

```
mysql> SHOW ENGINES;
```

运行结果如图 2-26 所示。

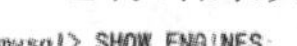

mysql> SHOW ENGINES;

Engine	Support	Comment	Transactions	XA	Savepoints
MEMORY	YES	Hash based, stored in memory, useful for temporary tables	NO	NO	NO
MRG_MYISAM	YES	Collection of identical MyISAM tables	NO	NO	NO
CSV	YES	CSV storage engine	NO	NO	NO
FEDERATED	NO	Federated MySQL storage engine	NULL	NULL	NULL
PERFORMANCE_SCHEMA	YES	Performance Schema	NO	NO	NO
MyISAM	YES	MyISAM storage engine	NO	NO	NO
InnoDB	DEFAULT	Supports transactions, row-level locking, and foreign keys	YES	YES	YES
BLACKHOLE	YES	/dev/null storage engine (anything you write to it disappears)	NO	NO	NO
ARCHIVE	YES	Archive storage engine	NO	NO	NO

9 rows in set (0.01 sec)

mysql>

图 2-26　查看 MySQL 所有存储引擎

参数说明：

- Engine 表示存储引擎的名称；
- Support 表示 MySQL 支持的存储引擎，YES 表示支持，DEFAULT 表示当前系统默认的存储引擎；InnoDB 为 MySQL5.5 版本及以上默认的存储引擎，之前版本默认是 MyISAM 存储引擎；

- Comment 表示关于此存储引擎的解释；
- Transactions 表示此存储引擎是否支持事务。
- Savepoints 表示是否支持事务保存点。

2. 查看当前服务器默认的存储引擎

当前服务器默认的存储引擎除了可以用 SHOW ENGINES 语句查看以外，还可以通过查看配置参数“default_storage_engine”值，这个参数值是在 my.ini 文件配置的。

语法：

```
SHOW VARIABLES LIKE 'default_storage_engine' | '%匹配字符串%';
```

说明：查看服务器默认存储引擎配置参数，匹配符“%”用来模式匹配查询。

【实例 2-29】 查看当前服务器存储引擎配置参数“default_storage_engine”值。执行语句如下：

```
mysql> SHOW VARIABLES LIKE '%storage_engine%';
```

或

```
mysql> SHOW VARIABLES LIKE 'default_storage_engine';
```

运行结果如图 2-27 所示。

```
mysql> SHOW VARIABLES LIKE '%storage_engine%';
+----------------------------------+-----------+
| Variable_name                    | Value     |
+----------------------------------+-----------+
| default_storage_engine           | InnoDB    |
| default_tmp_storage_engine       | InnoDB    |
| disabled_storage_engines         |           |
| internal_tmp_disk_storage_engine | InnoDB    |
| internal_tmp_mem_storage_engine  | TempTable |
+----------------------------------+-----------+
5 rows in set, 1 warning (0.00 sec)

mysql> SHOW VARIABLES LIKE 'default_storage_engine';
+------------------------+--------+
| Variable_name          | Value  |
+------------------------+--------+
| default_storage_engine | InnoDB |
+------------------------+--------+
1 row in set, 1 warning (0.00 sec)

mysql>
```

图 2-27　查看当前服务器默认存储引擎

3. 查看数据表当前使用的存储引擎

语法：

```
SHOW TABLE STATUS
[{FROM | IN} db_name]
[LIKE 'pattern' | WHERE name= 'tb_name']
```

说明：

- | 表示或者的表示符，FROM | IN 表示可用 FROM 或者 IN，作用相同；
- db_name 表示需要指定具体查询的数据库名；
- LIKE 'pattern' 表示采用模式匹配查询，可以使用“%”作为模式匹配通配符；
- WHERE name=tb_name 表示按指定查表名作为查询条条件，tb_name 需要指定。

【实例 2-30】查看系统数据库 mysql 中 user 表使用的存储引擎。执行语句如下：

```
mysql>SHOW TABLE STATUS FROM mysql WHERE name= 'user' \G
```

说明：因显示的列太多，使用“\G”为语句结尾，垂直显示信息会更为清晰。运行结果如图 2-28 所示。

```
mysql> SHOW TABLE STATUS FROM mysql WHERE name='user'\G
*************************** 1. row ***************************
           Name: user
         Engine: InnoDB
        Version: 10
     Row_format: Dynamic
           Rows: 4
 Avg_row_length: 4096
    Data_length: 16384
Max_data_length: 0
   Index_length: 0
      Data_free: 4194304
 Auto_increment: NULL
    Create_time: 2019-02-13 13:48:41
    Update_time: NULL
     Check_time: NULL
      Collation: utf8_bin
       Checksum: NULL
 Create_options: stats_persistent=0
        Comment: Users and global privileges
1 row in set (0.00 sec)

mysql>
```

图 2-28　查看数据库 mysql 中 user 表当前使用存储引擎

说明：图 2-28 除了可以看到当前表使用的存储引擎外，还有字符集、排序规则、创建时间等表状态信息。

三、修改 MySQL 默认存储引擎

MySQL 系统默认存储引擎是通过 my.ini 配置文件中的参数 default_storage_engine 来设置的。MySQL 系统默认存储引擎可修改这个参数值，修改之后需重新启动服务才生效。操作如下：

(1) 编辑 my.ini 文件(建议在修改配置文件时，先备份该文件，防止文件破坏后恢复)；

(2) 在配置文件内容中的“[mysqld]”服务器项找到参数'default_storage_engine'，如下：

```
# 创建新表时将使用的默认存储引擎
Default_storage_engine=INNODB
```

把参数的存储引擎值修改为指定值即可，比如修改为

```
# 创建新表时将使用的默认存储引擎
default_storage_engine=MyISAM
```

(3) 保存 my.ini 文件，再重新启动 mysql 服务，重新登录 MySQL，修改后的默认引擎生效。

创建数据表时，若不指定具体的存储引擎，则使用系统默认存储引擎；若创建数据表时指定自身存储引擎，则表明应优先使用本身定义的存储引擎。

四、常用存储引擎和应用场景

MySQL 同时支持多种存储引擎，每类存储引擎都有自身特定的优点、应用场合和缺点。在实际应用中应选择适合于数据表实际需求的存储引擎。

1. InnoDB

InnoDB 是唯一支持事务的 MySQL 存储引擎，由甲骨文公司开发，遵循 GNU 通用公开许可(GPL)发行。InnoDB 目前已经被雅虎、Google 等互联网公司广泛采用。

(1) InnoDB 的特点。InnoDB 给 MySQL 表提供了事务、回滚、修改能力，也是 MySQL 第一个提供外键约束的存储引擎，其事务处理能力是 MySQL 其他存储引擎无法比拟的。其具有如下特点。

- 支持自动增长列。
- 支持外键(FOREIGN KEY)。
- 具有行级锁，适合更新密集的表，适合多重并发的更新请求。
- 唯一支持事务的标准 MySQL 存储引擎，支持四个事务隔离级别，这是惯例敏感数据(如金融)的必需软件。
- 支持自动灾难恢复。
- 提供事务高效的独立性(Atomicity)、一致性(Consistency)、隔离性(Isolaton)、持久性(Durability)，也称为事务的 ACID 特性。
- 支持分区、表空间类似于 Oracle 数据库，MySQL 表空间文件以 ibd 结尾。
- 对硬件资源要求比较高。

(2) 应用场景。InnoDB 存储引擎提供了较好的事务管理、数据修复和并发控制的优势，同时提供了行级锁，适合于数据频繁更新应用；但也有读写效率相对低、需要占用的数据空间相对比较大的特点，适合于下列应用场合：

- 需要事务支持的所有业务场景。
- 业务数据更新较为频繁的场景，如论坛、微博、电子商务、金融系统及零售等。
- 业务数据一致性要求较高的场景，例如：银行业务。
- 具有硬件设备内存较大的场景，利用 InnoDB 较好的缓存能力来提高内存利用率，减少 IO 的压力。

2. MyISAM 存储引擎

MyISAM 是在 InnoDB 出现之前 MySQL 的默认存储引擎，现在仍然是 MySQL 常用的存储引擎，其基于 ISAM，并对其进行扩展，具有较高的插入和查询速度，但不支持事务和外键约束。

(1) MyISAM 的特点。MyISAM 存储引擎的优势是占用空间小，处理速度快，但不支持事务和并发。

每个使用 MyISAM 存储引擎创建的数据表都会生成三个文件，这些文件的文件名和数据表名称相同，扩展名为如下三种：

.frm：存储表定义文件扩展名。

.MYD：存储数据文件扩展名。

.MYI：存储索引文件扩展名。

(2) 应用场景。MyISAM 处理速度快，空间和内存占用低，但没有事务管理能力，适合于下列应用场合：

- 业务不需要事务的支持，因为 MyISAM 没有事务。
- 读取数据比较多或单方面写入数据比较多的业务，因为 MyISAM 具有读写相互阻塞的特点，不适合读写都频繁的应用。
- 并发访问相对较低的业务。
- 数据更新不频繁的业务。
- 以检索为主的业务。
- 对数据一致性要求不高的业务。
- 服务器硬件资源需求相对比较低的业务。

3. MEMORY 存储引擎

MEMORY 存储引擎通过存储内存数据表来访问数据，使用内存来创建存储数据表，类型为.frm 的磁盘文件只用来存储表结构，能够快速处理数据；但其需要足够的内存空间，一旦宕机数据将全部消失。

(1) MEMORY 的特点。MEMORY 存储引擎是将数据存储到内存，数据处理速度快，但不安全。其对数据表大小有要求，太大的表则无法使用此存储引擎。

(2) 应用场景。

- 对于数据更新不频繁、存活周期不长和需要对统计结果进行分析的数据表、临时数据，可以使用 MEMORY 存储引擎。
- 存储在 MEMORY 表中的数据如果突然丢失，不会对应用服务产生实质的负面影响，也不会对数据完整性有长期影响。

五、任务实施

按下列步骤完成查看服务器支持的存储引擎，修改 db_shop 数据库表的存储引擎并查看修改后信息。

(1) 启动 MySQL 服务，连接登录 MySQL 系统。

操作：参考本项目任务 1 的实施。

(2) 查看当前 MySQL 所有存储引擎。

执行语句如下：

```
mysql> SHOW ENGINES;
```

(3) 查看当前服务器存储引擎配置参数“default_storage_engine”值。

执行语句如下：

```
mysql> SHOW VARIABLES LIKE 'default_storage_engine';
```

(4) 修改默认存储引擎。

操作：编辑修改 my.ini 文件内容的“[mysqld]”项中的参数“default_storage_engine”值。

```
# 创建新表时将使用的默认存储引擎
```

```
default_storage_engine=INNODB
```

把参数的存储引擎值修改为指定值即可，比如修改为

```
# 创建新表时将使用的默认存储引擎
default_storage_engine=MyISAM
```

(5) 查看数据表使用的存储引擎。如查看 mysql 中的'user'表当前使用的存储引擎。执行语句如下：

```
mysql>SHOW TABLE STATUS FROM mysql WHERE name='user'\G
```

小　结

本项目主要以电商购物管理系统为引导案例，介绍了查看、创建、修改管理数据库的基本语句、系统数据库、存储引擎、字符集等基本知识，演示了查看、创建、修改、删除数据库的技术方法和实施过程。学习完本项目，读者应能够根据实际业务需求，选择合适的存储引擎、字符集和排序规则，建立和管理应用数据库，熟练查看数据库信息进行有效管理，熟练应用帮助文档和网上资源解决问题，培养独立解决问题的能力。

课后习题

1. 请列出创建数据库几种不同格式的应用。
2. 如何查看当前数据库的各类信息?
3. 请说出 InnoDB、MyISAM 存储引擎的使用场合。
4. 如何查看 MySQL 支持的存储引擎?
5. 如何查看表正在使用的存储引擎?
6. 修改默认的存储引擎有哪几种方法?

项目三　创建和管理数据表

项目介绍

数据表是数据库中最重要的操作对象，是存储数据的基本单位，也是数据访问的基本逻辑对象，一切可访问的数据都来源于数据表。数据库建立好以后，根据数据库设计的关系模式进行数据表和数据完整性的建立。对数据表之间的逻辑关系要认真分析，要按软件规范标准和定义建立数据表。本项目以电商购物管理系统数据表为例，学习数据表和数据完整性的建立、修改、删除等管理操作，以达成本项目教学目标。本项目主要内容包括认识数据表元素和创建数据表两个任务。

教学目标

素质目标

◎ 具有自觉遵守职业标准和职业规范意识；

◎ 具有数据应用设计制作和应用的职业数字素养。

知识目标

◎ 熟悉数据表的数据类型、键和完整性约束等元素；

◎ 掌握查看、建立和修改数据表的语法应用。

能力目标

◎ 能够根据需求建立合适、规范的数据表和数据完整性约束；

◎ 能熟练查看数据表并按需进行修改和复制操作。

学习重点

◎ 按应用需要建立规范的数据表和数据完整性约束；

◎ 复制数据表和修改数据表。

学习难点

◎ 修改数据表约束。

任务 1　认识数据表元素

在数据库中存储数据的对象是数据表。数据表是由行和列组成的二维表，通常列称为字段，行称为记录。建立数据表时，需要对数据表中的字段进行详细定义。数据表的字段定义信息包括数据类型、长度、是否允许空、是否键值、约束条件等。本任务主要学习查看数据表结构，了解和熟悉构成表的基本元素和数据完整性约束，为后面数据库表的建立打下基础。

数据类型

一、查看数据表与数据类型

查看数据库的数据表，通常需要先选择指定查看的数据库，再通过下面的查看语句，来查看数据库包含的数据表和数据表包含的字段定义信息。

1. 查看当前数据库包含的数据表

语法：

SHOW　TABLES

说明：查看当前选择数据库中的所有数据表名。

【实例 3-1】 选择系统数据库 mysql，查看当前数据库包含的所有数据表。执行语句如下：

```
mysql>USE  mysql;
--选择系统数据库 mysql 为当前数据库
mysql>SHOW  TABLES;
-- 查看当前数据库包含的所有表名
```

运行结果如图 3-1 所示。

```
mysql> USE mysql;
Database changed
mysql> SHOW TABLES;
+---------------------------+
| Tables_in_mysql           |
+---------------------------+
| columns_priv              |
| component                 |
| db                        |
| default_roles             |
| engine_cost               |
| func                      |
| general_log               |
| global_grants             |
| gtid_executed             |
| help_category             |
| help_keyword              |
| help_relation             |
| help_topic                |
| innodb_index_stats        |
| innodb_table_stats        |
| password_history          |
| plugin                    |
| procs_priv                |
| proxies_priv              |
| role_edges                |
| server_cost               |
| servers                   |
| slave_master_info         |
| slave_relay_log_info      |
| slave_worker_info         |
| slow_log                  |
| tables_priv               |
| time_zone                 |
| time_zone_leap_second     |
| time_zone_name            |
| time_zone_transition      |
| time_zone_transition_type |
| user                      |
+---------------------------+
```

图 3-1　查看系统数据库 mysql 中的所有数据表

说明：

• 系统数据库 mysql 中的用户信息表 user 存储着允许登录服务器的用户信息。

• help_开头的 4 个表保存了 HELP 指令的检索表：主题类型表、关键字表、主题与关键字的映射表、主题表。

2. 查看表结构

语法：

DESC[RIBE] tb_name (或:DESC　tb_name)

说明：

• 查看指定表的结构中的字段定义信息。

• DESC[RIBE] 可缩写为 DESC，[ ]中的字符可省略，tb_name 为数据表名。

【实例 3-2】查看系统数据库 mysql 中的 user 表结构定义信息。执行语句如下：

```
mysql>USE   mysql;          -- 选择 mysql 数据库为当前数据库
mysql> DESC   user;         -- 查看 user 数据表的结构定义
```

说明：在 cmd 命令窗口中，为了减少输入表名出错的概率，一般选择数据库后，先查看当前数据库包含哪些数据表，直观显示出数据表名，再通过复制数据表名来进行各种数据表操作。

运行结果如图 3-2 所示。

```
mysql> USE mysql;
Database changed
mysql> DESC user;
+-------------+---------------+------+-----+---------+-------+
| Field       | Type          | Null | Key | Default | Extra |
+-------------+---------------+------+-----+---------+-------+
| Host        | char(60)      | NO   | PRI |         |       |
| User        | char(32)      | NO   | PRI |         |       |
| Select_priv | enum('N','Y') | NO   |     | N       |       |
| Insert_priv | enum('N','Y') | NO   |     | N       |       |
| Update_priv | enum('N','Y') | NO   |     | N       |       |
| Delete_priv | enum('N','Y') | NO   |     | N       |       |
| Create_priv | enum('N','Y') | NO   |     | N       |       |
```

图 3-2　查看系统数据库 mysql 中的 user 表结构定义信息

说明：

- Field 表示表的字段名称；
- Type 表示字段值的数据类型；
- Null 表示字段值是否允许空值；
- Key 表示字段是否为键，比如主键、外键、唯一键；
- Default 表示默认值；
- Extra 表示其他额外信息，比如自增字段标识等。

3. 查看表定义脚本

语法：

```
SHOW CREATE TABLE   tb_name
```

说明：查看指定名为 tb_name 的数据表定义语句，包括使用字符集和字符排序规则。

【实例 3-3】 查看 mysql 系统数据库的 user 表定义脚本。执行语句如下：

```
mysql> USE mysql;
mysql> SHOW   CREATE   TABLE   user\G
```

运行结果如图 3-3 所示(截取部分显示信息)。

```
mysql> USE mysql;
Database changed
mysql> SHOW CREATE TABLE user\G
*************************** 1. row ***************************
       Table: user
Create Table: CREATE TABLE `user` (
  `Host` char(60) COLLATE utf8_bin NOT NULL DEFAULT '',
  `User` char(32) COLLATE utf8_bin NOT NULL DEFAULT '',
  `Select_priv` enum('N','Y') CHARACTER SET utf8 COLLATE utf8_general_ci NOT NULL DEFAULT 'N',
  `Insert_priv` enum('N','Y') CHARACTER SET utf8 COLLATE utf8_general_ci NOT NULL DEFAULT 'N',
  `Update_priv` enum('N','Y') CHARACTER SET utf8 COLLATE utf8_general_ci NOT NULL DEFAULT 'N',
```

图 3-3　查看 mysql 系统数据库的 user 表定义脚本

4. 查看 MySQL 数据类型

查看 MySQL 支持的数据类型，可以在“mysql>”提示符下执行“HELP DATA TYPES”或“HELP 数据类型名”来获得数据类型信息，也可以访问官网查看应用说明。

【实例 3-4】 查看 MySQL 支持的所有数据类型名称。执行语句如下：

```
mysql> HELP  DATA  TYPES;
```

运行结果如图 3-4 所示。

```
mysql> HELP DATA TYPES;
You asked for help about help category: "Data Types"
For more information, type 'help <item>', where <item> is one of the following
topics:
   AUTO_INCREMENT
   BIGINT
   BINARY
   BIT
   BLOB
   BLOB DATA TYPE
   BOOLEAN
   CHAR
   CHAR BYTE
   DATE
   DATETIME
   DEC
   DECIMAL
   DOUBLE
   DOUBLE PRECISION
   ENUM
   FLOAT
   INT
   INTEGER
   LONGBLOB
   LONGTEXT
   MEDIUMBLOB
   MEDIUMINT
   MEDIUMTEXT
   SET DATA TYPE
   SMALLINT
   TEXT
   TIME
   TIMESTAMP
   TINYBLOB
   TINYINT
   TINYTEXT
   VARBINARY
   VARCHAR
   YEAR DATA TYPE

mysql> _
```

图 3-4　查看 MySQL 支持的所有数据类型

【实例 3-5】 查看 INT 数据类型。执行语句如下：

```
mysql> HELP  INT;  #可以查看到类型说明和存储数值范围
```

运行结果如图 3-5 所示。

```
mysql> HELP INT
Name: 'INT'
Description:
INT[(M)] [UNSIGNED] [ZEROFILL]

A normal-size integer. The signed range is -2147483648 to 2147483647.
The unsigned range is 0 to 4294967295.

URL: http://dev.mysql.com/doc/refman/8.0/en/numeric-type-overview.html


mysql> _
```

图 3-5　查看 INT 数据类型

5. 查看表的全部记录

语法：

```
SLECT * FROM  tb_name
```

说明：查看当前数据库的指定表的全部记录信息。SELECT 语句的详细应用在项目五做详细介绍，本节初步用来浏览全部数据。

【实例 3-6】 查看 db_shop 数据库的 department 表的全部记录。执行语句如下：

```
mysql> USE db_shop;
mysql> SELECT * FROM department;
```

运行结果如图 3-6 所示。

```
mysql> USE db_shop;
Database changed
mysql> SELECT * FROM department;
+----+-----------+--------------+-----------+
| id | dept_name | dept_phone   | dept_memo |
+----+-----------+--------------+-----------+
|  1 | 技术部    | 020-87993692 | NULL      |
+----+-----------+--------------+-----------+
1 row in set (0.01 sec)

mysql>
```

图 3-6　查看 db_shop 数据库的 department 表的全部记录

二、MySQL 数据类型

在 MySQL 数据库中，数据类型用于规定数据的存储格式、约束和有效范围。MySQL 提供的数据类型主要包括数字类型(整数类型、浮点数类型和定点数类型)、字符串类型、日期和时间类型以及 JSON 类型。

1. 数字类型

数字类型用来存储能够算术运算的数字数据，分为整数类型、浮点数类型和定点数类型。MySQL 支持所有 ANSI SQL-92 标准数字类型：精准数字类型(NUMERIC、DECIMAL(同义词：DEC)、INTEGER(同义词：INT)和浮点数字类型(FLOAT、REAL、DOUBLE)。

(1) 整数类型。整数类型是用来定义存储整数的类型。凡是用到的数据不需要考虑小数的都可以定义为整数类型。整数类型按存储字节长度又分为多种，为避免大小不够或者存储空间的浪费，使用时应根据数据的大小范围选择合适的整数类型。

整数类型存储类型及其存储值的范围如表 3-1 所示。存储值范围最小的整数类型是 TINYINT、BIT、BOOL，最大的是 BIGINT，标准的整数类型是 INT。

表 3-1　整数类型

数据类型	存储字节	有符号数存储范围	无符号存储范围	说明
TINYINT	1	−128～127	0～255	最小整数类型
BIT	1	−128～127	0～255	最小整数类型
BOOL	1	−128～127	0～255	最小整数类型
SMALLINT	2	−32 768～32 767	0～65 535	小整数类型
MEDIUMINT	3	−8 388 608～8 388 607	0～16 777 215	中整数类型
INT|INTEGER	4	−2147 483 648～2 147 483 647	0～4 294 967 295	标准整数类型
BIGINT	8	−9 223 372 036 854 775 808～9 223 372 036 854 775 807	0～18 446 744 073 709 551 615	大整数类型

(2) 浮点数类型和定点数类型。浮点数类型用来存储允许带小数位的数字数据，包括单精度类型(FLOAT)和双精度类型(DOUBLE)两种数据类型。浮点数的小数位值是不确定、浮动变化的，不能做等值比较。浮点数类型一般用于需要有小数的数据，以及对小数值精度没有严格要求的情况。

定点数类型(NUMERIC|DECIMAL|DEC)是用来存储小数位精准的数字数据。定点数的小数位值是精准确定的，可以做等值比较。定点数类型一般用于财务数字数据。

浮点数类型和定点数存储类型及其存储值的范围如表 3-2 所示。

表 3-2　浮点数类型和定点数类型

数据类型	存储字节	负数存储范围	非负数存储范围	说　明
FLOAT|REAL	4	−3.402823466E+38～−1.175494351E−38	0，1.175494351E−38～3.402823466E+38	单精度浮点数，格式：FLOAT[(M,D)]，M 是整个数值长度(整数位+小数位)，D 是小数点后的位数
DOUBLE	8	−1.7976931348623157E+308～−2.2250738585072014E−308	0，2.2250738585072014E−308～1.7976931348623157E+308	双精度浮点数，格式：DOUBLE[(M,D)]，M 是整个数值长度(整数位+小数位)，D 是小数点后的位数
DECIMAL|NUMERIC|DEC	M+2	受 M 与 D 的值影响	受 M 与 D 的值影响	定点数类型，格式：DECIMAL(M,D)，M 是整个数值长度(整数位+小数位)，M 范围为 1～65，M 的默认值是 10，D 是小数点后的位数

2. 字符串类型

字符串类型是存储字符数据的类型，包含普通文本字符串类型(CHAR、VARCHAR)、大文本字符串类型(TEXT)、二进制字符串类型(BLOB)和特殊类型(SET 多选项数据类型、ENUM 单选项数据类型)。字符串类型及其存储值的范围如表 3-3 所示。

表 3-3　字符串类型

数据类型	存储范围	说明
CHAR	0～255 个字符	固定长度为 M 的字符串类型，格式：CHAR(M)，M 是字符串长度
VARCHAR	0～65 535 个字符	可变长字符串类型，实际长度是存储字符串长度 LEN，格式：VARCHAR(M)，M 是字符串的最大长度
TINYTEXT	0～255 个字符	小长度的 TEXT 类型
TEXT	0～65 535 个字符	常规长字符串类型
MEDIUMTEXT	0～16 777 215 个字符	中长度的 TEXT 类型
LONGTEXT	0～4 294 967 295 个字符	大长度的 TEXT 类型
TINYBLOB	0～255 个字符	小长度的 BLOB 类型
BLOB	0～65535 个字符	常规二进制字符串类型
MEDIUMBLOB	0～16777215 个字符	中长度的 BLOB 类型
LONGBLOB	0～4294967295 个字符	大长度的 BLOB 类型
ENUM	0～65535 个选项	字符串枚举类型，用于在指定的选项集合中取一个值，存储为“单选项”数据类型，格式：ENUM('value1', 'value2',…)
SET	0～64 个选项	字符串集合类型，存储为“多选项”数据类型，格式：SET('value1','value2',…)

(1) CHAR 和 VARCHAR 类型。CHAR 类型用于存储定长字符串，无论存储的字符串是否达到定义的长度，CHAR 都开辟固定长度的字符存储空间。例如：定义 char(20)，不论存储的数据是否达到了 20 个字节，都要占 20 个字节的空间(自动用空格填充)，可以有默认值。CHAR 具有索引效率高的优势。

VARCHAR 类型用于可变长字符串，按实际存入的字符串长度+1 开辟存储空间，可以有默认值。当存储的字符串长度差别较大时，使用 VARCHAR 类型能够较好地节省空间。

(2) TEXT 类型。TEXT 类型用于存储大文本字符串，字符串最大长度为 2^{31}-1 个字符。TEXT 不能有默认值。较长文本可以使用 TEXT 类型。按存储长度大小又分 4 类：TINYTEXT、TEXT、MEDIUMTEXT、LONGTEXT。TEXT 类型检索效率比 VARCHAR 低，所以一般能用 VARCHAR 类型存储的就尽量不要用 TEXT 类型。

(3) BLOB 类型。BLOB 类型用于存储二进制字符串，常用于存储图片、音频等文件。按存储长度大小又分 4 类：TINYBLOB、BLOB、MEDIUMBLOB、LONGBLOB。

(4) ENUM 和 SET 字符串类型。与其他可以插入任意字符的字符串类型不同，ENUM 和 SET 类型是只能在指定的选项集合中取值的字符串数据类型。

• ENUM 类型。ENUM 类型是枚举多个字符串选项，只存储其中的一个字符串值的类型，通常用于“单选”形式的字符串类型。ENUM 类型的每一个选项值都有

一个索引号，索引从 1 开始编号，按照选项顺序依次索引值是 1，2，3，4，5，…，空字符串错误值的索引值为 0，NULL 值的索引值为 NULL。最多有 65 535 个选项，所以插入数据的时候，可以使用选项值或索引值。

格式：

```
ENUM('value1', 'value2', …)
```

例如：ENUM('男', '女')可以作为性别字段的类型，只能取其中一个值。

· SET 类型。SET 类型是提供多个字符串选项的字符串集合类型，可以存储其中的若干个选项值的字符串类型，通常用于“多选”形式的字符串类型。索引值顺序依次是 1，2，4，8，…，最多有 64 个选项，可以使用选项值(用逗号分隔多个选项)或索引值之和(如：索引值为 7 表示第 1、2、4 项)来访问相应选项。选项值不能有重复值，使用的值出现重复时只存储一个。

格式：

```
SET('value1', 'value2',…)
```

例如：SET ('听音乐', '跳舞', '唱歌')可以作为兴趣字段的类型，允许取其中多项值。

3. 日期和时间类型

日期和时间类型主要用来存储日期和时间值的数据类型，包含的类型有 DATE、TIME、DATETIME、TIMESTAMP 和 YEAR。

日期时间使用“YYYY-MM-DD HH:MM:SS”格式，其中：YYYY 表示年，MM 表示月，DD 表示日，HH 表示小时，MM 表示分钟，SS 表示秒。

日期和时间类型常量值是用引号括起来的字符串，如：'2019-01-12'字符串存入日期型变量时自动转换为日期类型。日期和时间类型及其存储值的范围如表 3-4 所示。

表 3-4　日期和时间类型及其存储值的范围

数据类型	存储范围	说　明
DATE	1000-01-01～9999-12-31	日期类型，格式：YYYY-MM-DD
TIME	-838:59:59～838:59:59	时间类型，格式：HH:MM:SS
DATETIME	1000-01-01 00:00:00～9999-12-31 23:59:59	日期时间类型，格式：YYYY-MM-DD HH:MM:SS
TIMESTAMP	1970-01-01 00:00:01 UTC～2038-01-19 03:14:07 UTC	时间戳类型，使用世界标准时间 UTC(Universal Time Coordinated)时间值存储，可以根据时区进行转换
YEAR	1000～9999	年份类型，格式：YYYY

4. JSON 类型

JSON 类型是用来存储 JSON 数据的类型，JSON 数据可以是一个序列化的对象或数组。

JSON 对象是由括号{}括起来的内容，数据格式为{"key1":" key-value1", "key2":"key-value2", ...}，由一对对的键值对构成，键名与键值之间使用“:”冒号，键名和键值都使用字符串。如：

```
{"name":"zhangSan","age":23,"ph one" :"020-38490318"}
```

JSON 数组由方括号括起来的一组值构成，如：

```
[3,1,4,1,5,9,2,6]、["red","white", "green"]
```

JSON 数据允许对象和数组嵌入。

(1) JSON 数组中嵌入数组和对象的值，可以使用如下格式：

```
[1,{"name":"zhangSan","age":23},["red","white"]]
```

(2) JSON 对象中嵌入数组和对象的值，可以使用如下格式：

```
{"name":"zhangSan", "love-color":["red","white"],"address":{"country":"china","city":
"guangzhou"}}
```

三、数据表和键

认识数据表和约束

1. 数据表

数据表是数据库中最重要的操作对象，是存储数据的基本单位，也是数据访问的基本逻辑对象，一切可访问的数据都来源于数据表。

我们建立数据表时，需要对字段的取值进行详细定义，包括数据类型、长度、是否允许空、是否键值及约束条件等信息。

2. 主键

数据表一般用一个字段或多个联合字段来唯一标识数据表中的各条记录，这个用来唯一标识记录的字段称为主键，对应关系模式中的主码。一个数据表只能有一个主键，若是多个字段联合来唯一标识记录，则这多个字段共同组成一个主键。

主键值必须是唯一的，不能有重复值，也不能为空值。如职员的身份证号是唯一的，可用来作为职员表的主键。

3. 唯一键

在实际工作中，若数据表中除了主键之外，还有其他字段值也要求是唯一的，则可将其设为唯一键，表示该字段值也不允许有重复值。

一个数据表可以有多个唯一键，唯一键可允许空，但只能有一条记录为空值。

4. 外键

实际应用中，不同数据表的数据往往存在联系。如果数据表的某列数据来自另一个数据表的某列数据，则这两个表具有参照完整性约束关系。若表的字段值必须引用参照于另一个数据表的主键或唯一键中的值，则此字段称为外键。外键用来实现数据表之间数据的关联。

一个数据表可以有多个外键，外键值可以允许为空值，也允许有重复值。

外键值必须是引用参照表主键或唯一键中存在的值。

四、关系数据完整性约束

关系数据的完整性约束用于保证用户对数据库修改数据的一致性和正确性。完整性约束可以有效防止对数据的意外破坏，提高完整性检测的效率，同时因为

服务器实现了数据完整性，可以减轻编程人员的负担。关系数据库具有下面四类完整性的约束。

1. 域完整性

域完整性要求输入的值应为指定的数据类型、取值范围，确定是否允许空和输入的值类型和范围是否有效。如：详细订单必须要有商品编号，所以商品编号不允许空，订单的数量必须是数字，所以输入字母无效。

2. 实体完整性

实体完整性是一个关系表内的约束，它要求每个实体记录都具有唯一标识，且不能为空，即表的所有主码(主键)不能取空。如商品编号、员工编号等都具有唯一性。

3. 参照完整性

参照完整性是两个关系表属性之间的引用参照的约束。若一个关系表的属性值(外码)对应依赖于另一个关系表的主码，则这两个表具有参照依赖关系。参照完整性保证了表数据间的一致性，避免了无效或歧义数据产生。如：详细订单表中的商品应该是商品表中存在的商品，所以详细订单表中的商品编号应与商品表的商品编号具有参照完整性约束。

4. 用户定义的完整性

用户定义的完整性是针对某一具体应用数据库定义的约束条件，它反映了数据在某具体应用业务中必须满足的条件。如：商品折扣的取值范围不得低于 20%。

关系数据库的完整性，在 DBMS 中是通过各种约束技术来实现的，MySQL 支持的约束类型包括以下几种：

PRIMARY KEY：主键约束，实现实体完整性；

DEFAULT：默认值约束；

UNIQUE KEY：唯一约束；

NOT NULL：非空约束；

FOREIGN　KEY：外键约束，实现参照完整性；

CHECK：检查约束，实现用户自定义完整性(MySQL8.0.16 以上版本才支持)。

五、任务实施

按下列步骤完成 db_shopping 数据库顾客表的建立，查看表信息和字段类型应用。

(1) 选择 db_shopping 数据库。执行语句如下：

```
mysql>USE db_shopping;
```

(2) 查看当前数据库包含的所有表。执行语句如下：

```
mysql>SHOW TABLES;
```

(3) 运行如下创建数据表语句，创建顾客表，观察表结构中的字段类型、key 和默认值。执行语句如下：

```
mysql>CREATE TABLE customer (
  id int   AUTO_INCREMENT PRIMARY KEY,   #主键
```

```
        customer_name varchar(20)   NOT NULL,
        sex enum('F','M') NULL DEFAULT'F',
        identity_id char(18)   NULL ,
        birthday date     NULL,
        hobby set('ball','art','music'),
        consumption_amount decimal(11, 2) UNSIGNED NULL DEFAULT 0.00,
        menber_balance   decimal(11, 2) UNSIGNED NULL DEFAULT 0.00,
        photo varbinary(250) NULL,
        address json NULL
    ) ENGINE = InnoDB CHARACTER SET = utf8mb4 COLLATE = utf8mb4_0900_ai_ci
     ROW_FORMAT = Dynamic;
```

(4) 查看 customer 表结构信息。执行语句如下：

```
mysql> DESC customer;
```

(5) 查看 customer 表的定义脚本。执行语句如下：

```
mysql>SHOW CREATE TABLE customer;
```

(6) 添加顾客记录，观察各字段取值范围。执行语句如下：

```
mysql>INSERT INTO customer(id,customer_name,sex,identity_id,birthday,hobby,consumption
_ amount,menber_balance,address)
    VALUES(1, '陈强', 'M', '440107199801121256', '1998-09-01', 'ball,art', 5000.00, 0.00,
    '{"city": "广州 2","road": "黄埔", "room": 16}'),
    (2, '李红', 'F',NULL, '2000-09-01', 'art',8000.00, 1000.00, '{"city": "广州", "road": "黄埔",
"room":26}'),
    (3, '陈红玲', 'F', NULL, '1995-06-01', 'ball',1200.00, 0.00, NULL, NULL, '{"city": "潮州",
"road": "朝阳街", "room": "9"}');
```

任务 2　创建数据表

数据表的结构信息是在数据库设计阶段根据应用系统需求分析设计出来的，应按应用数据库的关系表结构的设计信息进行数据表创建。建立数据表时，需要对数据表结构信息进行详细定义，并根据业务需求，建立数据的主键、参照依赖关系等数据完整性约束。本任务学习创建数据库表。

创建数据表—表结构定义

一、建立数据表和数据完整性

可以使用语句 CREATE TABLE 在选择的数据库内创建数据表。

1. CREATE TABLE 语句

CREATE TABLE 语句用来创建数据库的数据表信息。

语法：

```
CREATE [TEMPORARY] TABLE [IF NOT EXISTS]   tbl_name
```

```
(col_name data_type [NOT NULL | NULL]
[DEFAULT {literal | (expr)} ] [AUTO_INCREMENT]
[UNIQUE [KEY]] [[PRIMARY] KEY] [COMMENT'string']
| [CONSTRAINT [symbol]] PRIMARY KEY (key_part,...)
  |[CONSTRAINT [symbol]] UNIQUE [INDEX|KEY] [index_name] [index_type] (key_part,...)
  | [CONSTRAINT [symbol]] FOREIGN KEY (col_name,...) REFERENCES tbl_name (key_part,...)
  | check_constraint_definition
  ) [table_options]
|[AS SELECT ...]
|[LIKE old_tbl_name ]
```

说明：

- tbl_name 表示建立的数据表名称；
- col_name 表示字段列名称；
- data_type 表示字段类型；
- DEFAULT {literal | (expr)} 表示设置的字段默认值；
- [AUTO_INCREMENT]表示自动增长类型，一般用于自动生成有顺序的编号；
- UNIQUE [KEY] 用于定义唯一键；
- [PRIMARY] KEY 用于定义主键；
- [COMMENT 'string'] 表示字段描述注释；
- [CONSTRAINT ...] 用于定义约束；
- FOREIGN KEY 用于定义外键；
- check_constraint_definition 用于定义用户业务检查约束；
- [table_options] 用于定义存储引擎、字符集级排序规则等，如：

```
AUTO_INCREMENT [=] value --设置自动增长值，默认值为 1
  | [DEFAULT] CHARACTER SET [=] charset_name --定义字符集
  | [DEFAULT] COLLATE [=] collation_name --定义字符集排序规则
  | COMMENT [=]′ string′ --定义表的描述注释
  | ENGINE [=] engine_name --定义表的存储引擎
```

- [AS SELECT ...] 通过 SELECT 语句获得记录快速创建新表；
- |[LIKE old_tbl_name] 用于复制表结构。

2. 设置表的主键和唯一键

主键是数据表中用来识别记录的字段值，字段值具有唯一性，不允许空。唯一键是一个表中除了主键外，其他字段也不允许出现重复值，也需要设置唯一时，可将其改为唯一键。一个表只能有一个主键，但可以有多个唯一键。

【实例 3-7】在 db_shop 数据库中，建立部门表(部门编号、部门名称、部门电话、备注)。

分析：根据应用设计，部门编号是识别部门的主键，若无特别规定编码格式则可以采用自增长类型，使用 AUTO_INCREMENT[= value]设置初值。

部门名称也不允许重复，需要定义为唯一键，记录的部门编号和部门名称都不允许空。部门表建立脚本如下：

```
#建立部门表：department 表
mysql> CREATE DATABASE IF NOT EXISTS db_shop; -- 若无 db_shop 数据库则创建
mysql>USE db_shop;                               -- 选择 db_shop 数据库
mysql>CREATE TABLE   department (                -- 建立 department 表
    id INT AUTO_INCREMENT NOT NULL PRIMARY KEY ,       -- 定义主键
    dept_name VARCHAR(20) NOT NULL   UNIQUE ,          -- 定义唯一键
    dept_phone CHAR(13) ,
    dept_memo VARCHAR (100) COMMENT '部门备注'         -- 对字段进行描述
);                                               -- 存储引擎字符集，采用默认值
```

运行结果如图 3-7 所示。

```
mysql> CREATE DATABASE IF NOT EXISTS db_shop;
Query OK, 1 row affected (0.01 sec)

mysql> USE db_shop;
Database changed
mysql> CREATE TABLE  department (
    -> id INT AUTO_INCREMENT NOT NULL PRIMARY KEY,
    -> dept_name VARCHAR(20) NOT NULL  UNIQUE,
    -> dept_phone CHAR(13),
    -> dept_memo VARCHAR (100) COMMENT '部门备注'
    -> ) ;
Query OK, 0 rows affected (0.05 sec)

mysql> _
```

图 3-7　建立 db_shops 数据库的 department 表

说明：

• 在“mysql>”提示符下，出现“->”提示符，相当于换行继续录入，直到录入分号结束语句再回车，语句才结束。

• 表成功建立以后，查看一下数据库所有表，可以看到已经有了 department 表，也可以查看一下 department 表的结构信息，语句如下：

```
mysql>SHOW TABLES;                  -- 查看数据库表
mysql>DESC   department;            -- 查看表结构
```

3. 设置外键、检查约束和默认值约束

数据表的外键设置是实现数据库参照依赖完整性约束的重要途径。外键值必须是引用参照表主键或唯一键中存在的值，使用 FOREIGN　KEY 关键字实现。

检查约束技术能够实现比主外键依赖更复杂的数据关联业务规则，使用 CHECK 关键字实现(MySQL8.0.16 版本以上版本才生效)。

默认值是针对字段具有大概率出现的值，将其设置为默认值。当一个字段指定了默认值，在添加记录时未提供该字段数据，则该字段中将自动填入这个默认值；若对一个字段添加了 NOT NULL 约束，但又没有设置 DEFAULT 值，则必须在该字

段中输入一个非 NULL 值，否则会出现错误。

【实例 3-8】 建立 db_shop 数据库的职员表(员工号、账号、密码、部门编号、姓名、性别、出生日期、电话、薪水、员工备注)。

创建数据表—应用外键默认值检查约束

分析：根据应用设计，员工号为主键，员工号、姓名、部门号都不允许空，性别在('F','M')中单选且默认值为'F'；员工薪水是财务数据，所以定义为非负数而且是带定点小数的类型，默认值为 0，且在[0,100 000]范围内，要做约束检查；部门编号的值必须在部门表中存在，存在依赖关系应设置为外键。建立职员表的语句如下：

```
#建立职员表：staffer 表
mysql>USE db_shop;                                  -- 选择 db_shop 数据库
mysql>CREATE TABLE  staffer (                       -- 建 staffer 表
    id INT AUTO_INCREMENT NOT NULL ,
    username VARCHAR(32) NOT NULL ,
    password VARCHAR(32) NOT NULL ,
    dept_id INT NOT NULL ,
    staff_name VARCHAR(10) NOT NULL,
    sex enum('F', 'M') DEFAULT 'F',                 -- 设置默认值'F'
    birthday DATE ,
    phone CHAR(11) ,
    salary DECIMAL(8, 2) UNSIGNED DEFAULT 0  -- 财务数据，需用定点小数类型
    staff_memo VARCHAR(100) ,
    PRIMARY KEY (id),                                       -- 定义主键
    UNIQUE (username),                                      -- 定义唯一键
    FOREIGN KEY (dept_id) REFERENCES department(id),        -- 定义外键
    CHECK(salary>=0 AND salary<100000 )                     /* 用户自定义检查
约束，MySQL8.0.16 版本有效，之前版本忽略(只解析通过)，定义检查约束 */
  );
```

说明：

- 外键依赖的主键表 department 必须要先创建好；
- 定义约束也可以放在字段定义的后面，更直观。

运行结果如图 3-8 所示。

说明：

• 表成功建立以后，查看一下数据库所有表，可以看到已经存在 staffer 表，也可以用下面的语句查看 staffer 表的结构信息：

```
mysql>SHOW TABLES;                              -- 查看数据库表
mysql>DESC  staffer;                            -- 查看表结构
```

• 建立外键，会自动在外键上建立一个索引(KEY)，在结构表上显示为 MUL(表示可重复)，在表的定义语句中多了一个 KEY 的定义，可以执行下列语句查看：

```
mysql>SHOW  CREATE  TABLE  staffer ;
```

```
mysql>  USE db_shop;
Database changed
mysql> CREATE TABLE  staffer (
    -> id INT AUTO_INCREMENT NOT NULL ,
    -> username VARCHAR(32) NOT NULL ,
    -> password VARCHAR(32) NOT NULL ,
    -> dept_id INT NOT NULL ,
    -> staff_name VARCHAR(10) NOT NULL  ,
    -> sex enum('F', 'M') DEFAULT 'F'  ,
    -> birthday DATE ,
    -> phone CHAR(11) ,
    -> salary DECIMAL(8, 2) UNSIGNED DEFAULT 0 ,
    -> staff_memo VARCHAR(100) ,
    -> PRIMARY KEY (id),
    -> UNIQUE (username),
    -> FOREIGN KEY (dept_id) REFERENCES department(id),
    -> CHECK(salary>=0 AND salary<100000 )
    -> );
Query OK, 0 rows affected (0.09 sec)

mysql> _
```

图 3-8　建立 db_shops 数据库的 staffer 表

4. 设置表的存储引擎、字符集

在创建数据表时，可以使用表选项 ENGINE、CHARACTER SET 来指定存储引擎和字符集，如果省略，则使用 MySQL 默认值。

创建数据表—设置表的默认存储引擎

【实例 3-9】建立 db_shop 数据库的商品类型信息表，指定其存储引擎和字符集。

```
mysql>USE db_shop;                                    -- 选择 db_shop 数据库
mysql>CREATE TABLE IF NOT EXISTS goods_type (  -- 存在性判断建立表
id INT AUTO_INCREMENT NOT NULL COMMENT '主键',
name varchar(50) NOT NULL COMMENT '商品类型名称',
memo VARCHAR(300) COMMENT '备注',
PRIMARY KEY (id)
) ENGINE = MyISAM CHARACTER SET = utf8mb4 COMMENT ='商品类型信息表';
```

说明：

- IF NOT EXISTS 表示指定表不存在时才建表，防止表已经存在时发出错误信息。
- 建表时指定了存储引擎是 MyISAM，则该表不再使用 MySQL 默认存储引擎。
- 给表和字段提供详细直观的描述说明是良好的习惯。

运行结果如图 3-9 所示。

```
mysql> USE db_shop;
Database changed
mysql> CREATE TABLE IF NOT EXISTS goods_type (
    -> id INT AUTO_INCREMENT NOT NULL COMMENT '主键',
    -> name varchar(50) NOT NULL COMMENT '商品类型名称',
    -> memo VARCHAR(300) COMMENT '备注',
    -> PRIMARY KEY (id)
    -> ) ENGINE = MyISAM CHARACTER SET = utf8mb4 COMMENT = '商品类型信息表';
Query OK, 0 rows affected (0.02 sec)

mysql> _
```

图 3-9　指定存储引擎建立 db_shop 数据库的 goods_type 表

说明：

• 表成功建立以后，查看一下数据库所有的表，可以看到已经存在 goods_type 表，也可以查看 goods_type 表的结构信息，语句如下：

```
mysql>SHOW TABLES;                                   -- 查看数据库表
mysql>DESC    goods_type;                            -- 查看表结构
```

5. 使用字符串特殊类型和 JSON 类型

【实例 3-10】 建立 db_shop 数据库的顾客表(编号、账号、密码、顾客姓名、性别、出生日期、兴趣、消费额、会员余额、照片、邮箱、地址)。

分析：编号可以自动生成；性别可用字符串枚举类型 enum('F', 'M')，考虑更多顾客是女性，所以设置默认值为'F'；爱好可采用字符串集合类型，有'ball'、'art'、'music'等多项选择；消费金额和会员余额通常带小数且为非负数，可以设置为无符号浮点数；照片可以采用二进制类型；地址可以采用 JSON 类型的键值对。顾客表的建立语句如下：

```
#建立顾客表：customer 表
mysql>USE db_shop;                                   -- 选择 db_shop 数据库
mysql>CREATE TABLE IF NOT EXISTS customer (
    id INT AUTO_INCREMENT NOT NULL COMMENT'主键',
    username VARCHAR(32) NOT NULL COMMENT'账号',
    password VARCHAR(32) NOT NULL COMMENT'密码',
    customer_name varchar(10) NOT NULL COMMENT'顾客姓名',
    sex enum('F', 'M') DEFAULT 'F' COMMENT '性别',
    birthday DATE COMMENT '生日日期',
    hobby set('ball', 'art', 'music') COMMENT'兴趣',
    consumption_amount DECIMAL(11, 2) UNSIGNED DEFAULT 0 COMMENT'消费额',
    menber_balance DECIMAL(11, 2) UNSIGNED DEFAULT 0 COMMENT'会员余额',
    photo varbinary(250) COMMENT '照片',
    email varchar(50) COMMENT '邮箱',
    address json COMMENT '地址',
    PRIMARY KEY (id),
    UNIQUE (username)
) COMMENT = '顾客信息表';
```

运行结果如图 3-10 所示。

说明：

•表成功建立以后，查看一下数据库所有的表，可以看到已经存在 customer 表，也可以查看 customer 表的结构信息，语句如下：

```
mysql>SHOW TABLES;      -- 查看库表
mysql>DESC    customer;     -- 查看表结构
```

```
mysql> USE db_shop;
Database changed
mysql> CREATE TABLE IF NOT EXISTS customer (
    -> id INT AUTO_INCREMENT NOT NULL COMMENT '主键',
    -> username VARCHAR(32) NOT NULL COMMENT '账号',
    -> password VARCHAR(32) NOT NULL COMMENT '密码',
    -> customer_name varchar(10) NOT NULL COMMENT '顾客姓名',
    -> sex enum('F', 'M') DEFAULT 'F' COMMENT '性别',
    ->  birthday DATE COMMENT '生日日期',
    -> hobby set('ball', 'art ', 'music') COMMENT '兴趣',
    -> consumption_amount DECIMAL(11, 2) UNSIGNED DEFAULT 0 COMMENT '消费额',
    ->  menber_balance DECIMAL(11, 2) UNSIGNED DEFAULT 0 COMMENT '会员余额',
    -> photo varbinary(250) COMMENT '照片',
    -> email varchar(50) COMMENT '邮箱',
    -> address json COMMENT '地址',
    -> PRIMARY KEY (id),
    -> UNIQUE (username)
    -> ) COMMENT = '顾客信息表';
Query OK, 0 rows affected (0.07 sec)

mysql> _
```

图 3-10　建立 db_shops 数据库的 customer 表

二、复制数据表

在 MySQL 建立表的语法中，可以对现有的数据表进行复制，分别使用 LIKE 复制表结构以及使用 AS 复制表结构和记录两种方法。

1. LIKE 复制表结构

语法：

```
CREATE [TEMPORARY] TABLE [IF NOT EXISTS] tbl_name
        LIKE old_tbl_name
```

说明：

- 只复制表的结构信息，包括主键、索引、自动编号，不复制记录。
- old_tbl_name 为被复制的表。

【实例 3-11】在 db_shop 数据库中，复制一份与 staffer 职员表结构相同的空表，新表命名为 staffer_bak。执行语句如下：

```
#复制 staffer 表
mysql>USE db_shop;
mysql>CREATE TABLE   IF NOT EXISTS staffer_bak
      LIKE staffer ;
```

创建数据表—复制表结构和表数据

运行结果如图 3-11 所示。

```
mysql> USE db_shop;
Database changed
mysql> CREATE TABLE  IF NOT EXISTS staffer_bak
    -> LIKE staffer ;
Query OK, 0 rows affected (0.07 sec)

mysql> _
```

图 3-11　在 db_shop 数据库中复制 staffer 表结构

说明：复制表成功以后，查看一下数据库所有的表，可以看到已经复制出的新

表 staffer_bak，结构与原表 staffer 的结构一模一样，完整性约束也相同，但原表的记录不会复制。可通过下面的语句查看数据表和表结构：

```
mysql>SHOW TABLES;                    -- 查看库表
mysql>DESC   staffer_bak;             -- 查看表结构
```

2. AS 复制表结构和记录

语法：

```
CREATE [TEMPORARY] TABLE [IF NOT EXISTS] tbl_name
AS   SELECT 语句
```

说明：

- 此语法可复制表结构字段定义及其检索出来的记录，但不复制主键、索引、自动编号等。
- SELECT 语句是数据检索语句，在后面的项目五中再详细说明。
- 该语句相当于把检索出来的记录作为一个新表保存。

【实例 3-12】在 db_shop 数据库中，从检索 staffer 所有记录中复制一份与 staffer 职员表相同的数据表 staffer_rec_bak。执行语句如下：

```
#复制 staffer 表和记录
mysql>USE db_shop;
mysql>CREATE TABLE   IF NOT EXISTS staffer_rec_bak
  AS SELECT * FROM   staffer;
```

运行结果如图 3-12 所示。

```
mysql> USE db_shop;
Database changed
mysql> CREATE TABLE  IF NOT EXISTS staffer_rec_bak
    -> AS SELECT * FROM  staffer ;
Query OK, 0 rows affected (0.05 sec)
Records: 0  Duplicates: 0  Warnings: 0

mysql> _
```

图 3-12　复制表结构和记录

说明：复制表成功以后，查看数据库所有表，可以看到已经复制出的新表 staffer_rec_bak，表字段结构与原表一致，但没有复制到完整性约束和自增字段设置，并且 AS 检索记录也被复制过来。查看语句如下：

```
mysql>SHOW TABLES;                              -- 查看库表
mysql>DESC   staffer_rec_bak;                   -- 查看表结构
mysql> SELECT * FROM staffer_rec_bak ;
```

三、修改数据表

数据表建立以后，在应用过程中可能会根据需要进行增加或修改字段，可以使用 ALTER TABLE 语句对表进行修改。

1. ALTER TABLE 语句

ALTER TABLE 语句用来修改数据表的定义和数据完整性约束信息。

语法：

```
ALTER TABLE tbl_name
  ADD [COLUMN] col_name column_definition
        [FIRST | AFTER col_name]
  | ADD [COLUMN] (col_name column_definition,...)
  | ADD [CONSTRAINT [symbol]] PRIMARY KEY (index_col_name)
  | ADD [CONSTRAINT [symbol]] UNIQUE [INDEX|KEY] [index_name] (index_col_name)
  | ADD [CONSTRAINT [symbol]] FOREIGN KEY [index_name] (col_name,...) reference_definition
  | ADD check_constraint_definition
  | DROP CHECK symbol
  | CHANGE [COLUMN] old_col_name new_col_name column_definition
    [FIRST|AFTER col_name]
  |[DEFAULT] CHARACTER SET [=] charset_name [COLLATE [=] collation_name]
  | DROP [COLUMN] col_name
  | DROP {INDEX|KEY} index_name
  | DROP PRIMARY KEY
  | DROP FOREIGN KEY fk_symbol
  | MODIFY [COLUMN] col_name column_definition
     [FIRST | AFTER col_name]
  | RENAME COLUMN old_col_name TO new_col_name
  |RENAME [TO|AS] new_tbl_name
  |table_options
```

说明：

- ADD [COLUMN]　表示增加一个列(字段)；
- ADD [CONSTRAINT]　表示增加完整性约束；
- DROP [COLUMN]　表示删除(列)；
- MODIFY [COLUMN]　表示修改列定义；
- CHANGE [COLUMN]　表示修改列名并重新定义列；
- RENAME COLUMN　表示修改列名；
- RENAME [TO|AS] new_tbl_name　表示修改表名。

修改数据表—添加删除列

2. 添加表字段

语法：

```
ALTER TABLE tbl_name
ADD [COLUMN] col_name column_definition [FIRST|AFTER col_name]
```

说明：

- FIRST|AFTER col_name 表示添加的字段需要放到表的哪一列前面或后面，

省略则添加到表的最后，列的顺序没有关系，显示顺序可以用后面学习的检索语句来实现。

• 当表中已经有记录时，添加的字段必须是允许空的。

【实例 3-13】在 db_shop 数据库前面例子建立的 staffer_bak 表上增加员工入店时间字段 jion_shop。执行语句如下：

```
#添加 staffer_bak 表和记录
mysql>USE db_shop;
mysql>ALTER TABLE staffer_bak                    -- 修改表，增加字段
      ADD   jion_shop DATE   NULL;
```

运行结果如图 3-13 所示。

```
mysql> USE db_shop;
Database changed
mysql> ALTER TABLE staffer_bak
    -> ADD  jion_shop DATE  NULL;
Query OK, 0 rows affected (0.05 sec)
Records: 0  Duplicates: 0  Warnings: 0
```

图 3-13　在 db_shop 数据库的 staffer_bak 增加字段

说明：增加字段后，可以查看一下数据表结构是否增加了字段。如：

```
mysql> DESC staffer_bak;                    -- 查看修改后的表结构
```

3. 修改字段类型

语法：

```
ALTER TABLE tbl_name
MODIFY [COLUMN] col_name column_definition   [FIRST | AFTER col_name]
```

说明：对表中的 col_name 字段进行重新定义。

【实例 3-14】 在 db_shop 数据库前面例子建立的 staffer_bak 表上修改字段 birthday 的类型为 datetime(6)。执行语句如下：

```
mysql> USE db_shop;
mysql> ALTER TABLE staffer_bak
      MODIFY      birthday datetime(6);
```

运行结果如图 3-14 所示。

```
mysql> ALTER TABLE staffer_bak
    -> MODIFY birthday datetime(6);
Query OK, 0 rows affected (0.13 sec)
Records: 0  Duplicates: 0  Warnings: 0

mysql>
```

图 3-14　修改字段定义类型

说明：字段类型修改操作完成后，可以使用下面的语句查看修改信息。

```
mysql> DESC staffer_bak   #查看修改后表结构
```

【实例 3-15】 在 db_shop 数据库前面例子建立的 staffer_bak 表上修改字段 birthday 的类型为 datetime(6)，并且放到字段 phone 的后面。执行语句如下：

```
mysql> USE db_shop;
mysql> ALTER TABLE staffer_bak
        MODIFY birthday datetime(6) AFTER phone ;
mysql> DESC staffer_bak ;                              -- 查看表结构
```

运行结果如图 3-15 所示。

```
mysql> USE db_shop;
Database changed
mysql> ALTER TABLE staffer_bak
    -> MODIFY birthday datetime(6) AFTER phone;
Query OK, 0 rows affected (0.12 sec)
Records: 0  Duplicates: 0  Warnings: 0

mysql> DESC  staffer_bak;
+------------+-----------------------+------+-----+---------+----------------+
| Field      | Type                  | Null | Key | Default | Extra          |
+------------+-----------------------+------+-----+---------+----------------+
| id         | int(11)               | NO   | PRI | NULL    | auto_increment |
| username   | varchar(32)           | NO   | UNI | NULL    |                |
| password   | varchar(32)           | NO   |     | NULL    |                |
| dept_id    | int(11)               | NO   | MUL | NULL    |                |
| staff_name | varchar(10)           | NO   |     | NULL    |                |
| sex        | enum('F','M')         | YES  |     | F       |                |
| phone      | char(11)              | YES  |     | NULL    |                |
| birthday   | datetime(6)           | YES  |     | NULL    |                |
| salary     | decimal(8,2) unsigned | YES  |     | 0.00    |                |
| staff_memo | varchar(100)          | YES  |     | NULL    |                |
| jion_shop  | date                  | YES  |     | NULL    |                |
+------------+-----------------------+------+-----+---------+----------------+
11 rows in set (0.00 sec)

mysql>
```

图 3-15　修改表的字段类型并查看修改后的效果

4. 修改自增类型字段值

语法：

ALTER TABLE tbl_name AUTO_INCREMENT = 初始值

说明：自增字段的初始值默认是 1，如果不是 1，则可以在创建时设置初始值或通过修改表自增值。

【实例 3-16】 将 staffer_bak 中的自增字段的初始值修改为 100501。执行语句如下：

```
mysql>USE db_shop;
mysql>ALTER TABLE    customer AUTO_INCREMENT = 100501;
```

运行结果如图 3-16 所示。

```
mysql> USE db_shop;
Database changed
mysql> ALTER TABLE staffer_bak AUTO_INCREMENT = 100501;
Query OK, 0 rows affected (0.02 sec)
Records: 0  Duplicates: 0  Warnings: 0
```

图 3-16　修改自增字段的初始值

5. 添加字段约束条件

语法：

ALTER TABLE tbl_name

| ADD [CONSTRAINT [symbol]] PRIMARY KEY (index_col_name)

| ADD [CONSTRAINT [symbol]] UNIQUE [INDEX|KEY]　[index_name] (index_c ol

_n ame)

|ADD [CONSTRAINT [symbol]] FOREIGN KEY [index_name] (col_name,...)

reference_d efinition

| ADD check_constraint_definition

【实例 3-17】 给 staffer 的复制表 staffer_rec_bak 添加主键。执行语句如下：

```
mysql> USE db_shop;
mysql>ALTER TABLE staffer_rec_bak
    ADD  PRIMARY  KEY (id) ;
```

运行结果如图 3-17 所示。

修改数据表—约束的添加和删除

```
mysql> USE db_shop;
Database changed
mysql> ALTER TABLE staffer_rec_bak
    -> ADD  PRIMARY KEY (id) ;
Query OK, 0 rows affected (0.13 sec)
Records: 0  Duplicates: 0  Warnings: 0

mysql>
```

图 3-17　添加主键

说明：添加主键后，可使用如下语句查看表结构确认是否已经添加了主键。

mysql> DESC　staffer_rec_bak;

【实例 3-18】 给 staffer 的复制表 staffer_rec_bak 的 username 添加唯一键。执行语句如下：

```
mysql> USE db_shop;
mysql>ALTER TABLE staffer_rec_bak
    ADD  UNIQUE(username);
```

运行结果如图 3-18 所示。

```
mysql> USE db_shop;
Database changed
mysql> ALTER TABLE staffer_rec_bak
    -> ADD  UNIQUE(username);
Query OK, 0 rows affected (0.10 sec)
Records: 0  Duplicates: 0  Warnings: 0

mysql>
```

图 3-18　增加唯一键

说明：查看表结构信息，可以看到 Key 栏目中出现了“UNI”，表示已经建立唯一键。

mysql> DESC staffer_rec_bak;

【实例 3-19】 给 staffer 的复制表 staffer_rec_bak 的 dept_id 添加外键。执行语句如下：

```
mysql> USE db_shop;
mysql>ALTER TABLE staffer_rec_bak
    ADD  FOREIGN KEY (dept_id) REFERENCES department(id);
```

运行结果如图 3-19 所示。

```
mysql> USE db_shop;
Database changed
mysql> ALTER TABLE staffer_rec_bak
    -> ADD  FOREIGN  KEY (dept_id) REFERENCES department(id) ;
Query OK, 0 rows affected (0.20 sec)
Records: 0  Duplicates: 0  Warnings: 0

mysql> _
```

图 3-19　添加 staffer_rec_bak 的外键

说明：添加外键后，可以使用下面语句查看表结构确认是否已经添加了外键。

```
mysql> DESC   staffer_rec_bak;
```

6. 删除字段约束

语法：

```
ALTER TABLE tbl_name
    DROP CHECK symbol
  | DROP {INDEX|KEY} index_name
  | DROP PRIMARY KEY
  | DROP FOREIGN KEY fk_symbol
```

【实例 3-20】 删除 staffer_rec_bak 表的主键。执行语句如下：

```
mysql>USE db_shop;
mysql>ALTER TABLE staffer_rec_bak
        DROP PRIMARY KEY;
```

运行结果如图 3-20 所示。

```
mysql> USE db_shop;
Database changed
mysql> ALTER TABLE staffer_rec_bak
    -> DROP PRIMARY KEY;
Query OK, 0 rows affected (0.11 sec)
Records: 0  Duplicates: 0  Warnings: 0

mysql> _
```

图 3-20　删除 staffer_rec_bak 表的主键

说明：删除后，可用下面语句查看表结构，看看主键是否已经被删除。

```
mysql> DESC   staffer_rec_bak;
```

运行结果如图 3-32 所示。

【实例 3-21】 删除 staffer_rec_bak 表的唯一键。

分析：因为删除唯一键要用到索引名，所以要先查看唯一键索引名，再使用“ALTER TABLE 表名 DROP KEY 索引名”删除唯一键。操作步骤如下：

第一步，查看表定义语句，找到唯一键的索引名。执行语句如下：

```
mysql> SHOW CREATE TABLE staffer_rec_bak\G
```

运行结果如图 3-21 所示。

```
mysql> SHOW CREATE TABLE staffer_rec_bak\G
*************************** 1. row ***************************
       Table: staffer_rec_bak
Create Table: CREATE TABLE `staffer_rec_bak` (
  `id` int(11) NOT NULL DEFAULT '0',
  `username` varchar(32) NOT NULL,
  `password` varchar(32) NOT NULL,
  `dept_id` int(11) NOT NULL,
  `staff_name` varchar(10) NOT NULL,
  `sex` enum('F','M') DEFAULT 'F',
  `birthday` date DEFAULT NULL,
  `phone` char(11) DEFAULT NULL,
  `salary` decimal(8,2) unsigned DEFAULT '0.00',
  `staff_memo` varchar(100) DEFAULT NULL,
  UNIQUE KEY `username` (`username`),
  KEY `dept_id` (`dept_id`),
  CONSTRAINT `staffer_rec_bak_ibfk_1` FOREIGN KEY (`dept_id`) REFERENCES `department` (`id`)
) ENGINE=InnoDB DEFAULT CHARSET=utf8mb4 COLLATE=utf8mb4_0900_ai_ci
1 row in set (0.00 sec)

mysql>
```

图 3-21　查看表结构定义语句并找到唯一键索引名

说明：可以看到索引名为 username;

第二步，使用索引名删除唯一键设置。执行语句如下：

```
mysql> ALTER   TABLE   staffer_rec_bak
       DROP   KEY   username ;
```

运行结果如图 3-22 所示。

```
mysql> USE db_shop;
Database changed
mysql> ALTER TABLE staffer_rec_bak
    -> DROP KEY username ;
Query OK, 0 rows affected (0.11 sec)
Records: 0  Duplicates: 0  Warnings: 0

mysql>
```

图 3-22　删除表的唯一键

说明：可使用下面语句查看表结构，观察唯一键是否被删除。

mysql> DESC staffer_rec_bak;

【实例 3-22】 删除 staffer_rec_bak 表的外键。

分析：删除表外键的语法为

ALTER TABLE tbl_name　DROP FOREIGN KEY fk_symbol

这个外键标识 fk_symbol 可以通过使用 SHOW CREATE TABLE tbl_name 查看到，同时在建立外键时会自动在外键上建立一个索引(KEY)，也需要删除这个 KEY。操作如下：

第一步，查看 staffer_rec_bak 表的外键标识。执行语句如下：

```
mysql> SHOW CREATE TABLE staffer_rec_bak\G
```

运行结果如图 3-23 所示。

说明：图中 CONSTRAINT 后面的“staffer_rec_bak_ibfk_1”就是外键标识。

第二步，通过外键标识删除外键。执行语句如下：

```
mysql>ALTER TABLE staffer_rec_bak
  DROP FOREIGN KEY staffer_rec_bak_ibfk_1
```

```
mysql> SHOW CREATE TABLE staffer_rec_bak\G
*************************** 1. row ***************************
       Table: staffer_rec_bak
Create Table: CREATE TABLE `staffer_rec_bak` (
  `id` int(11) NOT NULL DEFAULT '0',
  `username` varchar(32) NOT NULL,
  `password` varchar(32) NOT NULL,
  `dept_id` int(11) NOT NULL,
  `staff_name` varchar(10) NOT NULL,
  `sex` enum('F','M') DEFAULT 'F',
  `birthday` date DEFAULT NULL,
  `phone` char(11) DEFAULT NULL,
  `salary` decimal(8,2) unsigned DEFAULT '0.00',
  `staff_memo` varchar(100) DEFAULT NULL,
  KEY `dept_id` (`dept_id`),
  CONSTRAINT `staffer_rec_bak_ibfk_1` FOREIGN KEY (`dept_id`) REFERENCES `department` (`id`)
) ENGINE=InnoDB DEFAULT CHARSET=utf8mb4 COLLATE=utf8mb4_0900_ai_ci
1 row in set (0.00 sec)

mysql> _
```

图 3-23　查看 staffer_rec_bak 表的外键标识

运行结果如图 3-24 所示。

```
mysql> ALTER TABLE staffer_rec_bak  DROP FOREIGN KEY staffer_rec_bak_ibfk_1;
Query OK, 0 rows affected (0.03 sec)
Records: 0  Duplicates: 0  Warnings: 0

mysql>
```

图 3-24　删除表的外键

第三步，删除外键上建立的索引(KEY)。执行语句如下：

```
mysql>ALTER TABLE staffer_rec_bak
  DROP  KEY dept_id;
mysql> DESC staffer_rec_bak;
```

运行结果如图 3-25 所示。

```
mysql> ALTER TABLE staffer_rec_bak
    -> DROP  KEY dept_id;
Query OK, 0 rows affected (0.03 sec)
Records: 0  Duplicates: 0  Warnings: 0

mysql> DESC staffer_rec_bak;
+------------+-----------------------+------+-----+---------+-------+
| Field      | Type                  | Null | Key | Default | Extra |
+------------+-----------------------+------+-----+---------+-------+
| id         | int(11)               | NO   |     | 0       |       |
| username   | varchar(32)           | NO   |     | NULL    |       |
| password   | varchar(32)           | NO   |     | NULL    |       |
| dept_id    | int(11)               | NO   |     | NULL    |       |
| staff_name | varchar(10)           | NO   |     | NULL    |       |
| sex        | enum('F','M')         | YES  |     | F       |       |
| birthday   | date                  | YES  |     | NULL    |       |
| phone      | char(11)              | YES  |     | NULL    |       |
| salary     | decimal(8,2) unsigned | YES  |     | 0.00    |       |
| staff_memo | varchar(100)          | YES  |     | NULL    |       |
+------------+-----------------------+------+-----+---------+-------+
10 rows in set (0.00 sec)

mysql>
```

图 3-25　删除 KEY 后的 staffer_rec_bak 表结构

7. 删除表字段

语法：

```
ALTER TABLE tbl_name
DROP [COLUMN] col_name
```

【实例 3-23】　删除 staffer_bak 中的 jion_shop 字段。执行语句如下：

```
mysql> USE db_shop;
```

```
mysql>ALTER TABLE staffer_bak
DROP   COLUMN jion_shop
mysql> DESC staffer_bak;        -- 先查看删除后的表结构
```

运行结果如图 3-26 所示。

```
mysql> ALTER TABLE  staffer_bak
    -> DROP COLUMN jion_shop;
Query OK, 0 rows affected (0.11 sec)
Records: 0  Duplicates: 0  Warnings: 0

mysql>
```

图 3-26　删除表字段

说明：执行下面的语句查看删除后的表结构，可以看到 jion_shop 字段已被删除。

```
mysql> DESC staffer_bak ;
```

8. 修改表的存储引擎

修改数据表—修改字段名表名和存储引擎

语法：

```
ALTER TABLE tbl_name
ENGINE=e_name;
```

【实例 3-24】 修改 staffer_rec_bak 表的存储引擎为 MyISAM。执行语句如下：

```
mysql> USE db_shop;
mysql>ALTER TABLE staffer_rec_bak
              ENGINE=MyISAM
mysql>SHOW    CREATE TABLE staffer_rec_bak\G
```

运行结果如图 3-27 所示。

```
mysql> USE db_shop;
Database changed
mysql> ALTER TABLE staffer_rec_bak
    -> ENGINE=MyISAM;
Query OK, 9 rows affected (0.04 sec)
Records: 9  Duplicates: 0  Warnings: 0

mysql> SHOW  CREATE TABLE staffer_rec_bak\G
*************************** 1. row ***************************
       Table: staffer_rec_bak
Create Table: CREATE TABLE `staffer_rec_bak` (
  `id` int(11) NOT NULL DEFAULT '0',
  `username` varchar(32) NOT NULL,
  `password` varchar(32) NOT NULL,
  `dept_id` int(11) NOT NULL,
  `staff_name` varchar(10) NOT NULL,
  `sex` enum('F','M') DEFAULT 'F',
  `birthday` date DEFAULT NULL,
  `phone` char(11) DEFAULT NULL,
  `salary` decimal(8,2) unsigned DEFAULT '0.00',
  `staff_memo` varchar(100) DEFAULT NULL
) ENGINE=MyISAM DEFAULT CHARSET=utf8mb4 COLLATE=utf8mb4_0900_ai_ci
1 row in set (0.00 sec)

mysql>
```

图 3-27　修改表的存储引擎为 MyISAM

9. 修改表的字符集

语法：

```
ALTER TABLE   tbl_name
DEFAULT CHARSET =字符集;
```

【实例 3-25】 修改 staffer_rec_bak 表的字符集为 GBK。执行语句如下：

```
mysql> USE db_shop;
mysql>ALTER TABLE    staffer_rec_bak
        DEFAULT CHARSET =GBK;
mysql>SHOW    CREATE TABLE staffer_rec_bak\G
```

运行结果如图 3-28 所示。

```
mysql> USE db_shop;
Database changed
mysql> ALTER TABLE  staffer_rec_bak
    -> DEFAULT CHARSET =GBK;
Query OK, 9 rows affected (0.05 sec)
Records: 9  Duplicates: 0  Warnings: 0

mysql> SHOW  CREATE TABLE staffer_rec_bak\G
*************************** 1. row ***************************
       Table: staffer_rec_bak
Create Table: CREATE TABLE `staffer_rec_bak` (
  `id` int(11) NOT NULL DEFAULT '0',
  `username` varchar(32) CHARACTER SET utf8mb4 COLLATE utf8mb4_0900_ai_ci NOT NULL,
  `password` varchar(32) CHARACTER SET utf8mb4 COLLATE utf8mb4_0900_ai_ci NOT NULL,
  `dept_id` int(11) NOT NULL,
  `staff_name` varchar(10) CHARACTER SET utf8mb4 COLLATE utf8mb4_0900_ai_ci NOT NULL,
  `sex` enum('F','M') CHARACTER SET utf8mb4 COLLATE utf8mb4_0900_ai_ci DEFAULT 'F',
  `birthday` date DEFAULT NULL,
  `phone` char(11) CHARACTER SET utf8mb4 COLLATE utf8mb4_0900_ai_ci DEFAULT NULL,
  `salary` decimal(8,2) unsigned DEFAULT '0.00',
  `staff_memo` varchar(100) CHARACTER SET utf8mb4 COLLATE utf8mb4_0900_ai_ci DEFAULT NULL
) ENGINE=MyISAM DEFAULT CHARSET=gbk
1 row in set (0.00 sec)

mysql> _
```

图 3-28　修改表的字符集为 GBK

四、删除数据表

语法：

```
DROP TABLE [IF EXISTS] table_name1[,table_name2,...];
```

【实例 3-26】 删除 db_shop 数据库中的表 staffer_bak。执行语句如下：

```
mysql>USE db_shop;
mysql> DROP TABLE staffer_bak;                  -- 方法 1
mysql>DROP TABLE IF EXISTS staffer_bak;         -- 方法 2
```

运行结果如图 3-29 所示。

```
mysql> DROP TABLE  staffer_bak;
Query OK, 0 rows affected (0.05 sec)

mysql> DROP TABLE  IF EXISTS staffer_bak;
Query OK, 0 rows affected, 1 warning (0.01 sec)

mysql>
```

图 3-29　删除表

五、任务实施

按下列步骤完成图 3-30 所示 db_shopping 数据库的部门表、职员表的创建。

部门表：department

列名	数据类型	是否允许空	描述	备注
id	int	否	部门编号	自增,主键
dept_name	varchar(20)	否	部门名称	
dept_phone	char(13)	是	部门电话	
dept_memo	varchar(100)	是	备注	

职员表：staffer

列名	数据类型	是否允许空	描述	备注
id	int	否	职员编号	自增,主键
staff_name	varchar(15)	否	职员姓名	
dept_id	int	否	部门编号	外键
sex	enum('F','M')	是	性别	默认值：F
birthday	DATE	是	出生日期	
phone	char(11)	是	电话	
salary	DEC(9,1)	是	薪水	[0,1000000]
staff_memo	varchar(200)	是	职员备注	

图 3-30　db_shopping 数据库的部门表和职员表

(1) 选择 db_shopping 数据库。执行语句如下：

```
mysql>USE db_shopping;
```

(2) 建立部门表(职员表的外键依赖表)。执行语句如下：

```
mysql>CREATE TABLE department (
    id INT AUTO_INCREMENT NOT NULL COMMENT'部门编号(定义主键) ',
    dept_name VARCHAR(20) NOT NULL COMMENT'部门名称(定义唯一键) ',
    dept_phone CHAR(13) COMMENT'部门电话',
    dept_memo VARCHAR (100) COMMENT'备注',
    PRIMARY KEY (id),
    UNIQUE (dept_name)
) ENGINE = InnoDB CHARACTER SET = utf8mb4 COMMENT = '部门信息';
#说明：存储引擎和排序规则如果使用默认设置，可以省略。
```

(3) 建立职员表。执行语句如下：

```
mysql>CREATE TABLE IF NOT EXISTS staffer (
    id INT AUTO_INCREMENT NOT NULL COMMENT '职员编号',
    staff_name VARCHAR(10) NOT NULL COMMENT '职员姓名',
    dept_id INT NOT NULL COMMENT '部门编号',
    sex enum('F', 'M') DEFAULT 'F' COMMENT '性别',
    birthday DATE COMMENT '生日日期',
    phone CHAR(11) COMMENT '电话',
    salary DECIMAL(9, 1) UNSIGNED DEFAULT 0 COMMENT '薪水',
    staff_memo VARCHAR(200) COMMENT '职员备注',
    PRIMARY KEY (id),
    FOREIGN KEY (dept_id) REFERENCES department(id),
    CHECK(salary>=0 AND salary<100000 )
```

```
) ENGINE = InnoDB CHARACTER SET = utf8mb4 COMMENT = '职员信息';
```

(4) 查看数据库当前所有建立的表。执行语句如下：

```
mysql>SHOW TABLES;
```

(5) 查看部门表 department 的表结构。执行语句如下：

```
mysql>DESC    department;
```

(6) 复制 department 表结构，命名为 department_bak。执行语句如下：

```
mysql>CREATE TABLE department_bak LIKE department;
```

(7) 查看 department_bak 表结构。执行语句如下：

```
mysql>DESC department_bak;    #请对比与原表结构
```

小　　结

本项目主要以电商购物管理系统为引导案例，介绍了查看、创建、修改、删除数据表的基本语句，以及数据表中的数据类型、键、完整性约束等基本知识，演示了查看数据表和数据类型，创建、复制、修改和删除数据表，建立数据表完整性约束的技术方法和实施过程。学习完本项目，读者应能够根据实际业务需求，熟练创建和修改表结构信息，设置合适的数据类型、表存储引擎和字符集，建立相应的完整性约束，复制所需的表结构，并熟练查阅数据表信息，进行有效的数据表管理。

课 后 习 题

1. 按图 3-31 完成供应商表的创建。

供应商表：supplier

列名	数据类型	是否允许空	描述	备注
id	int	否	供应商编号	自增, 主键
supplier_name	varchar(50)	否	供应商名称	
phone	varchar(11)	是	供应商电话	

图 3-31　供应商数据项描述

2. 按图 3-32 完成商品表的创建。

商品表：goods

列名	数据类型	是否允许空	描述	备注
id	int	否	商品编号	自增, 主键
goods_name	varchar	否	商品名称	
supplier_id	INT	否	供应商标识	外键
goods_type	enum(饮料、水	是	商品类型	
unit_price	DEC(8,2)	是	商品单价	>=0
amount	int	是	商品数量	默认值：0
goods_memo	varchar(200)	是	商品描述	

图 3-32　商品数据项描述

3. 按图 3-33 完成订购表的创建。

订单订购表：orders

列名	数据类型	是否允许空	描述	备注
id	int	否	订单号码	自增,主键
customer_id	int	否	顾客标识	外键
create_time	datetime	否	订购日期	默认值：F
amount_money	DEC（8，2）	否	订单总额	非负数，默认值：0
paid_date	datetime	是	付款日期	
status	int	是	支付状态	
staff_id	CHAR(5)	是	处理订单的职员	外键

图 3-33　订单订购数据项描述

4. 按图 3-34 完成订单详细表的创建。

订单详细表：item

列名	数据类型	是否允许空	描述	备注
id	int	否	订单项目号码	自增,主键
order_id	int	是	订单号码	外键
goods_id	int	是	商品号码	外键
quantity	int	是	单项订购数量	非负数，默认值：0
total_price	DEC（8，2）	是	单项总价	非负数，默认值：0

图 3-34　订单详细数据项描述

项目四　数据处理

项目介绍

在我们日常工作中，信息事务管理涉及最频繁的是数据处理，主要是对数据库中的表数据进行插入、修改、删除、查询操作，这也是数据库应用系统最主要的数据处理功能。本项目以电商购物管理系统的商品及其相关信息的数据处理为案例，学习数据库的数据处理操作和常用方法，以达成本项目教学目标。本项目主要内容包括插入数据记录、修改数据记录和删除数据记录三个任务。

教学目标

素质目标

◎ 具有数据工程伦理规范和职业道德意识；

◎ 具有数据应用处理精益求精的工匠精神。

知识目标

◎ 掌握 INSERT、UPDATE、DELETE 语句的单表和跨表的语法应用；

◎ 掌握 JSON 类型字段值的插入。

能力目标

◎ 能熟练应用 INSERT、UPDATE、DELETE 语句进行数据处理；

◎ 能应用跨表信息进行插入、修改、删除操作，解决复杂处理。

学习重点

◎ 正确使用 INSERT、UPDATE、DELETE 语句处理数据；

◎ 应用跨表信息处理数据。

学习难点

◎ JSON 类型字段值的修改。

任务 1　插入数据记录

在数据库应用系统中的信息大都需要事先添加，如网站购物、QQ 用户信息等都必须先注册添加，才存储到系统中。本任务以电商购物管理系统为案例，通过添加部门、员工、商品等信息数据，学习使用添加记录的 SQL 语句以及向数据表插入记录的方法。

一、使用 INSERT … VALUES 添加数据记录

INSERT…VALUES 语句用来在表中添加记录。在“mysql>”提示符下执行 HELP INSERT 可以获得应用说明文档和官网文档的访问地址。

语法：

```
INSERT  INTO  tbl_name[(col_name [, col_name] …)]
VALUES  (value_list) [, (value_list)] …
```

说明：

- col_name [, col_name]是一个字段名列表，用于指定记录中要插入数据的字段。当记录中只有部分字段要插入数据时，必须给出字段名列表；当记录中所有的字段都要插入数据时，字段名列表可以省略。
- (value_list) [, (value_list)]是一个字段值列表，用于给出指定字段中需要插入的数据，字段值列表中的数据顺序必须与所赋值的字段名列表中的字段名一一对应。字段值列表中的每个字段值可以是确定的数据，也可以是默认值(DEFAULT)、空值(NULL)或者是一个表达式。表中的某些列设置了默认值或允许为空值，在使用 INSERT 语句插入记录时就可以省略对应的字段。这时，在插入记录时没有指定的字段，其字段值由默认值或该字段对应的列属性来确定，具体的确定原则如下：

① 具有默认值的列，其字段值为默认值；

② 没有默认值的列，若允许为空值则字段值为 NULL 值，若不允许为空值则出错；

③ 自增类型的列，其字段值由系统根据初始值设为起点值，添加记录后根据增量自动修改表定义的自增设置值；

④ 设置了计算公式的列，其字段值根据计算公式计算得到。

1. 插入记录完整数据

添加一条完整的数据记录

在插入语句中可列出一条记录的所有字段名，并给予相应的字段值(自增字段一般由系统自动产生值，可不列出)；或者不写字段名，按表字段顺序提供字段值。自增字段的值是在上一条记录值的基础上自动增加计算产生的。

【实例 4-1】 添加一条部门信息(部门名称：技术部；电话：020-87993692)，其他字段为空或默认自增值，采用字段名全部列出方式(此方法直观性好)。

分析：字段名和字段值一一对应，部门编号是自增字段，自动产生值；部门备注列没有给出值且允许空，则可以录入 NULL 值。执行语句如下：

```
mysql>USE db_shop;
mysql>INSERT INTO department (dept_name,dept_phone,dept_memo)
  VALUES('销售部', '020-87993692',NULL);
```

运行结果如图 4-1 所示。

```
mysql> USE db_shop;
Database changed
mysql> INSERT INTO department (dept_name, dept_phone, dept_memo)
    -> VALUES('销售部','020-87993692',NULL);
Query OK, 1 row affected (0.02 sec)

mysql>
```

图 4-1　给部门表添加一条完整记录

说明：添加完成以后，可使用下面的查询语句查看部门表是否添加了新记录。

```
mysql>SELECT * FROM department;
```

插入一条记录的部分列数据

【实例 4-2】 添加一条部门记录数据(部门名称：市场部；电话：020-87990213)，其他字段为空或默认自增值，采用字段名省略方式(此方法直观性弱)。

分析：若插入表后面的字段省略，则所有字段值必须全部列出，并且其顺序必须跟表的字段定义顺序一致。执行语句如下：

```
mysql>INSERT INTO department
      VALUES(3, '市场部', '202-87990213',NULL);
```

运行结果如图 4-2 所示。

```
mysql> USE db_shop;
Database changed
mysql> INSERT INTO department
    -> VALUES(3,'市场部', '202-87990213' ,NULL);
Query OK, 1 row affected (0.01 sec)

mysql>
```

图 4-2　省略字段添加完整记录

说明：可以使用查看表定义语句，看到自增字段的设置值。语句如下：

```
mysql> SHOW CREATE TABLE  department\G
```

2. 插入记录部分数据

添加记录时可以只针对记录的部分字段添加字段值，其他不需要添加值的字段可以不写到语句中。不添加值的字段必须允许空或具有默认值。

【实例 4-3】给部门添加一条部门记录(部门名称：市场部；电话：020-87993095)。

分析：添加的记录只需要添加 2 个字段的值，其余字段要么自增值、要么允许空，可以采用部分字段添加方式，语句比较简洁。执行语句如下：

```
mysql>USE db_shop;
mysql>DESC  department;  -- 查看 department 表字段，方便后面编辑
mysql>INSERT INTO department(dept_name,dept_phone)
```

```
VALUES('客服部', '020-87993095');
```

运行结果如图 4-3 所示。

```
mysql> USE db_shop;
Database changed
mysql> INSERT INTO department(dept_name,dept_phone)
    -> VALUES('客服部','020-87993095');
Query OK, 1 row affected (0.01 sec)

mysql> _
```

图 4-3　添加部门记录

说明：添加完成以后，可以使用查询语句查看部门表是否添加了新记录。执行语句如下：

```
mysql>SELECT * FROM department;
```

【实例 4-4】 向顾客表插入 1 条顾客记录(用户名、密码、姓名、爱好、地址)。

分析：定义数据表时爱好字段是多选项字符串类型，多选项值的各项之间用逗号分隔；地址是 JSON 类型，JSON 值采用键值对录入，格式为：'{"key1": "value1", "key2": "value2"}'。执行语句如下：

```
mysql> INSERT INTO customer( username,password,customer_name, hobby,address)
VALUES ('LH', '123', '李红', 'ball,art', '{"city":"广州","road":"天河北"}');
```

运行结果如图 4-4 所示。

```
mysql> USE db_shop;
Database changed
mysql> INSERT INTO customer( username,password,customer_name,hobby,address)
    -> VALUES ('LH','123','李红','ball,art','{"city":"广州","road":"天河北"}');
Query OK, 1 row affected (0.01 sec)

mysql> _
```

图 4-4　添加顾客表记录(含 JSON 类型的值)

3. 同时插入多条数据记录

同时插入多行数据记录

前面例子都是一次只插入一条记录，也可以通过 INSERT...VALUES 后面带多个记录值列表的语句，一次性添加多条记录，适合批量插入记录，效率更高。

【实例 4-5】 一次性添加 2 条记录，分别为：(部门名称：市场部；电话：020-87993095)、(部门名称：采购部；电话：020-87993065)。执行语句如下：

```
mysql>USE db_shop;
mysql>INSERT INTO department (dept_name,dept_phone)
VALUES('采购部', '020-87993690'),('仓管部', '020-87993691');
```

运行结果如图 4-5 所示。

```
mysql> INSERT INTO department (dept_name,dept_phone)
    -> VALUES('采购部','020-87993690'),('仓管部','020-87993691');
Query OK, 2 rows affected (0.01 sec)
Records: 2  Duplicates: 0  Warnings: 0

mysql>
```

图 4-5　同时插入多条数据记录

说明：添加完成以后，可以使用查询语句查看部门表是否添加了新记录。执行语句如下：

```
mysql>SELECT * FROM department;
```

二、使用 INSERT…SELECT 添加数据记录

除了使用 VALUES 关键字添加记录的常量字段值以外，还可以使用 INSERT ... SELECT 将从其他表查询到的数据记录添加到目标表中。

语法：

```
INSERT     [INTO] tbl_name1 [(col_name [, col_name] ...)]
       SELECT col_name [, col_name] ... from tbl_name2;
```

说明：

- SELECT 子查询可从一个或多个表中将查询到的数据作为记录数据插入到目标表中。
- tbl_name2 后的字段列表的列数和数据类型要与 tbl_name2 的一致。
- SELECT 语句更多的语法在项目五中详细讲解。

插入数据来源于其他表数据

【实例 4-6】从 department 检索出所有记录并添加到其备份表 department_bak 中。

分析：先复制表结构，再使用 INSERT…SELECT 语句插入数据，观察插入结果。执行语句如下：

```
mysql>USE db_shop;
mysql>CREATE TABLE IF NOT EXISTS department_bak
      LIKE department;                                -- 复制表结构
mysql>INSERT INTO department_bak
     SELECT * FROM department ;
```

运行结果如图 4-6 所示。

```
mysql> USE db_shop;
Database changed
mysql> CREATE TABLE IF NOT EXISTS department_bak
    -> LIKE  department;
Query OK, 0 rows affected (0.10 sec)

mysql> INSERT INTO department_bak
    -> SELECT * FROM department ;
Query OK, 5 rows affected (0.01 sec)
Records: 5  Duplicates: 0  Warnings: 0

mysql> _
```

图 4-6　从检索记录中获得添加记录

说明：添加完成以后，可使用下面查询语句查看部门表是否添加了新记录。

```
mysql>SELECT * FROM department_bak;
```

三、任务实施

按下列步骤完成 db_shopping 数据库表记录的添加。

(1) 选择 db_shopping 数据库。执行语句如下：

```
mysql>USE db_shopping;
```

(2) 添加部门记录，并查看添加的部门记录。执行语句如下：

```
mysql>INSERT INTO department (id,dept_name,dept_phone)
      VALUES(1, '采购部', '020-87993690'),
      (2, '销售部', '020-87993691'),
      (3, '客服部', '020-87993690');
mysql> SELECT * FROM department;
```

(3) 添加员工记录，并查看添加的员工记录。执行语句如下：

```
mysql>INSERT INTO staffer(id,staff_name,dept_id,sex, birthday,phone,salary)
      VALUES (1, '李斌',1, 'F', '2009-09-10', '13561231568', 12000.00, '经理'),
      (2, '何林', 2, 'M', '2010-06-20', '13571231859', 8000.00, '销售主管'),
      (3, '张飞连',3, 'M', '1989-07-13', '13761235185', 11000.00, NULL),
      (4, '张红',2, 'M', '1991-07-13', '13761235184', 7000.00, NULL),
      (5, '张一楠',1, 'M', '1994-07-10', '13751235183', 6000.00, NULL),
      (6, '张红',3, 'M', '1996-09-23', '13561235186', 5000.00, NULL);
mysql> SELECT * FROM staffer;
```

(4) 添加供应商记录，并查看添加的供应商记录。执行语句如下：

```
mysql>INSERT INTO supplier(id,supplier_name,phone)
      VALUES (1, '广州李锦记', '13736490938'),
      (2, '农夫山泉', '13135490231'),
      (3, '怡宝', '13132491935'),
      (4, '珠江牌', '13321490728');
mysql> SELECT * FROM supplier;
```

(5) 添加商品记录，并查看添加的商品记录。执行语句如下：

```
mysql>INSERT INTO goods(id,goods_name,supplier_id,goods_type,unit_price,amount)
      VALUES (1, '普通酱油', 1, '酱油', 12.30, 100),
      (2, '顶级酱油', 1, '酱油',  22.30, 100),
      (3, '顶级生抽', 4, '酱油', 21.00, 100),
      (4, '精品老抽', 4, '酱油', 12.10, 100),
      (5, '100 mL 矿泉水', 2, '饮用水', 2.30, 100),
      (6, '100 ml 纯真水', 3, '饮用水', 1.50, 100),
      (7, '动力水', 2, '饮用水', 6.50, 100);
mysql> SELECT * FROM goods;
```

(6) 复制 department 结构和记录，命名为 department_rec_bak，并查看表结构和记录。执行语句如下：

```
mysql>CREATE TABLE  department_rec_bak
      AS SELECT * FROM  department;
mysql>DESC  department_rec_bak;   #留意表结构与源表的异同
```

```
mysql>SELECT * FROM department_rec_bak;
```

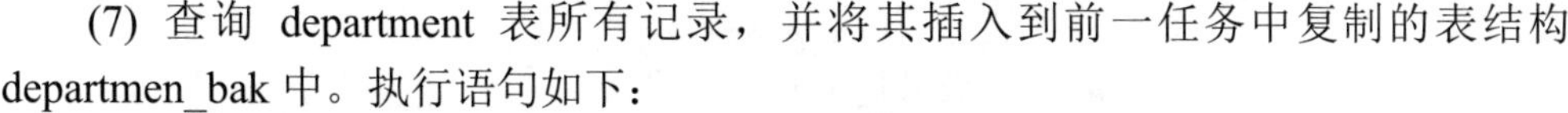

(7) 查询 department 表所有记录，并将其插入到前一任务中复制的表结构 departmen_bak 中。执行语句如下：

```
mysql>INSERT INTO    department_bak(id,dept_name,dept_phone)
          SELECT id,dept_name,dept_phone FROM    department
          WHERE dept_name= '客服部';
mysql> SELECT * FROM department_ba;    #查看复制
```

任务 2　修改数据记录

当添加到应用系统中的记录数据不够完善或者存在录入错误时，对数据需要进行更新或完善，如 QQ 用户信息的修改等。本任务以电商购物管理系统为案例，通过对部门、员工等信息的更新修改，学习使用 UPDATE 语句修改数据表记录的方法。

修改数据—单表内的条件修改

一、使用 UPDATE 单表内修改记录

UPDATE 语句用来修改数据表中的记录数据。在“mysql>”提示符下执行 HELP UPDATE 可以获得应用说明文档和官网文档的访问地址。

语法：

```
UPDATE    table_reference
          SET    col_name = value    [, col_name = value] ...
     [WHERE where_condition]
```

说明：

- 该语句的功能是对 table_reference 表中满足 WHERE 规定的查询条件的记录进行更新；
- col_name 是指定待更新修改的字段名；
- value 是指定需要更新的值；
- WHERE where_condition 是条件子句，UPDATE 语句只对表中满足 where_condition 条件的行(记录)进行更新。若不带 WEHERE 条件子句，则 UPDATE 语句将更新表中的所有记录。在使用本命令时要特别慎重。

【实例 4-7】 将 staffer 表中的“李斌”的电话修改为 13561231568。

说明：为观察修改效果，应在修改前后都查看表记录。修改语句如下：

```
mysql>UPDATE staffer
       SET phone='13561231568'
       WHERE staff_name='李斌';
```

运行结果如图 4-7 所示。

```
mysql> UPDATE staffer
    -> SET phone='13561231568'
    -> WHERE staff_name='李斌';
Query OK, 1 row affected (0.01 sec)
Rows matched: 1  Changed: 1  Warnings: 0

mysql> _
```

图 4-7　修改记录

二、使用 UPDATE 跨表条件修改记录

实际工作中，经常会遇到修改条件中使用的数据并不出现在修改的表中，而是在其他表中的情况。这时需要使用跨表修改语句，才能实现满足条件记录数据的修改。

语法：

```
UPDATE table1 t1
JOIN table2 t2 ON t1.col_name= t2.col_name
    [JOIN table3 t3 ON ...]
SET col_name = value    [, col_name = value] ...
[WHERE where_condition]
```

修改数据—跨表条件修改

【实例 4-8】 请将销售部的“何林”性别更新为“F”。

分析：只有职员表 staffer 才有性别字段，所以修改的表是职员表；但部门名称“销售部”不在职员表，而在部门表 department 中，所以是跨表的条件查询，需要使用跨表条件判断来修改记录。执行语句如下：

```
mysql>UPDATE    staffer
        JOIN department ON department.id =staffer.dept_id
        SET    sex='F'
        WHERE staff_name='陈冲南'  AND department.dept_name='销售部';
```

运行结果如图 4-8 所示。

```
mysql> USE db_shop;
Database changed
mysql> UPDATE  staffer
    -> JOIN department ON department.id =staffer.dept_id
    -> SET  sex='F'
    -> WHERE staff_name='陈冲南' AND department.dept_name='销售部';
Query OK, 0 rows affected (0.01 sec)
Rows matched: 0  Changed: 0  Warnings: 0

mysql>
```

图 4-8　跨表条件修改记录

说明：使用下面语句查看表记录是否已经被修改。

```
mysql> SELECT * FROM    staffer;
```

三、任务实施

按下列步骤完成 db_shopping 数据库表记录的修改。

(1) 选择 db_shopping 数据库。执行语句如下：

```
my sql>USE db_shopping;
```

(2) 修改部门表中“销售部”的 dept_memo 字段值为“负责线上线下销售”。执行语句如下：

```
mysql> UPDATE department
        SET dept_memo='负责线上线下销售'
        WHERE dept_name='销售部';
```

(3) 查看修改后的 department 表记录。执行语句如下：

```
mysql>SELECT * FROM  department ;
```

(4) 修改销售部的张红的信息(自己选择字段值修改，主键除外)。执行语句如下：

```
mysql> UPDATE  staffer
        JOIN department ON department.id =staffer.dept_id
        SET  sex='F'
        WHERE staff_name='张红' AND department.dept_name='销售部';
```

(5) 查看修改后的 staffer 表记录。执行语句如下：

```
mysql>SELECT * FROM  staffer ;
```

任务 3　删 除 记 录

随着时间的推移，数据库应用系统中有些数据已经成为无用的历史数据，为提高数据表的检索速度，通常需要将这些无用的历史数据从当前数据表中移除，这种移除处理需要使用数据库的删除记录操作。

一、使用 DELETE 单表内删除记录

DELETE 语句用来删除数据表中的记录。

语法：

```
DELETE FROM tbl_name
[WHERE where_condition]
```

说明：

• [WHERE where_condition]是 WHERE 条件子句，用于指定删除条件，若省略此条件子句，则删除表中全部记录。为避免不小心删除全部记录，对不带 WHERE 条件子句的语句要特别慎重使用。

• 使用 DELETE 删除记录后，表的自增字段设置值不会删除，保持原来值不变。

【实例 4-9】 删除账号为“ZYN”的顾客资料。

删除数据—
单表条件删除

分析：一般在删除之前最好先查看一下记录是否存在，只有存在才能删除。操作步骤如下：

第一步，查看指定记录是否存在。执行语句如下：

```
mysql>USE db_shop;
```

```
mysql> SELECT * FROM customer
       WHERE username = 'ZYN';
```

运行结果如图 4-9 所示。

```
mysql> USE db_shop;
Database changed
mysql> SELECT * FROM customer WHERE username = 'ZYN';
+----+----------+----------+---------------+-----+----------+-------+--------------------+---------------+-------+-------+---------+
| id | username | password | customer_name | sex | birthday | hobby | consumption_amount | menber_balance | photo | email | address |
+----+----------+----------+---------------+-----+----------+-------+--------------------+---------------+-------+-------+---------+
|  4 | ZYN      | 123      | 周一楠        | F   | NULL     | NULL  |               0.00 |          0.00 | NULL  | NULL  | NULL    |
+----+----------+----------+---------------+-----+----------+-------+--------------------+---------------+-------+-------+---------+
1 row in set (0.00 sec)

mysql>
```

图 4-9　查看指定删除的记录是否存在

第二步，删除指定记录。执行语句如下：

```
mysql>DELETE FROM customer WHERE username='ZYN';
```

运行结构如图 4-10 所示。

```
mysql> DELETE FROM customer WHERE username='ZYN';
Query OK, 1 row affected (0.10 sec)

mysql>
```

图 4-10　删除记录

第三步，查看记录是否已经删除。执行语句如下：

```
mysql> SELECT * FROM customer WHERE username ='ZYN';
```

二、使用 DELETE…FROM 跨表条件删除记录

删除数据的条件有时并没有出现在删除记录的表中，而是出现在其他表中，这时需要使用跨表连接语句来删除满足条件的记录数据。

语法：

```
DELETE tbl_name1
FROM tbl_name1
JOIN tbl_name2 ON tbl_name1.id=tbl_name2.id
[WHERE where_condition]
```

说明：

删除数据—跨表数据删除

【实例 4-10】 删除销售部的“陈冲南”员工信息。

分析：“销售部”是部门表才有的部门名称，删除的记录是职员表的记录。所以这个删除条件是跨表的，需要多表连接的删除语句。一般在删除操作前先查看一下记录。操作步骤如下：

第一步，查看指定删除的记录。执行语句如下：

```
mysql>USE db_shop;
mysql> SELECT * FROM staffer;
```

运行结果如图 4-11 所示。

```
mysql> USE db_shop;
Database changed
mysql> SELECT * FROM staffer;
+----+----------+----------+---------+------------+-----+------------+-------------+----------+------------+
| id | username | password | dept_id | staff_name | sex | birthday   | phone       | salary   | staff_memo |
+----+----------+----------+---------+------------+-----+------------+-------------+----------+------------+
|  4 | admin    | admin    |       1 | 李斌       | F   | 2009-09-10 | 13561231568 | 12000.00 | 经理       |
|  5 | he       | 123456   |       2 | 何林       | M   | 2010-06-20 | 13571231859 |  8000.00 | 销售主管   |
|  6 | zhang    | 123456   |       3 | 张飞连     | M   | 1989-07-13 | 13761235185 | 11000.00 | NULL       |
|  7 | CCN      | 123456   |       2 | 陈冲南     | M   | NULL       | NULL        |     0.00 | NULL       |
|  8 | CCN2     | 123456   |       1 | 陈冲南     | M   | NULL       | NULL        |     0.00 | NULL       |
|  9 | ZQ       | 123456   |       3 | 周强       | M   | NULL       | NULL        |     0.00 | NULL       |
+----+----------+----------+---------+------------+-----+------------+-------------+----------+------------+
6 rows in set (0.00 sec)

mysql>
```

图 4-11　查看职员记录

第二步，删除指定记录。执行语句如下：

```
mysql>DELETE staffer
FROM staffer
JOIN department ON department.id = staffer.dept_id
WHERE    staff_name='陈冲南'AND department.dept_name='销售部';
```

运行结果如图 4-12 所示。

```
mysql> DELETE staffer
    -> FROM staffer
    -> JOIN department ON department.id = staffer.dept_id
    -> WHERE   staff_name='陈冲南' AND department.dept_name='销售部';
Query OK, 1 row affected (0.02 sec)

mysql>
```

图 4-12　跨表条件删除记录

第三步，查看指定的记录是否已删除。执行语句如下：

```
mysql> SELECT * FROM staffer;
```

运行结果如图 4-13 所示。

```
mysql> SELECT * FROM staffer;
+----+----------+----------+---------+------------+-----+------------+-------------+----------+------------+
| id | username | password | dept_id | staff_name | sex | birthday   | phone       | salary   | staff_memo |
+----+----------+----------+---------+------------+-----+------------+-------------+----------+------------+
|  4 | admin    | admin    |       1 | 李斌       | F   | 2009-09-10 | 13561231568 | 12000.00 | 经理       |
|  5 | he       | 123456   |       2 | 何林       | M   | 2010-06-20 | 13571231859 |  8000.00 | 销售主管   |
|  6 | zhang    | 123456   |       3 | 张飞连     | M   | 1989-07-13 | 13761235185 | 11000.00 | NULL       |
|  8 | CCN2     | 123456   |       1 | 陈冲南     | M   | NULL       | NULL        |     0.00 | NULL       |
|  9 | ZQ       | 123456   |       3 | 周强       | M   | NULL       | NULL        |     0.00 | NULL       |
+----+----------+----------+---------+------------+-----+------------+-------------+----------+------------+
5 rows in set (0.00 sec)

mysql> _
```

图 4-13　查看删除后的记录

三、使用 TRUNCATE TABLE 清空表记录

DELETE 语句通过扫描记录进行删除，删除全部记录时速度比较慢。这时可使用 TRUNCATE TABLE 语句释放存储表数据所用的数据页来删除数据，以实现快速清空记录。TRUNCATE TABLE 语句将删除表中的所有数据，但表的结构、约束、索引等保持不变，若表中设置了 AUTO_INCREMENT 列，则新行标识列的值重置为该列种子标识的初始值，如果想保留标识计数值，则应使用 DELETE 语句删除表数据。TRUNCATE TABLE 操作只在事务日志中记录页的释放，不在日志中记录删除

删除数据——清空表记录

操作，所以它不能激活触发器，删除的数据也不能通过日志恢复。

语法：

```
TRUNCATE [TABLE] tbl_name
```

说明：物理性的清除记录，清除的记录不能通过日志恢复。

【实例 4-11】 清空 department_bak 记录，并查看效果。

```
mysql>USE db_shop;
mysql> TRUNCATE TABLE department_bak;
mysql> show create table department_bak\G   -- 查看表结构定义
```

运行结果如图 4-14 所示。

```
mysql> show create table department_bak\G
*************************** 1. row ***************************
       Table: department_bak
Create Table: CREATE TABLE `department_bak` (
  `id` int(11) NOT NULL AUTO_INCREMENT,
  `dept_name` varchar(20) NOT NULL,
  `dept_phone` char(13) DEFAULT NULL,
  `dept_memo` varchar(100) DEFAULT NULL COMMENT '部门备注',
  PRIMARY KEY (`id`),
  UNIQUE KEY `dept_name` (`dept_name`)
) ENGINE=InnoDB DEFAULT CHARSET=utf8mb4 COLLATE=utf8mb4_0900_ai_ci
1 row in set (0.01 sec)
```

图 4-14　使用 TRUNCATE TABLE 清空记录

说明：清空记录后，使用查看表结构定义语句，可以看到自增值没有设置，即默认值是 1。原来的自增值全部被删除了。

四、任务实施

按下列操作完成 db_shopping 数据库表记录的删除。

(1) 选择 db_shopping 数据库。执行语句如下：

```
mysql>USE db_shopping;
```

(2) 删除姓名为“张一楠”的职员记录。执行语句如下：

```
mysql>DELETE FROM staffer WHERE staff_name='张一楠';
```

(3) 查看职员表中的张一楠是否已删除。执行语句如下：

```
mysql>SELECT * FROM staffer ;
```

(4) 删除客服部姓名为“张红”的职员记录。执行语句如下：

```
mysql>DELETE staffer
FROM staffer
JOIN department ON department.id = staffer.dept_id
WHERE   staff_name='张红' AND department.dept_name='客服部';
```

(5) 查看职员表客服部姓名为“张红”的职员记录是否已删除。执行语句如下：

```
mysql>SELECT * FROM staffer ;
```

小　　结

本项目主要以电商购物管理系统为引导案例，介绍了增加、修改和删除数据记录的基本操作语句及其操作应用，演示了单表内数据增删改操作、跨表选择记录插入和跨表条件修改删除记录的技术方法和实施过程。学习完本项目，读者应能够根据实际业务需求，熟练应用增删改查进行数据处理，能够高效管理记录数据。

课后习题

1. 请使用 SQL 语句按顺序分别给下列表添加至少 4 条记录：部门表、职员表、商品表、供应商表、顾客表、订购表、订单详细表。

2. 建立缺货订购商品表(商品号、商品名称、供应商号、订购数量、订购日期)，并添加数据库中的商品信息表 goods 的商品信息(商品号、商品名称、供应商号)到本表中。

3. 添加 3 个同名员工“林海峰”，分别在 2 号、3 号和 4 号部门。

4. 修改销售部的林海峰的电话，改为“13241232162”。

5. 删除职员表中 4 号部门的林海峰职员信息。

6. 为商品表添加一件商品信息：商品名称是“特仑苏牛奶”，供应商 id 是“1”，商品类型是“奶制品”，标题是“纯牛奶”，商品介绍是“天然有机奶”，单价是“7”，数量是“100”，商品备注是“纯天然牧场，品质有保障”。

7. 修改商品表，把商品名称为“特仑苏牛奶”的商品标题设置为“有机纯牛奶”，单价设置为“8 元”。

8. 删除商品表中商品名称为“特仑苏牛奶”、供应商 id 为“1”的商品。

9. 向订单订购表添加 3 条记录，订单详细表添加 10 条记录。

项目五　数据查询

项目介绍

数据查询是数据库操作中最常用的操作。数据查询方法很多，用户可以根据实际应用选择合适的查询方法，以获得所需要的数据，对检索的数据要考虑其安全应用范围。本项目以电商购物管理系统的商品及其相关信息的检索和统计查询为案例，学习根据实际需要对数据库进行数据检索的方法，以达成本项目教学目标。本项目主要内容包括基本数据查询、统计数据查询、跨表连接查询和子查询应用四个任务。

教学目标

素质目标

◎ 树立数据检索权限意识和应用安全意识；

◎ 具有数据应用高质量和高效率的数字服务意识。

知识目标

◎ 掌握 SELECT 语句的基本查询和统计的应用语法；

◎ 掌握 SELECT 语句的连接和子查询的应用方法。

能力目标

◎ 能熟练应用 SELECT 语句进行表内数据查询和统计；

◎ 能应用连接、子查询技术处理复杂查询。

学习重点

◎ 熟练应用 SELECT 语句进行表内数据查询和统计；

◎ 熟悉连接、子查询的应用场景和应用方法。

学习难点

◎ 复杂查询的解决方法。

任务 1　基本数据查询

在日常生活中，我们经常会在网上搜索信息，如在网上购物前先查看所购商品的相关信息，在购买商品之前也需要登录查询是否注册用户，只有搜索到是合法用户，才可能进行下一步的操作。这些操作都是通过数据查询语句实现的。本任务以电商购物管理系统为案例，通过完成部门、员工、商品等信息的基本查询、条件和统计查询以及排序，学习 SELECT 语句的基本语法和基本应用。

查看表基本数据

一、SELECT 基本查询语句

SELECT 查询语句可快速方便地从数据表或视图中检索数据，实现对表数据行、列的筛选查询以及表间的连接操作等。

在“mysql>”提示符下执行 HELP SELECT 可以获得应用说明文档和官网文档的访问地址。

语法：

```
SELECT
    [ALL | DISTINCT  ]
    {select_expr [, select_expr ...]| *}
    [FROM table_references
    [WHERE where_condition]
    [GROUP BY {col_name | expr | position}, ... [WITH ROLLUP]]
    [HAVING where_condition]
    [ORDER BY {col_name | expr | position} [ASC | DESC]
    [LIMIT {[offset,] row_count | row_count OFFSET offset}]]
```

说明：

- [ALL | DISTINCT]默认是 ALL，表示将检索到的所有记录都显示出来；DISTINCT 表示重复的记录只显示一条。
- select [, select_expr ...]|*用于指定要查询的各个字段或表达式，各字段名之间用逗号分隔，通过指定列实现对表的列筛选。若使用*，则表示选择表中所有列的。
- FROM 子句指定要查询的数据表，可以是一个或多个表(多表用于连接查询)。
- WHERE 子句用于指定查询条件，通过给定查询条件实现对表的行筛选。
- GROUP BY 子句表示按指定子句中的字段或表达式对查询结果进行分组显示。
- ORDER BY 子句用于指定排序表达式，按排序表达式值的顺序显示记录。
- ASC|DESC 用于指定查询结果按升序或降序排列，默认是升序 ASC。
- LIMIT 子句表示限制查询显示的记录行数，offset 表示记录相对于文件第一条记录的偏移量，row_count 表示显示的记录行数。

二、查询表的全部信息

SELECT 语句用于查询表中的全部数据信息，即输出表中所有的行和列，可在字段名列表中直接用*表示输出表中所有的列。

【实例 5-1】 在 db_shop 数据库中，查询部门信息表的全部部门信息。执行语句如下：

```
mysql>USE db_shop;
mysql>SELECT * FROM department;
```

运行结果如图 5-1 所示。

```
mysql> USE db_shop;
Database changed
mysql> SELECT *  FROM department;
+----+-----------+--------------+-----------+
| id | dept_name | dept_phone   | dept_memo |
+----+-----------+--------------+-----------+
|  1 | 技术部    | 020-87993692 | NULL      |
|  2 | 销售部    | 020-87993692 | NULL      |
|  3 | 市场部    | 202-87990213 | NULL      |
|  4 | 客服部    | 020-87993095 | NULL      |
|  5 | 采购部    | 020-87993690 | NULL      |
|  6 | 仓管部    | 020-87993691 | NULL      |
+----+-----------+--------------+-----------+
6 rows in set (0.00 sec)

mysql>
```

图 5-1　查看表的全部部门信息

三、查询表部分指定字段信息

SELECT 语句可只查询表中某些字段的信息，即对表进行列筛选查询，此时需要在字段名列表中逐个列出要查询的列名，各列名之间以逗号分隔。

【实例 5-2】 在 db_shop 数据库中，查询部门表的部门编号、部门名称、电话信息。执行语句如下：

```
mysql>USE db_shop;
mysql>SELECT id,dept_name,dept_phone FROM department;
```

运行结果如图 5-2 所示。

```
mysql> USE db_shop;
Database changed
mysql> SELECT id ,dept_name,dept_phone FROM department;
+----+-----------+--------------+
| id | dept_name | dept_phone   |
+----+-----------+--------------+
|  1 | 技术部    | 020-87993692 |
|  2 | 销售部    | 020-87993692 |
|  3 | 市场部    | 202-87990213 |
|  4 | 客服部    | 020-87993095 |
|  5 | 采购部    | 020-87993690 |
|  6 | 仓管部    | 020-87993691 |
+----+-----------+--------------+
6 rows in set (0.00 sec)

mysql>
```

图 5-2　查看表记录的部分字段值

四、改变字段的显示名称

显示查询结果时，直接使用数据表列名作为列标题，直观性差。若希望查询结果中的字段标题显示更为直观，比如使用中文显示，则可以通过 AS 子句定义别名的方式来指定显示的列名。AS 子句指定的只是查询结果中显示的列标题，并不会修改表中的字段名。在 MySQL 中若用户自定义的列名不符合命名规则(如空格)，则须使用一对单引号 ''将标题括起来。

语法：

原字段名 [AS] 字段别名

说明：将输出显示的字段名用字段别名代替显示。

【实例 5-3】 查询部门表的部门编号、部门名称、电话信息。执行语句如下：

```
mysql>USE db_shop;
mysql>SELECT id AS 编号,dept_name  AS 部门名称, dept_phone AS 电话 FROM department;
```

运行结果如图 5-3 所示。

```
mysql> USE db_shop;
Database changed
mysql> SELECT id AS 编号,dept_name  AS 部门名称, dept_phone AS 电话 FROM department;
+------+----------+--------------+
| 编号 | 部门名称 | 电话         |
+------+----------+--------------+
|    1 | 技术部   | 020-87993692 |
|    2 | 销售部   | 020-87993692 |
|    3 | 市场部   | 202-87990213 |
|    4 | 客服部   | 020-87993095 |
|    5 | 采购部   | 020-87993690 |
|    6 | 仓管部   | 020-87993691 |
+------+----------+--------------+
6 rows in set (0.00 sec)

mysql>
```

图 5-3 使用字段别名

【实例 5-4】 查询部门表的部门编号、部门名称、电话信息(标题带有空格)。执行语句如下：

```
mysql>USE db_shop;
mysql>SELECTid AS '编 号',dept_name AS'名 称' , dept_phone AS'电 话' FROM department;
```

运行结果如图 5-4 所示。

```
mysql> USE db_shop;
Database changed
mysql> SELECT id AS '编 号',dept_name AS '名 称' , dept_phone AS '电 话' FROM department ;
+-------+--------+--------------+
| 编 号 | 名 称  | 电 话        |
+-------+--------+--------------+
|     1 | 技术部 | 020-87993692 |
|     2 | 销售部 | 020-87993692 |
|     3 | 市场部 | 202-87990213 |
|     4 | 客服部 | 020-87993095 |
|     5 | 采购部 | 020-87993690 |
|     6 | 仓管部 | 020-87993691 |
+-------+--------+--------------+
6 rows in set (0.00 sec)

mysql>
```

图 5-4 使用带空格等不符合规则的别名

五、显示计算列值

查询计算列

SELECT 查询的列也可以是表达式。当 SELECT 后面的字段是表达式时，将执行查询命令的行计算出的值作为该行的显示列值。

计算列值可使用的算术运算符为：+(加)、-(减)、*(乘)、/(除)、%(求余)。

【实例 5-5】　查询各商品的 3 件费用。

分析：3 件费用是商品单价×3 的价格，可使用表达式计算。执行语句如下：

```
mysql>USE db_shop;
mysql>SELECT goods_name,unit_price, unit_price*3 AS '3 件费用'FROM    goods;
```

运行结果如图 5-5 所示。

```
mysql> USE db_shop;
Database changed
mysql> SELECT goods_name,unit_price, unit_price*3 AS '3件费用'
    -> FROM  goods;
+----------------+------------+---------+
| goods_name     | unit_price | 3件费用 |
+----------------+------------+---------+
| 普通酱油       |      12.30 |   36.90 |
| 顶级酱油       |      22.30 |   66.90 |
| 顶级生抽       |      21.00 |   63.00 |
| 精品老抽       |      12.10 |   36.30 |
| 100mL矿泉水    |       2.30 |    6.90 |
| 100ml纯真水    |       1.50 |    4.50 |
| 动力水         |       6.50 |   19.50 |
+----------------+------------+---------+
7 rows in set (0.01 sec)

mysql>
```

图 5-5　查询显示计算列

六、使用 DISTINCT 不显示重复行

对表中的部分列进行数据检索时，可能会出现重复行。例如，在详细订单表中查询负责收单的员工编号列时，会出现很多重复的数据行。这种情况下可使用 DISTINCT 关键字消除结果集中的重复行，实现对重复的行只显示一次，从而保证每行显示记录都是唯一的，不会重复显示无用的信息。

语法：

```
SELECT   DISTINCT  字段名  FROM tbl_name
```

说明：当不写 DISTINCT 时，默认是 ALL。

显示不重复行

【实例 5-6】 查询现有商品由哪些供应商提供，并显示供应商编号。

分析：同一个供应商提供了多类商品，如果只显示供应商编号，就会出现重复编号、重复记录的问题，可以使用 DISTINCT 予以避免。对比执行如下语句：

```
mysql>USE db_shop;
mysql>SELECT   supplier_id FROM goods;                 -- 显示重复记录
```

```
mysql>SELECT  DISTINCT supplier_id FROM goods;          -- 不显示重复记录
```

运行结果如图 5-6 所示。

```
mysql> USE db_shop;
Database changed
mysql> SELECT  supplier_id FROM goods;
+-------------+
| supplier_id |
+-------------+
|           1 |
|           1 |
|           2 |
|           2 |
|           3 |
|           4 |
|           4 |
+-------------+
7 rows in set (0.00 sec)

mysql> SELECT  DISTINCT supplier_id FROM goods;
+-------------+
| supplier_id |
+-------------+
|           1 |
|           2 |
|           3 |
|           4 |
+-------------+
4 rows in set (0.01 sec)

mysql>
```

图 5-6　使用 DISTINCT 的查询效果

七、使用 LIMIT 限制查询返回行数

限定记录返回行数

若使用 SELECT 语句返回查询结果的行数非常多，则可以使用 LIMIT 选项来限制结果集的返回行数。

语法：

```
SELELCT {*|col_lisi} FROM   tbl_name
[LIMIT {[offset_,] row_count | row_count OFFSET offset}]
```

说明：

[offset_,] row_count | row_count OFFSET offset 这两种方法都可实现选择显示数据的范围，效果一样。

offset 表示显示记录的起始位，默认为 0，即第 1 条记录的位置。

row_count 表示显示记录的行数。

【实例 5-7】 查询 goods 表的前 2 条记录。执行语句如下：

```
mysql>USE db_shop;
mysql>SELECT   * FROM goods LIMIT 2;
```

运行结果如图 5-7 所示。

```
mysql> USE db_shop;
Database changed
mysql> SELECT  * FROM goods LIMIT 2;
+----+-----------+-------------+------------+--------+-----------+------------+--------+------------+
| id | goods_name | supplier_id | goods_type | banner | introduce | unit_price | amount | goods_memo |
+----+-----------+-------------+------------+--------+-----------+------------+--------+------------+
|  1 | 普通酱油   |           1 | 酱油        | NULL   | NULL      |      12.30 |    100 | NULL       |
|  2 | 顶级酱油   |           1 | 酱油        | NULL   | NULL      |      22.30 |    100 | NULL       |
+----+-----------+-------------+------------+--------+-----------+------------+--------+------------+
2 rows in set (0.00 sec)

mysql>
```

图 5-7　查询表的前 2 条记录

【实例 5-8】　查询 goods 表第 1 行开始的 2 条记录。执行语句如下：

```
mysql>USE db_shop;
mysql>SELECT  * FROM goods LIMIT 1,2;
```

运行结果如图 5-8 所示。

```
mysql> USE db_shop;
Database changed
mysql> SELECT  * FROM goods LIMIT 1, 2;
+----+-----------+-------------+------------+--------+-----------+------------+--------+------------+
| id | goods_name | supplier_id | goods_type | banner | introduce | unit_price | amount | goods_memo |
+----+-----------+-------------+------------+--------+-----------+------------+--------+------------+
|  2 | 顶级酱油   |           1 | 酱油        | NULL   | NULL      |      22.30 |    100 | NULL       |
|  3 | 顶级生抽   |           4 | 酱油        | NULL   | NULL      |      21.00 |    100 | NULL       |
+----+-----------+-------------+------------+--------+-----------+------------+--------+------------+
2 rows in set (0.00 sec)

mysql>
```

图 5-8　查询表第 1 行开始的 2 条记录

【实例 5-9】　查询显示 goods 表第 2 行开始的 1 条记录。使用带 OFFSET 关键字的执行语句如下：

```
mysql>USE db_shop;
mysql>SELECT  * FROM goods LIMIT 1 OFFSET 2;
```

运行结果如图 5-9 所示。

```
mysql> USE db_shop;
Database changed
mysql> SELECT  * FROM goods LIMIT 1 OFFSET 2;
+----+-----------+-------------+------------+--------+-----------+------------+--------+------------+
| id | goods_name | supplier_id | goods_type | banner | introduce | unit_price | amount | goods_memo |
+----+-----------+-------------+------------+--------+-----------+------------+--------+------------+
|  3 | 顶级生抽   |           4 | 酱油        | NULL   | NULL      |      21.00 |    100 | NULL       |
+----+-----------+-------------+------------+--------+-----------+------------+--------+------------+
1 row in set (0.00 sec)

mysql>
```

图 5-9　查询表第 2 行开始的 1 条记录

八、比较条件查询

在很多情况下，并不需要输出表中所有的记录，而是按照一定的条件进行过滤输出，可以使用 WHERE 子句的条件筛选输出记录。在 SELECT 语句对列筛选的基础上，增加 WHERE 子句，可以实现对表的行进行筛选。WHERE 子句后面的搜索条件可以是比较运算、模式匹配、范围比较、空值比较、子查询等条件运算，也可以是由这些条件运算通过逻辑运算符组合而成的。

语法：

```
SELECT…
        [WHERE where_condition]
```

说明：选择查询表中满足 WHERE 条件的记录。

MySQL 中使用的关系运算符和逻辑运算符如下：

关系运算符包括：

比较条件查询

- =：等于。
- >：大于。
- <：小于。
- <=：小于或等于。
- >=：大于或等于。
- <> 或!=：不等于。

逻辑运算符包括：

- NOT：返回与条件相反的结果集。
- AND：返回满足与其连接的所有条件的结果集，连接条件为并且关系。
- OR：返回满足与其连接的任一条件的结果集，连接条件为或者关系。

逻辑运算符用来表示两个表达式之间的逻辑关系。逻辑运算符 AND、OR 和 NOT 组合起来可对数据表按多个条件进行查询。逻辑运算符的优先级次序分别是 NOT、AND、OR，在同一优先级上的取值顺序是从左到右。

1. 单一条件查询

【实例 5-10】 查询编号为 2 的顾客信息。执行语句如下:

```
mysql>USE db_shop;
mysql>SELECT id,username,password,customer_name,sex FROM customer
      WHERE id=2;
```

运行结果如图 5-10 所示。

```
mysql> USE db_shop;
Database changed
mysql> SELECT id, username , password , customer_name , sex  FROM customer WHERE id=2;
+----+----------+----------+---------------+------+
| id | username | password | customer_name | sex  |
+----+----------+----------+---------------+------+
|  2 | LH       | 123      | 李红          | F    |
+----+----------+----------+---------------+------+
1 row in set (0.00 sec)

mysql> _
```

图 5-10　单一条件查询

2. 多条件查询

使用 AND、OR、NOT 逻辑运算符可连接条件运算。

【实例 5-11】 查询单价低于 3 元的饮用水商品信息。执行语句如下：

```
mysql>USE db_shop;
mysql>SELECT * FROM goods
      WHERE goods_type='饮用水' AND unit_price<3;
```

运行结果如图 5-11 所示。

```
mysql> USE db_shop;
Database changed
mysql> SELECT * FROM goods
    -> WHERE goods_type='饮用水' AND unit_price<3.2;
+----+-------------+-------------+------------+--------+-----------+------------+--------+------------+
| id | goods_name  | supplier_id | goods_type | banner | introduce | unit_price | amount | goods_memo |
+----+-------------+-------------+------------+--------+-----------+------------+--------+------------+
|  5 | 100mL矿泉水 |           2 | 饮用水     | NULL   | NULL      |       2.30 |    100 | NULL       |
|  6 | 100ml纯真水 |           3 | 饮用水     | NULL   | NULL      |       1.50 |    100 | NULL       |
+----+-------------+-------------+------------+--------+-----------+------------+--------+------------+
2 rows in set (0.00 sec)

mysql>
```

图 5-11　多条件 AND 运算的查询

【实例 5-12】查询单价低于 3.2 元的商品或是饮用水的商品信息。执行语句如下：

```
mysql>USE db_shop;
mysql>SELECT * FROM goods
        WHERE goods_type= '饮用水' OR unit_price<3.2;
```

运行结果如图 5-12 所示。

```
mysql> USE db_shop;
Database changed
mysql> SELECT * FROM goods
    -> WHERE goods_type='饮用水' OR  unit_price<3.2;
+----+-------------+-------------+------------+--------+-----------+------------+--------+------------+
| id | goods_name  | supplier_id | goods_type | banner | introduce | unit_price | amount | goods_memo |
+----+-------------+-------------+------------+--------+-----------+------------+--------+------------+
|  5 | 100mL矿泉水 |           2 | 饮用水     | NULL   | NULL      |       2.30 |    100 | NULL       |
|  6 | 100ml纯真水 |           3 | 饮用水     | NULL   | NULL      |       1.50 |    100 | NULL       |
|  7 | 动力水      |           2 | 饮用水     | NULL   | NULL      |       6.50 |    100 | NULL       |
+----+-------------+-------------+------------+--------+-----------+------------+--------+------------+
3 rows in set (0.00 sec)

mysql>
```

图 5-12　多条件 OR 运算的查询

九、使用 BETWEEN…AND 范围条件查询

语法：

WHERE 测试表达式 [NOT] BETWEEN <起始值> AND <终止值>

说明：用于搜索测试表达式介于某指定范围内的记录。当不使用 NOT 时，查询结果返回满足测试表达式介于起始值和终止值(包括起始值和终止值)之间的结果集；当使用 NOT 时，则返回不满足测试表达式指定范围内的记录。起始值小于终止值才有效。

范围条件查询

【实例 5-13】 查询消费额在 4000 到 5000 元之间的顾客信息。执行语句如下：

```
mysql> USE db_shop;
mysql>SELECT id,customer_name,consumption_amount FROM customer
        WHERE consumption_amount BETWEEN 4000 AND 5000;
```

运行结果如图 5-13 所示。

```
mysql> USE db_shop;
Database changed
mysql> SELECT id,customer_name,consumption_amount FROM customer
    -> WHERE consumption_amount BETWEEN 4000 AND 5000;
+----+---------------+--------------------+
| id | customer_name | consumption_amount |
+----+---------------+--------------------+
|  2 | 李红          |            5000.00 |
|  5 | 周一强        |            4003.00 |
+----+---------------+--------------------+
2 rows in set (0.00 sec)

mysql>
```

图 5-13　范围条件查询

【实例 5-14】 查询在 1980 至 2018 年之间出生的顾客信息。执行语句如下：

```
mysql>USE db_shop;
mysql>SELECT id, customer_name,birthday FROM customer
      WHERE birthday BETWEEN '1980-1-1' AND '2018-12-31';
```

运行结果如图 5-14 所示。

```
mysql> USE db_shop;
Database changed
mysql> SELECT id, customer_name,birthday FROM customer
    ->  WHERE birthday BETWEEN '1980-1-1' AND '2018-12-31';
+----+---------------+------------+
| id | customer_name | birthday   |
+----+---------------+------------+
|  2 | 李红          | 2000-09-01 |
|  3 | 陈红玲        | 1995-06-01 |
|  5 | 周一强        | 2002-10-21 |
+----+---------------+------------+
3 rows in set (0.00 sec)

mysql>
```

图 5-14　时间范围查询

【实例 5-15】 查看消费金额在[4500,5000]区间或男性的顾客信息。执行语句如下：

```
mysql> USE db_shop;
mysql>SELECT id,customer_name,sex,consumption_amount FROM customer
      WHERE (consumption_amount BETWEEN 4500 AND 5000)   OR sex ='M';
```

运行结果如图 5-15 所示。

```
mysql> USE db_shop;
Database changed
mysql> SELECT id,customer_name,sex,consumption_amount FROM customer
    -> WHERE (consumption_amount BETWEEN 4500 AND 5000)  OR sex ='M';
+----+---------------+-----+--------------------+
| id | customer_name | sex | consumption_amount |
+----+---------------+-----+--------------------+
|  2 | 李红          | F   |            5000.00 |
|  5 | 周一强        | M   |            4003.00 |
+----+---------------+-----+--------------------+
2 rows in set (0.00 sec)

mysql> _
```

图 5-15　范围与其他条件 OR 运算查询

十、使用 IN(NOT IN)列表条件查询

IN 列表条件查询

IN(NOT IN)列表条件查询是符合列表值范围内的条件的查询。使用 IN 关键字，可以直接指定一个具体值的列表，或者通过子查询语句返回一个值列表，值列表中包含所有可能的值，当表达式与值列表中的任意一个匹配成功时，返回相应记录。使用 NOT IN 时，返回的结果集刚好相反。

语法：

WHERE 测试表达式 [NOT] IN (子查询|表达式列表)

说明：表达式列表是使用逗号分隔的字段值或表达式，可以是整数、定点小数、字符或日期型。子查询是内嵌的 SELECT 语句，将在后面学习。

【实例 5-16】 查询部门编号为 1 号或 2 号的员工信息。执行语句如下：

```
mysql> USE db_shop;
mysql>SELECT id, username,dept_id,staff_name,sex   FROM staffer
        WHERE dept_id IN(1, 2);
```

运行结果如图 5-16 所示。

```
mysql> USE db_shop;
Database changed
mysql> SELECT id, username, dept_id, staff_name, sex  FROM staffer
    -> WHERE dept_id IN(1, 2);
+----+----------+---------+------------+-----+
| id | username | dept_id | staff_name | sex |
+----+----------+---------+------------+-----+
|  4 | admin    |       1 | 李斌       | F   |
|  8 | CCN2     |       1 | 陈冲南     | M   |
|  5 | he       |       2 | 何林       | M   |
+----+----------+---------+------------+-----+
3 rows in set (0.00 sec)

mysql>
```

图 5-16　IN 列表查询

【实例 5-17】 查询部门编号不为 1 号和 2 号的员工信息。执行语句如下：

```
mysql> USE db_shop;
mysql>SELECT id, username,dept_id,staff_name,sex   FROM staffer
        WHERE dept_id NOT IN(1, 2);
```

运行结果如图 5-17 所示。

```
mysql> USE db_shop;
Database changed
mysql> SELECT id, username, dept_id, staff_name, sex  FROM staffer
    -> WHERE dept_id NOT IN(1, 2);
+----+----------+---------+------------+-----+
| id | username | dept_id | staff_name | sex |
+----+----------+---------+------------+-----+
|  6 | zhang    |       3 | 张飞连     | M   |
|  9 | ZQ       |       3 | 周强       | M   |
+----+----------+---------+------------+-----+
2 rows in set (0.00 sec)
```

图 5-17　不在 IN 列表的条件查询记录

十一、使用 LIKE 字符模式匹配查询

模糊查询

在查询字符串时，查询条件值经常并不能完全精准确定，这时可以进行模式匹配查询，使用 LIKE 谓词可以实现模式匹配查询。LIKE 谓词用于一个字符串是否与指定的字符串相匹配，若匹配成功，则返回相应记录。

语法：

WHERE 字符字段表达式 [NOT] LIKE <给定字符串模式>

说明：使用 LIKE 进行模式匹配时，常采用通配符实现模式匹配查询。与 LIKE 运算符一起使用的通配符主要如下：

- _(下划线)表示任意一个字符。
- %表示由 0 个或多个字符组成的任意字符串。

【实例 5-18 】查询姓“张”的员工信息。执行语句如下：

```
mysql> USE db_shop;
mysql>SELECT id, username,dept_id,staff_name,sex    FROM staffer
        WHERE staff_name like '张%';
```

运行结果如图 5-18 所示。

```
mysql> USE db_shop;
Database changed
mysql> SELECT id, username, dept_id, staff_name, sex  FROM staffer
    -> WHERE staff_name like '张%';
+----+----------+---------+------------+-----+
| id | username | dept_id | staff_name | sex |
+----+----------+---------+------------+-----+
|  6 | zhang    |       3 | 张飞连     | M   |
| 10 | ZLN      |       2 | 张连强     | M   |
+----+----------+---------+------------+-----+
2 rows in set (0.00 sec)

mysql>
```

图 5-18 使用通配符“%”进行模式匹配查询

【实例 5-19】 查询姓名有 2 个字且以“强”字结尾的员工信息。执行语句如下：

```
mysql> USE db_shop;
mysql> SELECT id, username,dept_id,staff_name,sex    FROM staffer
          WHERE staff_name like'_强' ;
```

运行结果如图 5-19 所示。

```
mysql> USE db_shop;
Database changed
mysql> SELECT id, username, dept_id, staff_name, sex  FROM staffer
    -> WHERE staff_name like '_强';
+----+----------+---------+------------+-----+
| id | username | dept_id | staff_name | sex |
+----+----------+---------+------------+-----+
|  9 | ZQ       |       3 | 周强       | M   |
+----+----------+---------+------------+-----+
1 row in set (0.00 sec)

mysql> _
```

图 5-19 使用通配符“_”进行模式匹配查询

十二、使用 IS NULL 空值比较查询

空值比较查询

当需要判定一个表达式的值是否为空值时，可使用 IS NULL 关键字进行比较。

语法：

WHERE 测试表达式 IS [NOT] NULL

说明：当不使用 NOT 时，查询返回满足测试表达式为空值的结果集；当使用 NOT 时，则结果相反。

【实例 5-20】 查询顾客表中邮件地址为空的消费者信息。执行语句如下：

```
mysql>USE db_shop;
mysql> SELECT id,customer_name,sex,address FROM customer
       WHERE email IS   NULL;
```

运行结果如图 5-20 所示。

```
mysql> USE db_shop;
Database changed
mysql> SELECT id,customer_name,sex, address FROM customer
    -> WHERE  email IS  NULL;
+----+---------------+-----+------------------------------------+
| id | customer_name | sex | address                            |
+----+---------------+-----+------------------------------------+
|  2 | 李红          | F   | {"city": "广州", "road": "天河北"} |
|  3 | 陈红玲        | F   | {"city": "潮州", "road": "朝阳街"} |
|  5 | 周一强        | M   | NULL                               |
|  6 | 李红梅        | F   | NULL                               |
+----+---------------+-----+------------------------------------+
4 rows in set (0.00 sec)

mysql>
```

图 5-20　查询字段空值记录

【实例 5-21】 查询顾客表中有登记爱好的消费者信息。执行语句如下：

```
mysql> USE db_shop;
mysql> SELECT id,customer_name,sex, hobby FROM customer
       WHERE    hobby IS NOT NULL;
```

运行结果如图 5-21 所示。

```
mysql> USE db_shop;
Database changed
mysql> SELECT id,customer_name,sex, hobby FROM customer
    -> WHERE   hobby IS NOT NULL;
+----+---------------+-----+----------+
| id | customer_name | sex | hobby    |
+----+---------------+-----+----------+
|  2 | 李红          | F   | ball,art |
|  3 | 陈红玲        | F   | art      |
+----+---------------+-----+----------+
2 rows in set (0.01 sec)

mysql>
```

图 5-21　查询字段值非空的记录

ORDER BY 排序查询

十三、使用 ORDER BY 排序查询

在实际应用中，我们经常需要得到某列值有序的查询结果，例如商品按销售量

大小、会员的积分高低等排序。可以在 SELECT 语句中使用 ORDER BY 子句对查询的结果集进行排序。

语法：

ORDER BY {排序表达式[ASC|DESC]}[,…n]

说明：使用 ORDER BY 子句可对结果集按指定方式排序，当指定多个字段作为排序的依据时，按字段自左至右的优先顺序进行排序，即记录顺序先按第一个排序表达式进行排序，若第一个排序表达式值相同，则按第二个排序表达式的值进行排序，以此类推。

【实例 5-22】 查询部门信息，按电话号码降序显示。执行语句如下：

```
mysql>USE db_shop;
mysql>SELECT * FROM department
      ORDER BY dept_phone DESC;
```

运行结果如图 5-22 所示。

```
mysql> USE db_shop;
Database changed
mysql> SELECT * FROM department
    -> ORDER BY dept_phone  DESC;
+----+-----------+--------------+-----------+
| id | dept_name | dept_phone   | dept_memo |
+----+-----------+--------------+-----------+
|  3 | 市场部    | 202-87990213 | NULL      |
|  1 | 技术部    | 020-87993692 | NULL      |
|  2 | 销售部    | 020-87993692 | NULL      |
|  6 | 仓管部    | 020-87993691 | NULL      |
|  5 | 采购部    | 020-87993690 | NULL      |
|  4 | 客服部    | 020-87993095 | NULL      |
+----+-----------+--------------+-----------+
6 rows in set (0.00 sec)

mysql>
```

图 5-22 按排序字段降序查询

【实例 5-23】 查询部门信息，按电话号码升序显示。

分析：小大顺序可以带 ASC 选项，这是默认值，可省略。执行语句如下：

```
mysql>SELECT * FROM department
      ORDER BY dept_phone   ASC;
```

运行结果如图 5-23 所示。

```
mysql> USE db_shop;
Database changed
mysql> SELECT * FROM department
    -> ORDER BY dept_phone  ASC;
+----+-----------+--------------+-----------+
| id | dept_name | dept_phone   | dept_memo |
+----+-----------+--------------+-----------+
|  4 | 客服部    | 020-87993095 | NULL      |
|  5 | 采购部    | 020-87993690 | NULL      |
|  6 | 仓管部    | 020-87993691 | NULL      |
|  1 | 技术部    | 020-87993692 | NULL      |
|  2 | 销售部    | 020-87993692 | NULL      |
|  3 | 市场部    | 202-87990213 | NULL      |
+----+-----------+--------------+-----------+
6 rows in set (0.00 sec)

mysql> _
```

图 5-23 按排序字段升序查询

【实例 5-24】 按性别升序、消费额降序排序查询。

分析：查询记录先按性别升序排序，性别相同的再按消费额降序排序，使用 2 个排序字段。执行语句如下：

```
mysql> USE db_shop;
mysql> SELECT id,customer_name,sex,hobby,consumption_amount
    FROM customer
    ORDER BY sex,consumption_amount DESC;
```

说明：sex 字段后面未指明 ASC 或 DESC，表示使用默认值 ASC。

运行结果如图 5-24 所示。

```
mysql> USE db_shop;
Database changed
mysql> SELECT id,customer_name,sex,hobby,consumption_amount
    -> FROM customer
    -> ORDER BY sex,consumption_amount DESC;
+----+---------------+-----+----------+--------------------+
| id | customer_name | sex | hobby    | consumption_amount |
+----+---------------+-----+----------+--------------------+
|  6 | 李红梅        | F   | NULL     |            6003.00 |
|  2 | 李红          | F   | ball,art |            5000.00 |
|  3 | 陈红玲        | F   | art      |            1200.00 |
|  5 | 周一强        | M   | NULL     |            4003.00 |
+----+---------------+-----+----------+--------------------+
4 rows in set (0.00 sec)

mysql>
```

图 5-24　按 2 个字段排序查询

【实例 5-25】 查询消费额排第一的顾客记录。

分析：可以按消费额降序排序，并限制显示第一条即为排名第一的记录。执行语句如下：

```
mysql> SELECT id,customer_name,sex,hobby,consumption_amount
    FROM customer
    ORDER BY consumption_amount DESC
    LIMIT 1;
```

运行结果如图 5-25 所示。

```
mysql> USE db_shop;
Database changed
mysql> SELECT id,customer_name,sex,hobby,consumption_amount
    -> FROM customer
    -> ORDER BY consumption_amount DESC
    -> LIMIT 1;
+----+---------------+-----+-------+--------------------+
| id | customer_name | sex | hobby | consumption_amount |
+----+---------------+-----+-------+--------------------+
|  6 | 李红梅        | F   | NULL  |            6003.00 |
+----+---------------+-----+-------+--------------------+
1 row in set (0.00 sec)

mysql>
```

图 5-25　查询字段值排序第一的记录

十四、任务实施

按下列操作完成 db_shopping 数据库表记录的基本查询。

(1) 选择 db_shopping 数据库，执行语句如下：

```
mysql>USE db_shopping;
```

(2) 查找查询商品类型为“饮用水”的商品记录信息，执行语句如下：

```
mysql>SELECT * FROM goods WHERE goods_type='饮用水';
```

(3) 查找部门编号为 1、2、4 的员工信息，执行语句如下：

```
mysql>SELECT * FROM staffer WHERE dept_id IN (1,2,4);
```

(4) 查找消费额在 5000～8000 元之间的顾客信息，执行语句如下：

```
mysql>SELECT * FROM customer
        WHERE consumption_amount BETWEEN 5000 AND 8000;
```

(5) 查找姓名中带“红”字的员工信息，执行语句如下：

```
mysql>SELECT * FROM staffer WHERE staff_name LIKE '%红%';
```

(6) 查找有库存商品的名称，同一名称不重复显示，执行语句如下：

```
mysql>SELECT DISTINCT goods_name FROM goods WHERE amount>0;
```

(7) 查找所有未登记联系地址的会员信息，执行语句如下：

```
mysql>SELECT * FROM customer  WHERE address  IS NULL;
```

(8) 找出消费额最多的 1 名顾客信息，执行语句如下：

```
mysql>SELECT  * FROM customer
        ORDER BY consumption_amount DESC
        LIMIT 1;
```

任务 2　统计数据查询

在日常工作中，我们会接触到很多需要汇总统计的信息，如淘宝、京东等电商每月都要统计销售额，将本月每一天的销售额汇总统计。本任务以电商购物管理系统中的订单数量、订单额等统计为案例，学习聚合函数、GROUP BY 子句和 HAVING 子句的数据统计查询方法。

一、聚合函数

聚合函数用于汇总统计表中某列符合查询条件的数据，并返回单个计算结果。常用的聚合函数主要有 SUM、AVG、MAX、MIN、COUNT 等。

语法：

```
SELECT func(*|col_num)
        FROM table_references
        [WHERE where_condition]
```

说明：从表 table_references 中按满足 WHERE 条件的记录进行统计查询以获得

聚合统计数，这些统计数是列向统计，跟前面介绍的 SELECT 计算功能的横向计算有所区别。

1. 计数函数 COUNT

语法：

```
COUNT([ALL|DISTINCT] expression|*)
```

说明：

• COUNT 用于统计表中满足条件的行数。括号中的字段按字段值来统计记录个数。

• ALL 用于对 expression 的所有非 NULL 值进行统计，若未指定 ALL 或 DISTINCT，则默认值为 ALL。

统计查询 COUNT 函数应用

• DISTINCT 用于对重复的记录仅计算一次，返回所有唯一的非 NULL 值的记录个数。

• * 用于返回所有组中的项数，包括 NULL 值和重复值。

• expression 可以是字段或相关表达式。若 COUNT 对 expression 进行统计，则统计忽略 NULL 值。若直接使用 COUNT(*)，则返回表中的总行数，包含重复行和 NULL 值的行。

【实例 5-26】 查询顾客表的人员数量。执行语句如下：

```
mysql>USE db_shop;
mysql>SELECT COUNT(*) FROM customer;
```

运行结果如图 5-26 所示。

```
mysql> USE db_shop;
Database changed
mysql> select count(*)  FROM customer;
+----------+
| count(*) |
+----------+
|        4 |
+----------+
1 row in set (0.00 sec)

mysql>
```

图 5-26　统计查询顾客人数

【实例 5-27】 查询顾客表中的女性人员数量。

分析：对每一条记录进行条件判断，对满足条件的记录进行统计。执行语句如下：

```
mysql>USE db_shop;
mysql>SELECT COUNT(*) FROM customer
    WHERE sex='F';
```

运行结果如图 5-27 所示。

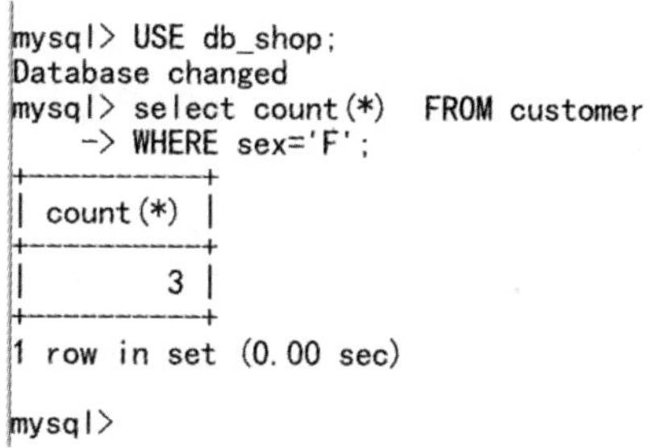

```
mysql> USE db_shop;
Database changed
mysql> select count(*)  FROM customer
    -> WHERE sex='F';
+----------+
| count(*) |
+----------+
|        3 |
+----------+
1 row in set (0.00 sec)

mysql>
```

图 5-27　统计女性顾客人数

【实例 5-28】 查询登记过生日的顾客人数。

分析：可以使用 COUNT(字段)格式，忽略字段值为 NULL 的统计。执行语句如下：

```
mysql>USE db_shop;
mysql>SELECT COUNT(birthday ) FROM customer;
```

运行结果如图 5-28 所示。

```
mysql> USE db_shop;
Database changed
mysql> SELECT COUNT(birthday ) FROM customer;
+--------------------+
| COUNT(birthday )   |
+--------------------+
|                  3 |
+--------------------+
1 row in set (0.00 sec)

mysql>
```

图 5-28　按字段值统计人数

【实例 5-29】 统计查询提供了商品的供应商数量。

分析：在商品表中统计供应商即可，重复的不统计，则在统计字段前带 DISTINCT，否则不同商品的同一供应商会重复统计。执行语句如下：

```
mysql>USE db_shop;
mysql> SELECT COUNT(DISTINCT supplier_id) FROM   goods;
```

运行结果如图 5-29 所示。

```
mysql> USE db_shop;
Database changed
mysql> SELECT COUNT(DISTINCT supplier_id) FROM   goods;
+-----------------------------+
| COUNT(DISTINCT supplier_id) |
+-----------------------------+
|                           4 |
+-----------------------------+
1 row in set (0.00 sec)
```

图 5-29　统计查询不重复字段值数量

说明：可以查看一下 goods 的所有记录，看到重复记录没有统计。执行语句如下：

```
mysql> SELECT * FROM   goods;
```

2. 求和与求平均值函数 SUM 和 AVG

SUM 和 AVG 分别用于对指定表达式的对应数据项求和与平均值。

语法：

```
SUM|AVG([ALL|DISTINCT] expression)
```

说明：

• ALL 用于对 expression 的所有项进行求和或平均值，若未指定 ALL 或 DISTINCT，则默认值为 ALL。

• DISTINCT 用于消除重复记录，仅计算一项。

• expression 是常量、列名、函数或运算表达式，其数据类型为数字类型。SUM 和 AVG 函数都忽略 NULL 值。

【实例 5-30】 统计商品表中商品的总件数。执行语句如下：

```
mysql>USE db_shop;
mysql> SELECT SUM(amount) FROM goods;
```

运行结果如图 5-30 所示。

统计查询 SUM 函数应用

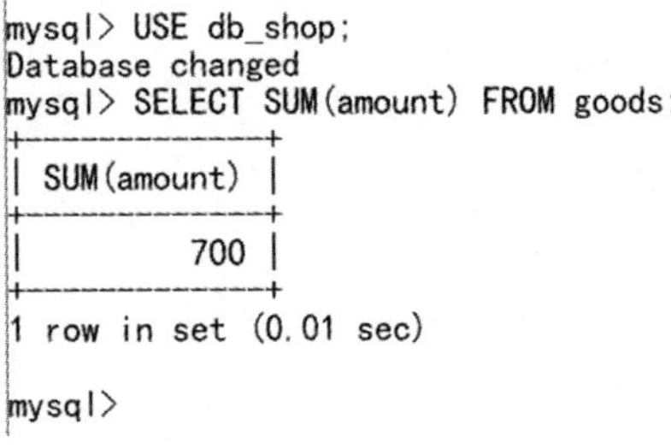

图 5-30　统计查询商品总件数

【实例 5-31】 统计商品表中“饮用水”类型的商品总件数。执行语句如下：

```
mysql>USE db_shop;
mysql>SELECT SUM(quantity) FROM item
      WHERE goods_type ='饮用水';
```

运行结果如图 5-31 所示。

```
mysql> USE db_shop;
Database changed
mysql> SELECT SUM(amount) FROM goods
    -> WHERE goods_type = '饮用水';
+-------------+
| SUM(amount) |
+-------------+
|         300 |
+-------------+
1 row in set (0.00 sec)

mysql>
```

图 5-31　查询“饮用水”类型商品总件数

统计查询 AVG 函数应用

【实例 5-32】 查询商品表中“饮用水”类型商品的平均单价。执行语句如下：

```
mysql>USE db_shop;
mysql> SELECT AVG(unit_price) FROM goods
```

```
WHERE goods_type ='饮用水';
```

运行结果如图 5-32 所示。

```
mysql> USE db_shop;
Database changed
mysql> SELECT AVG(unit_price) FROM goods
    -> WHERE goods_type = '饮用水';
+-----------------+
| AVG(unit_price) |
+-----------------+
|        3.433333 |
+-----------------+
1 row in set (0.00 sec)

mysql>
```

图 5-32　统计查看“饮用水”的平均单价

3. 最大值和最小值函数 MAX 和 MIN

MAX 和 MIN 分别用于对指定表达式的对应数据项求最大值与最小值。

语法：

```
MAX|MIN([ALL|DISTINCT] expression)
```

说明：

• ALL 用于对 expression 的所有项求最大值或最小值，若未指定 ALL 或 DISTINCT，则默认值为 ALL。

• DISTINCT 用于消除重复记录，仅计算一项。

• expression 是常量、列名、函数或运算表达式，其数据类型为数值型、日期时间型和字符型。MAX 和 MIN 函数都忽略 NULL 值。

统计查询 MAX 函数应用

【实例 5-33】查询“饮用水”商品的最高价格。执行语句如下：

```
mysql>USE db_shop;
mysql> SELECT MAX(unit_price) FROM goods
       WHERE goods_type ='饮用水';
```

运行结果如图 5-33 所示。

```
mysql> USE db_shop;
Database changed
mysql> SELECT MAX(unit_price) FROM goods
    -> WHERE goods_type = '饮用水';
+-----------------+
| MAX(unit_price) |
+-----------------+
|            6.50 |
+-----------------+
1 row in set (0.01 sec)

mysql>
```

图 5-33　查询“饮用水”商品的最高价格

统计查询 MIN 函数应用

【实例 5-34】 查询所有商品中的最低价格。执行语句如下：

```
mysql> USE db_shop;
mysql> SELECT MIN(unit_price) FROM goods;
```

运行结果如图 5-34 所示。

```
mysql> USE db_shop;
Database changed
mysql> SELECT MIN(unit_price) FROM goods;
+-----------------+
| MIN(unit_price) |
+-----------------+
|            1.50 |
+-----------------+
1 row in set (0.00 sec)

mysql> _
```

图 5-34　查询所有商品中的最低价格

二、使用 GROUP BY 分组查询

GROUP BY 子句可按指定的表达式对查询结果进行分组显示，通常与聚合函数一起使用来实现数据的分类统计。

语法：

```
SELECT column_list FROM table_name
WHERE where_condition
GROUP BY {col_name | expr },…
```

说明：

- column_list 表示输出查询结果的选择列表。
- table_name 表示查询的数据表。
- where_condition 表示搜索条件。
- GROUP BY {col_name | expr }表示分组表达式。GROUP BY 表达式必须与 SELECT 列表表达式匹配。

1. 基本查询分组

【实例 5-35】 按性别分类查询顾客表的人员数量。

GROUP BY
分组子句的应用

分析：按性别分类，即性别有多少类就统计出各类的顾客数量，可直接使用 GROUP BY 分类来统计查询。执行语句如下：

```
mysql>USE db_shop;
mysql>SELECT   sex,COUNT(*) FROM customer
         GROUP BY sex;
```

运行结果如图 5-35 所示。

```
mysql> USE db_shop;
Database changed
mysql> SELECT   sex,COUNT(*) FROM customer
    -> GROUP BY sex;
+------+----------+
| sex  | COUNT(*) |
+------+----------+
| F    |        3 |
| M    |        1 |
+------+----------+
2 rows in set (0.01 sec)

mysql> _
```

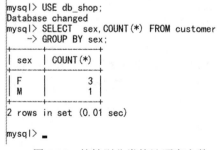

图 5-35　按性别分类统计顾客人数

【实例 5-36】 按部门编号分类统计职员表的人员数量。执行语句如下：

```
mysql>USE db_shop;
mysql>SELECT dept_id, COUNT(*) FROM staffer
      GROUP BY dept_id;
```

运行结果如图 5-36 所示。

```
mysql> USE db_shop;
Database changed
mysql> SELECT dept_id, COUNT(*) FROM staffer
    -> GROUP BY dept_id;
+---------+----------+
| dept_id | COUNT(*) |
+---------+----------+
|       1 |        2 |
|       2 |        2 |
|       3 |        2 |
+---------+----------+
3 rows in set (0.00 sec)

mysql>
```

图 5-36 按部门编号分类统计员工人数

2. 用 WHERE 过滤的记录进行分组统计

GROUP BY 分组子句与 WHERE 子句的结合应用

【实例 5-37】 查询 1 号供应商的各商品销售数量。

分析：供应商供应各种商品，1 种商品可能有不同的供应商。这里要求只查询 1 号供应商供应的各种商品数量。执行语句如下：

```
mysql> USE db_shop;
mysql>SELECT goods_id,SUM(quantity) FROM item
      WHERE supplier_id=1
      GROUP BY goods_id;
```

运行结果如图 5-37 所示。

```
mysql> USE db_shop;
Database changed
mysql> SELECT goods_id,SUM(quantity) FROM item
    -> WHERE supplier_id=1
    -> GROUP BY goods_id;
+----------+---------------+
| goods_id | SUM(quantity) |
+----------+---------------+
|        1 |            10 |
|        2 |             5 |
+----------+---------------+
2 rows in set (0.00 sec)

mysql>
```

图 5-37 查询 1 号供应商的各商品销售数量

3. 对分组后的结果进行 ORDER BY 排序

GROUP BY 分组子句与 ORDER BY 子句的结合应用

【实例 5-38】 查询各商品销售数量，并按降序排序。执行语句如下：

```
mysql> USE db_shop;
mysql>SELECT goods_id,SUM(quantity) FROM item
      GROUP BY goods_id
      ORDER BY SUM(quantity)  DESC;
```

运行结果如图 5-38 所示。

```
mysql> USE db_shop;
Database changed
mysql> SELECT goods_id,SUM(quantity) FROM item
    -> GROUP BY goods_id
    -> ORDER BY SUM(quantity)  DESC;
+----------+---------------+
| goods_id | SUM(quantity) |
+----------+---------------+
|        1 |            20 |
|        2 |            10 |
|        3 |            10 |
+----------+---------------+
3 rows in set (0.00 sec)

mysql>
```

图 5-38　查询各商品销售数量并按降序排序

三、使用 WITH ROLLUP 分组汇总查询

在 GROUP BY 子句后面有多项分类进行统计时，使用 WITH ROLLUP 选项能将 GROUP BY 子句中所指定的各列依次汇总。

语法：

```
SELECT column_list FROM tbl_name
   WHERE where_condition
     GROUP BY {col_name | expr }, ... WITH ROLLUP
```

多个分组表达式的应用

说明：按分组的排列顺序从左向右进行分类汇总。

【实例 5-39】 按商品和供应商分组，查询各商品的各供应商提供的销售数量和总数量。

分析：当分类汇总有 2 个以上字段时，需要用 WITH ROLLUP 子句才能达到按从左至右分类的目的。执行语句如下：

```
mysql>USE db_shop;
mysql>SELECT goods_id, supplier_id, SUM(quantity) FROM item
      GROUP BY goods_id, supplier_id    WITH ROLLUP;
```

运行结果如图 5-39 所示。

```
mysql> USE db_shop;
Database changed
mysql> SELECT goods_id, supplier_id, SUM(quantity) FROM item
    -> GROUP BY goods_id, supplier_id  WITH ROLLUP;
+----------+-------------+---------------+
| goods_id | supplier_id | SUM(quantity) |
+----------+-------------+---------------+
|        1 |           1 |            10 |
|        1 |           3 |            10 |
|        1 |        NULL |            20 |
|        2 |           1 |             5 |
|        2 |           2 |             5 |
|        2 |        NULL |            10 |
|        3 |           2 |            10 |
|        3 |        NULL |            10 |
|     NULL |        NULL |            40 |
+----------+-------------+---------------+
9 rows in set (0.01 sec)

mysql>
```

图 5-39　带 WITH ROLLUP 的多项分组统计查询

说明：

(1) 多项分组统计时，WITH ROLLUP 可按从左至右的顺序分类汇总数据。

(2) WITH ROLLUP 返回以下三类汇总信息：

- 各供应商供应每一种商品的销售额；
- 每一种商品的销售额；
- 所有供应商供应所有商品的总销售额。

四、使用 HAVING 子句条件查询

使用 HAVING 子句可以对 GROUP BY 子句分类统计的结果进行条件筛选。HAVING 子句与 GROUP BY 子句结合使用，使用时跟在 GROUP BY 子句后面。

语法：

```
SELECT column_list FROM tbl_name
WHERE where_condition
GROUP BY {col_name | expr }, ...[WITH ROLLUP]
HAVING    having_expression
[ORDER BY  排序表达式[ASC|DESC]]
```

说明：having_expression 表示分组结果的条件筛选表达式。

HAVING 子句的应用

【实例 5-40】 统计各部门员工人数，显示部门有 2 人及以上的统计信息。执行语句如下：

```
mysql>USE db_shop;
mysql>SELECT dept_id, COUNT(*) FROM staffer
        GROUP BY dept_id
        HAVING COUNT(*) > 1;
```

运行结果如图 5-40 所示。

```
mysql> USE db_shop;
Database changed
mysql> SELECT dept_id, COUNT(*) FROM staffer
    -> GROUP BY dept_id
    -> HAVING COUNT(*) > 1;
+---------+----------+
| dept_id | COUNT(*) |
+---------+----------+
|       1 |        2 |
|       2 |        2 |
|       3 |        2 |
+---------+----------+
3 rows in set (0.00 sec)

mysql>
```

图 5-40　统计各部门人数 2 人及以上的信息

【实例 5-41】 统计各商品销售量，显示销售量超过 10 件的统计信息。执行语句如下：

```
mysql> USE db_shop;
mysql>SELECT goods_id,SUM(quantity) FROM item
```

```
GROUP BY goods_id
HAVING   SUM(quantity)>=10;
```

运行结果如图 5-41 所示。

```
mysql> USE db_shop;
Database changed
mysql> SELECT goods_id,SUM(quantity) FROM item
    -> GROUP BY goods_id
    ->  HAVING  SUM(quantity)>=10;
+----------+---------------+
| goods_id | SUM(quantity) |
+----------+---------------+
|        1 |            20 |
|        2 |            10 |
|        3 |            10 |
+----------+---------------+
3 rows in set (0.00 sec)

mysql>
```

图 5-41　销售量超过 10 件的商品统计信息

【实例 5-42】 统计销售量超过 10 件的商品销售信息，并按销售量升序排序。执行语句如下：

```
mysql> USE db_shop;
mysql>SELECT goods_id,SUM(quantity) FROM item
      GROUP BY goods_id
      HAVING   SUM(quantity)>10
      ORDER BY SUM(quantity)   ASC;
```

执行结果如图 5-42 所示。

```
mysql> USE db_shop;
Database changed
mysql> SELECT goods_id,SUM(quantity) FROM item
    -> GROUP BY goods_id
    ->  HAVING  SUM(quantity)>=10
    -> ORDER BY SUM(quantity)  ASC;
+----------+---------------+
| goods_id | SUM(quantity) |
+----------+---------------+
|        2 |            10 |
|        3 |            10 |
|        1 |            20 |
+----------+---------------+
3 rows in set (0.00 sec)

mysql>
```

图 5-42　条件筛选商品统计信息并升序显示

五、任务实施

按下列操作完成 db_shopping 数据库表记录的基本统计查询。

(1) 选择 db_shopping 数据库，执行语句如下：

```
mysql>USE db_shopping;
```

(2) 统计 1 号部门的员工人数，执行语句如下：

```
mysql>SELECT   COUNT(*) FROM staffer WHERE dept_id=1;
```

(3) 统计各部门的员工人数，执行语句如下：

```
mysql>SELECT dept_id, COUNT(*) FROM staffer
    GROUP BY dept_id;
```

(4) 统计各部门的男女员工人数和总人数，执行语句如下：

```
mysql>SELECT dept_id,sex,COUNT(*) FROM staffer
    GROUP BY dept_id,sex WITH ROLLUP;
```

(5) 查询商品单价中的最高单价和最低单价，执行语句如下：

```
mysql>SELECT MAX(unit_price),MIN(unit_price) FROM goods;
```

(6) 查询各类型商品的库存总数和平均数量，执行语句如下：

```
mysql>SELECT goods_type,SUM(amount),AVG(amount) FROM goods
    GROUP BY goods_type;
```

(7) 按各商品类型统计库存总数超过 200 的商品，显示其类型和数量，执行语句如下：

```
mysql>SELECT goods_type,SUM(amount) FROM goods
    GROUP BY goods_type
    HAVING SUM(amount)>=200;
```

任务 3　跨表连接查询

在关系数据库应用系统中，一个实体及其联系信息可能设计分散到多个表，但日常应用检索时往往又需要将多个表的内容连接在一起查看，这就需要进行跨表连接的数据查询。本任务以电商购物管理系统为案例，通过实现部门员工信息、商品销售信息等跨表信息查询应用，学习 SQL 语言的交叉连接查询、内连接查询和外连接查询的查询语句。

一、连接查询的基本语法

连接查询就是将两个或两个以上的表，按笛卡尔积运算规则连接拼成一张连接表。连接表的字段是所有表字段的集合，连接表的记录是按连接类型筛选出来的记录集合。

连接查询主要包括交叉连接、内连接、自连接和外连接四种类型，MySQL 不仅支持国际标准的 ANSI SQL-92 标准的连接语法，也有自己的连接语法。对于跨 DBMS 系统应用的情况，建议使用 ANSI SQL-92 标准语法，以适合各类平台。

(1) ANSI SQL-92 标准语法：

```
SELECT <字段列表>
  FROM <表 1> [连接类型] JOIN <表 2> ON  <连接条件>
  WHERE <条件表达式>
```

(2) MySQL 连接语法：

```
SELECT <字段列表>
  FROM  <表名列表>
  WHERE <连接条件> [AND|OR <条件表达式>]
```

二、交叉连接查询(CROSS JOIN)

交叉连接不带 ON 子句，没有连接条件，返回两个表所有数据行的笛卡尔积，即第一个表的每一行记录均与第二个表的每一行记录进行组合形成新的记录。其语法格式如下：

(1) ANSI SQL-92 标准语法：

```
SELECT <字段列表>
    FROM <表 1> CROSS JOIN <表 2>
```

(2) MySQL 语法：

```
SELECT <字段列表>
  FROM <表 1>,<表 2>
```

交叉连接

【实例 5-43】 将部门表和职员表进行交叉连接查询。

(1) 使用 MySQL 语法，执行语句如下：

```
mysql>USE db_shop;
mysql>SELECT * FROM department,staffer ;
```

运行结果如图 5-43 所示(截取部分记录)。

```
mysql> USE db_shop;
Database changed
mysql> SELECT * FROM department, staffer;
```

id	dept_name	dept_phone	dept_memo	id	username	password	dept_id	staff_name	sex	birthday	phone	salary	staff_memc
1	技术部	020-87993692	NULL	4	admin	admin	1	李斌	F	2009-09-10	13561231568	12000.00	经理
2	销售部	020-87993692	NULL	4	admin	admin	1	李斌	F	2009-09-10	13561231568	12000.00	经理
3	市场部	202-87990213	NULL	4	admin	admin	1	李斌	F	2009-09-10	13561231568	12000.00	经理
4	客服部	020-87993095	NULL	4	admin	admin	1	李斌	F	2009-09-10	13561231568	12000.00	经理
5	采购部	020-87993690	NULL	4	admin	admin	1	李斌	F	2009-09-10	13561231568	12000.00	经理
6	仓管部	020-87993691	NULL	4	admin	admin	1	李斌	F	2009-09-10	13561231568	12000.00	经理
1	技术部	020-87993692	NULL	5	he	123456	2	何林	M	2010-06-20	13571231859	8000.00	销售主管
2	销售部	020-87993692	NULL	5	he	123456	2	何林	M	2010-06-20	13571231859	8000.00	销售主管
3	市场部	202-87990213	NULL	5	he	123456	2	何林	M	2010-06-20	13571231859	8000.00	销售主管
4	客服部	020-87993095	NULL	5	he	123456	2	何林	M	2010-06-20	13571231859	8000.00	销售主管
5	采购部	020-87993690	NULL	5	he	123456	2	何林	M	2010-06-20	13571231859	8000.00	销售主管
6	仓管部	020-87993691	NULL	5	he	123456	2	何林	M	2010-06-20	13571231859	8000.00	销售主管
1	技术部	020-87993692	NULL	6	zhang	123456	3	张飞连	M	1989-07-13	13761235185	11000.00	NULL

图 5-43　ANSI 语法的交叉连接查询

(2) 使用 ANSI-92 标准语法，执行语句如下：

```
mysql>USE db_shop;
mysql>SELECT * FROM department CROSS JOIN staffer;
```

运行结果与图 5-43 一样

三、内连接查询(INNER JOIN)

内连接是连接查询中最常用的一种连接类型。使用内连接时，如果连接记录字段满足两个表的连接条件，则从这两个表中提取连接记录字段并组合成新的记录字段并返回，否则不返回任何信息。内连接可以使用 ANSI SQL-92 标准语法和 MySQL 语法，ANSI SQL-92 标准语法有利于各平台间的移植。

ANSI SQL-92 标准内连接语法：

```
SELECT <字段列表>
FROM <表 1>
[INNER] JOIN <表 2> ON   <连接条件 1>
```

```
{[INNER] JOIN <表 3> ON   <连接条件 2>][…]}
  [WHERE <条件表达式>]
```

MySQL 内连接语法：

```
SELECT <字段列表>
    FROM   <表名列表>
    WHERE <连接条件> [AND|OR <条件表达式>]
```

作用：如果两个或多个数据表的相关记录字段满足连接条件，则根据连接条件从这些表中提取相应记录字段并组合成新的记录。内连接查询可分为等值连接和不等连接。

等值连接：在连接条件中使用等于(=)运算符比较被连接列的列值，其查询结果中列出被连接表中的所有列，包括其中的重复列；不含重复列的又称为自然连接。

不等连接：在连接条件中使用除等于运算符以外的其他比较运算符比较被连接列的列值。这些运算符包括>、>=、<=、<、！>、！<和<>。

1. 两个表的内连接查询

【实例 5-44】 查询按规范部门表的编号规范填写好的员工信息，同时显示员工资料和部门资料。

分析：按部门编号规范是指按职员表的部门编号可以在部门表中找到的才显示，这需要用等值连接的内连接实现。可以使用 ANSI 语法或 MySQL 语法实现，执行语句如下：

两个表的内连接查询

- 使用 ANSI SQL-92 标准语法，执行语句如下：

```
mysql>USE db_shop;
mysql>SELECT staffer.*,department.*
    FROM staffer
    INNER JOIN department   ON department.id=staffer.dept_id;
```

说明：staffer.* 表示显示职员表的所有字段，department.* 表示显示部门表的所有字段。也可以直接使用“*”代替连接表的全部字段，FROM 后的表字段先显示。语句也可以采用如下写法：

```
mysql>USE db_shop;
mysql>SELECT *
    FROM staffer
    INNER JOIN department   ON department.id=staffer.dept_id;
```

运行结果如图 5-44 所示。

```
mysql> USE db_shop;
Database changed
mysql> SELECT staffer.*,department.*
    -> FROM staffer
    -> INNER JOIN department  ON department.id=staffer.dept_id;
```

id	username	password	dept_id	staff_name	sex	birthday	phone	salary	staff_memo	id	dept_name	dept_phone	dept_memo
4	admin	admin	1	李斌	F	2009-09-10	13561231568	12000.00	经理	1	技术部	020-87993692	NULL
5	he	123456	2	何林	M	2010-06-20	13571231859	8000.00	销售主管	2	销售部	020-87993692	NULL
6	zhang	123456	3	张飞连	M	1989-07-13	13761235185	11000.00	NULL	3	市场部	202-87990213	NULL
8	CCN2	123456	1	陈冲南	M	NULL	NULL	0.00	NULL	1	技术部	020-87993692	NULL
9	ZQ	123456	3	周强	M	NULL	NULL	0.00	NULL	3	市场部	202-87990213	NULL
10	ZLN	123456	2	张连强	M	2000-09-02	13223212456	9000.00	NULL	2	销售部	020-87993692	NULL

```
6 rows in set (0.00 sec)

mysql>
```

图 5-44　使用 ANSI-92 标准查询有部门的职员部门信息

• 使用 MySQL 语法，执行语句如下，效果一样。

```
mysql>USE db_shop;
mysql>SELECT *
        FROM staffer,department
        WHERE department.id=staffer.dept_id;
```

【实例 5-45】 查询销售部的员工信息，显示员工列信息和部门名称。执行语句如下：

• 使用 ANSI-92 标准语法，执行语句如下：

```
mysql>USE db_shop;
mysql>SELECT staffer.* ,dept_name
        FROM staffer
        INNER JOIN department ON staffer.dept_id=department.id
        WHERE dept_name='销售部';
```

运行结果如图 5-45 所示。

```
mysql> USE db_shop;
Database changed
mysql> SELECT staffer.* ,dept_name
    -> FROM staffer
    -> INNER JOIN department ON staffer.dept_id=department.id
    -> WHERE dept_name='销售部';
+----+----------+----------+---------+------------+-----+------------+-------------+---------+------------+-----------+
| id | username | password | dept_id | staff_name | sex | birthday   | phone       | salary  | staff_memo | dept_name |
+----+----------+----------+---------+------------+-----+------------+-------------+---------+------------+-----------+
|  5 | he       | 123456   |       2 | 何林       | M   | 2010-06-20 | 13571231859 | 8000.00 | 销售主管   | 销售部    |
| 10 | ZLN      | 123456   |       2 | 张连强     | M   | 2000-09-02 | 13223212456 | 9000.00 | NULL       | 销售部    |
+----+----------+----------+---------+------------+-----+------------+-------------+---------+------------+-----------+
2 rows in set (0.00 sec)

mysql>
```

图 5-45　查询销售部的员工信息

• 使用 MySQL 语法，执行语句如下：

```
mysql>USE db_shop;
mysql>SELECT staffer.* ,dept_name
        FROM staffer,department
        WHERE staffer.dept_id=department.id AND dept_name='销售部';
```

运行结果与图 5-45 一样。

2. 为来源表定义别名

语法：

```
表名 [AS] 别名
```

说明：通常使用 A、B、C、D 等单字符代替表名，目的是使语句更简短。但是一旦定义了别名，在语句中应用表名的部分就必须使用别名，否则会出错。

内连接查询—为表设置别名

【实例 5-46】 使用表的别名进行操作，查询销售部的员工信息。执行语句如下：

• 使用 ANSI SQL-92 标准语法：

```
mysql>USE db_shop;
mysql>SELECT A.*,B.*
        FROM staffer A
        INNER JOIN department   B ON A.dept_id=B.id;
```

运行结果如图 5-46 所示。

```
mysql> USE db_shop;
Database changed
mysql> SELECT A.*,B.*
    -> FROM staffer A
    -> INNER JOIN department  B ON A.dept_id=B.id;
```

id	username	password	dept_id	staff_name	sex	birthday	phone	salary	staff_memo	id	dept_name	dept_phone	dept_memo
4	admin	admin	1	李斌	F	2009-09-10	13561231568	12000.00	经理	1	技术部	020-87993692	NULL
5	he	123456	2	何林	M	2010-06-20	13571231859	8000.00	销售主管	2	销售部	020-87993692	NULL
6	zhang	123456	3	张飞连	M	1989-07-13	13761235185	11000.00	NULL	3	市场部	202-87990213	NULL
8	CCN2	123456	1	陈冲南	M	NULL	NULL	0.00	NULL	1	技术部	020-87993692	NULL
9	ZQ	123456	3	周强	M	NULL	NULL	0.00	NULL	3	市场部	202-87990213	NULL
10	ZLN	123456	2	张连强	M	2000-09-02	13223212456	9000.00	NULL	2	销售部	020-87993692	NULL

```
6 rows in set (0.00 sec)

mysql>
```

图 5-46　使用表的别名查询部门职员

• 使用 MySQL 语法，执行语句如下：

```
mysql>USE db_shop;
mysql>SELECT *
    FROM staffer A,department B
    WHERE A.dept_id=B.id;
```

运行结果与图 5-46 一样。

3. 三个以上表的内连接

如果打算从两个以上的表中检索符合连接条件的记录，则需要多个 INNER JOIN 运算连接。

【实例 5-47】 查看订单 item 表中的商品名单、单价、购买数量和供应商名称。

分析：商品名称、单价在 goods 表出现，供应商名称在 supplier 表出现，购买数量在 item 表出现，所以需要连接三个表。

• 使用 ANSI-92 标准语法，执行语句如下：

```
mysql>USE db_shop;
mysql>SELECT   goods_name，unit_price,quantity,supplier_name
        FROM item
            INNER JOIN goods   ON goods.id =   item.goods_id
            INNER JOIN supplier   ON   item.supplier_id=supplier.id;
```

多表内连接查询

运行结果如图 5-47 所示。

```
mysql> USE db_shop;
Database changed
mysql> SELECT goods_name,unit_price, quantity, supplier_name
    -> FROM item
    -> INNER JOIN goods  ON goods.id =  item.goods_id
    -> INNER JOIN supplier  ON  item.supplier_id=supplier.id;
```

goods_name	unit_price	quantity	supplier_name
普通酱油	12.30	10	广州李锦记
普通酱油	12.30	5	怡宝
普通酱油	12.30	5	怡宝
顶级酱油	22.30	5	广州李锦记
顶级酱油	22.30	5	农夫山泉
顶级生抽	21.00	10	农夫山泉

```
6 rows in set (0.00 sec)

mysql>
```

图 5-47　内连接三个表查看订单信息

• 使用 MySQL 语法，执行语句如下：

```
mysql>USE db_shop;
mysql>SELECT * FROM item,goods,supplier
      WHERE item.goods_id=goods.goods_id AND
       item.supplier_id=supplier.supplier_id;
```

运行结果与图 5-47 一样。

四、自连接查询

如果在一个连接查询中涉及的两个表是同一个表，这种查询就称为自连接查询。这是一种特殊的内连接，虽然相互连接的表在物理上为同一张表，但是可以在逻辑上通过别名分为两张表进行操作。

(1) ANSI SQL-92 标准自连接语法：

```
SELECT <字段列表>
FROM <表 1>  <别名 1>
INNER JOIN <表 1> <别名 2> ON  <连接条件>
WHERE <条件表达式>
```

(2) MySQL 自连接语法：

```
SELECT <字段列表>
FROM <表 1>  <别名 1>,  <表 1> <别名 2>
WHERE  <连接条件> [AND|OR <条件表达式>]
```

说明：

• 把某一个表中的行同该表中另外一些行连接起来，主要用于查询比较相同字段并运算的情况。

• 若同一张表在 FROM 子句中多次出现，则必须为每个表定义一个别名。

【实例 5-48】 查询订单表中至少供货 1 号和 2 号商品的供应商。

分析：查询的是订单表 item 中 goods_id 值为 1 和 2 的供应商。因为 SELECT 语句属于行扫描查询，一个记录的字段值只能有一个确定值，若要同时满足两个值则必须有两个定义了别名的同名字段。可以采用自连接实现本例。

(1) 使用 ANSI SQL-92 标准语法，执行语句如下：

自连接查询

```
mysql>USE db_shop;
mysql>SELECT  A.id, A.goods_id,A.supplier_id, B.id,
              B.goods_id,B.supplier_id
      FROM item A
      INNER JOIN item B ON A.supplier_id=B.supplier_id
       WHERE A.goods_id='1'AND B.goods_id='2';
```

运行结果如图 5-48 所示。

```
mysql> USE db_shop;
Database changed
mysql> SELECT  A.id, A.goods_id,A.supplier_id, B.id,B.goods_id,B.supplier_id
    -> FROM item A
    -> INNER JOIN item B ON A.supplier_id=B.supplier_id
    -> WHERE A.goods_id='1' AND B.goods_id='2';
+----+----------+-------------+----+----------+-------------+
| id | goods_id | supplier_id | id | goods_id | supplier_id |
+----+----------+-------------+----+----------+-------------+
|  4 |        1 |           1 |  5 |        2 |           1 |
+----+----------+-------------+----+----------+-------------+
1 row in set (0.01 sec)

mysql>
```

图 5-48　查找至少提供了 1 号和 2 号商品的供应商

说明：从图 5-48 中可以看出，至少供货 1 号和 2 号商品的供应商只有 1 号供应商。

(2) 采用 MySQL 语法，执行语句如下：

```
mysql>USE db_shop;
mysql>SELECT   A.id, A.goods_id,A.supplier_id,B.id,
               B.supplier_id,B.goods_id
      FROM item A ,item B
      WHERE A.supplier_id=B.supplier_id AND
      A.goods_id='1' AND   B.goods_id='2';
```

运行结果与图 5-48 一样。

五、外连接查询(OUTER JOIN)

外连接查询就是至少返回一张表中的所有记录，根据连接条件有选择地返回另外一张表中的记录；不符合连接条件的列则填充 NULL(空值)后返回到结果集中。外连接查询适用于处理信息缺失的情况。

外连接分为三类：左外连接、右外连接和完全外连接 (MySQL8 暂时还不支持完全外连接)。

1. 左外连接(LEFT OUTER JOIN)

左外连接是指将左表(表 1)中的所有记录分别与右表(表 2)的每条记录按连接条件进行连接组合，查询结果将返回左表(表 1)全部记录的查询列值(若有 WHERE 中规定的条件，则同时满足 WHERE 中规定条件的记录列值)，右表(表 2)列返回满足连接条件记录的对应列值，否则填充 NULL 值。

左外连接查询

语法：

```
SELECT <字段列表>
FROM <表 1>
LEFT [OUTER] JOIN <表 2> ON   <连接条件>
[WHERE <条件表达式>]
```

说明：

- LEFT　[OUTER] JOIN 是左连接关键字，OUTER 可省略，省略后效果一样。
- <表 1> 在 LEFT JOIN 的左边，称为左表；<表 2>在 LEFT JOIN 的右边，称为右表。

【实例 5-49】 查看所有商品的订单情况，无订单的商品信息也要显示，执行语句如下：

```
mysql>USE db_shop
mysql> SELECT goods.id,goods_name,unit_price,amount,order_id,
goods_id,quantity FROM goods
        LEFT JOIN item ON goods.id=item.goods_id;
```

运行结果如图 5-49 所示。

```
mysql> USE db_shop;
Database changed
mysql> SELECT goods.id,goods_name,unit_price, amount,order_id,goods_id,quantity FROM goods
    -> LEFT JOIN item ON goods.id=item.goods_id;
+----+--------------+------------+--------+----------+----------+----------+
| id | goods_name   | unit_price | amount | order_id | goods_id | quantity |
+----+--------------+------------+--------+----------+----------+----------+
|  1 | 普通酱油     |      12.30 |    100 |        1 |        1 |       10 |
|  2 | 顶级酱油     |      22.30 |    100 |        1 |        2 |        5 |
|  1 | 普通酱油     |      12.30 |    100 |        2 |        1 |        5 |
|  3 | 顶级生抽     |      21.00 |    100 |        2 |        3 |       10 |
|  2 | 顶级酱油     |      22.30 |    100 |        3 |        2 |        5 |
|  1 | 普通酱油     |      12.30 |    100 |        4 |        1 |        5 |
|  4 | 精品老抽     |      12.10 |    100 |     NULL |     NULL |     NULL |
|  5 | 100mL矿泉水  |       2.30 |    100 |     NULL |     NULL |     NULL |
|  6 | 100ml纯真水  |       1.50 |    100 |     NULL |     NULL |     NULL |
|  7 | 动力水       |       6.50 |    100 |     NULL |     NULL |     NULL |
+----+--------------+------------+--------+----------+----------+----------+
10 rows in set (0.01 sec)

mysql>
```

图 5-49　左连接查询商品订单情况

说明：如图 5-49 所示，订单列值全部显示 NULL，说明这些商品目前还没有订单。

2. 右外连接(RIGHT OUTER JOIN)

右外连接与左外连接类似，查询结果将返回右表(表 2)的全部记录列值(若有 WHERE 中规定的条件，则满足 WHERE 中规定条件的记录列值)，左表(表 1)列显示左表满足连接条件记录的对应列值，否则填充 NULL 值。

语法：

```
SELECT 字段列表
FROM 表 1 RIGHT [OUTER]  JOIN 表 2 ON  连接条件
WHERE 条件表达式;
```

说明：

- RIGHT [OUTER]　JOIN 是右连接关键字，表 1 为左表，表 2 为右表。
- 右连接和左连接可以相互替代实现。

【实例 5-50】 使用右连接方式查看所有商品的订单状况，无订单的商品信息也照样显示，执行语句如下：

右外连接查询

```
mysql>USE db_shop
mysql> SELECT goods.id,goods_name,unit_price,amount,order_id,
       goods_id,quantity FROM item
       RINGHT JOIN goods   ON goods.id=item.goods_id;
```

运行结果如图 5-50 所示。

```
mysql> USE db_shop;
Database changed
mysql> SELECT goods.id,goods_name,unit_price, amount,order_id,goods_id,quantity FROM item
    -> RIGHT JOIN goods ON goods.id=item.goods_id;
+----+-------------+------------+--------+----------+----------+----------+
| id | goods_name  | unit_price | amount | order_id | goods_id | quantity |
+----+-------------+------------+--------+----------+----------+----------+
|  1 | 普通酱油    |      12.30 |    100 |        1 |        1 |       10 |
|  2 | 顶级酱油    |      22.30 |    100 |        1 |        2 |        5 |
|  1 | 普通酱油    |      12.30 |    100 |        2 |        1 |        5 |
|  3 | 顶级生抽    |      21.00 |    100 |        2 |        3 |       10 |
|  2 | 顶级酱油    |      22.30 |    100 |        3 |        2 |        5 |
|  1 | 普通酱油    |      12.30 |    100 |        4 |        1 |        5 |
|  4 | 精品老抽    |      12.10 |    100 |     NULL |     NULL |     NULL |
|  5 | 100mL矿泉水 |       2.30 |    100 |     NULL |     NULL |     NULL |
|  6 | 100ml纯真水 |       1.50 |    100 |     NULL |     NULL |     NULL |
|  7 | 动力水      |       6.50 |    100 |     NULL |     NULL |     NULL |
+----+-------------+------------+--------+----------+----------+----------+
10 rows in set (0.01 sec)

mysql>
```

图 5-50　右连接显示各商品的订单情况

说明：右连接时，右表显示全部记录，左表只显示满足条件的记录信息，显示字段按需要顺序排放，效果与左连接一样。

六、任务实施

按下列操作完成 db_shopping 数据库表记录的跨表连接查询。

(1) 选择 db_shopping 数据库，执行语句如下：

```
mysql>USE db_shopping;
```

(2) 显示各部门的员工，包括部门名称、员工姓名、性别和电话，执行语句如下：

```
mysql>SELECT dept_name,staff_name,sex,phone
      FROM staffer
      INNER JOIN department    ON department.id=staffer.dept_id;
```

(3) 显示各部门的女员工，包括部门名称、员工姓名、性别和电话，执行语句如下：

```
mysql>SELECT dept_name,staff_name,sex,phone
      FROM staffer
      INNER JOIN department    ON department.id=staffer.dept_id
      WHERE sex ='F';
```

(4) 显示所有部门的员工信息，包括部门名称、员工姓名、性别、电话，无职员的部门也显示出来，执行语句如下：

```
mysql>SELECT dept_name,staff_name,sex,phone
      FROM department
      LEFT JOIN staffer ON department.id=staffer.dept_id
```

或

```
mysql>SELECT dept_name,staff_name,sex,phone
      FROM staffer
      RIGHT JOIN department    ON department.id=staffer.dept_id
```

任务 4　子 查 询

有时在数据检索时，需要将另一个检索的结果作为条件或数据源，这种场景可

以通过子查询方法实现。本任务以电商购物管理系统为案例，学习商品订单相关子查询应用，掌握比较、IN 列表、EXISTS 等条件子查询技术的应用方法。

一、子查询简介

子查询又称为嵌套查询。如果一个 SELECT 语句能够返回一个单值或一列值并嵌套在另一个 SELECT、INSERT、UPDATE 或 DELETE 语句中，则称之为子查询或内层查询。包含一个或多个子查询的语句称为主查询或外层查询。

子查询总是写在括号中，任何使用表达式的地方都可以使用子查询。子查询主要用于比较测试、集合成员测试和存在性测试等。通过 HELP SELECT 可以查看子查询用法和获得官网说明文档地址。

认识子查询

语法：

```
SELECT
    [ALL | DISTINCT  ]
    select_expr [, select_expr ...]
    FROM table_references
     WHERE { operand comparison_operator ANY (subquery)
| operand IN (subquery)
| operand comparison_operator SOME (subquery)}
```

说明：

- operand 表示操作数，可以是字段或字段表达式。
- comparison_operator 表示操作符，包括 =、>、<、>=、<=、<>、!=。
- subquery 表示子查询。
- ANY 和 SOME 表示任一个，两者等效。

二、用于比较运算符的子查询

当子查询返回一个或多个一列同类型值进行条件比较时，可以使用比较子查询。

语法：

```
SELECT <字段列表>
   FROM <表名>
    WHERE 测试表达式 比较运算符 [ANY|ALL](子查询)
```

比较运算符与返回单一值的子查询应用

说明：使用比较测试子查询时，先进行子查询的搜索，再将测试表达式与子查询结果进行比较，若条件为真，则显示该记录信息。

1. 使用子查询进行单一值比较测试

单一值比较子查询是指外层查询与子查询之间用比较运算符进行连接，子查询返回的是一个单值的情况。

【实例 5-51】 从职员表中查询“市场部”的职员信息。

分析：本例可以使用前面学过的连接实现或子查询实现。子查询实现是以查询“市场部”编号作为子查询，将该子查询检索出的部门编号作为职员信息查询的条件比较值使用。执行语句如下：

```
mysql>USE db_shop;
mysql>SELECT * FROM staffer
WHERE dept_id = (SELECT id FROM department    WHERE dept_name='市场部' );
/*因为采购部在部门表中是唯一的(唯一性约束字段)，所以子查询返回的部门编号是单一数据，可以直接使用比较运算符*/
```

运行结果如图 5-51 所示。

```
mysql> USE db_shop;
Database changed
mysql> SELECT * FROM staffer
    -> WHERE dept_id = (SELECT id FROM department  WHERE dept_name='市场部' );
```

id	username	password	dept_id	staff_name	sex	birthday	phone	salary	staff_memo
6	zhang	123456	3	张飞连	M	1989-07-13	13761235185	11000.00	NULL
9	ZQ	123456	3	周强	M	NULL	NULL	0.00	NULL

```
2 rows in set (0.00 sec)

mysql>
```

图 5-51 比较子查询实现“市场部”的职员信息查询

【实例 5-52】 从订单表中查询商品编号为 2 的商品，显示其订单数量高于其平均订单数量的记录信息。

分析：首先查询统计 2 号商品的平均销售单价，然后从销售表中查询该商品销售单价不低于其平均单价的销售记录。因为平均值是一个返回值，所以可使用比较子查询。执行语句如下：

```
mysql>USE db_shop;
mysql>SELECT * FROM item
        WHERE good_id = 2 AND quantity >=(SELECT AVG(quantity) FROM item
        WHERE    good_id = 2    );
/*子查询返回单一数据*/
```

运行结果如图 5-52 所示。

```
mysql> USE db_shop;
Database changed
mysql> SELECT * FROM item
    -> WHERE goods_id = 2 AND quantity >=(SELECT AVG(quantity) FROM item  WHERE goods_id = 2 );
```

id	order_id	goods_id	supplier_id	quantity	total_price
5	1	2	1	5	111.50
8	3	2	2	5	111.50

```
2 rows in set (0.00 sec)

mysql>
```

图 5-52 比较子查询查找销售单价不低于其平均单价的商品

【实例 5-53】 从商品表中获取所有非最便宜商品的商品信息。

分析：本例先使用聚合函数 MIN(价格)求出最便宜商品的价格，再查询价格高于这个最小值的其他所有商品信息。因为最小值是一个返回值，所以可以使用比较子查询。执行语句如下：

```
mysql>USE db_shop;
mysql>SELECT * FROM goods
```

```
WHERE unit_price >(SELECT MIN(DISTINCT unit_price)FROM goods);
```

运行结果如图 5-53 所示。

```
mysql> USE db_shop;
Database changed
mysql> SELECT * FROM goods
    -> WHERE unit_price >(SELECT MIN(DISTINCT unit_price)FROM goods);
```

id	goods_name	supplier_id	goods_type	banner	introduce	unit_price	amount	goods_memo
1	普通酱油	1	酱油	NULL	NULL	12.30	100	NULL
2	顶级酱油	1	酱油	NULL	NULL	22.30	100	NULL
3	顶级生抽	4	酱油	NULL	NULL	21.00	100	NULL
4	精品老抽	4	酱油	NULL	NULL	12.10	100	NULL
5	100mL矿泉水	2	饮用水	NULL	NULL	2.30	100	NULL
7	动力水	2	饮用水	NULL	NULL	6.50	100	NULL

```
6 rows in set (0.00 sec)

mysql> _
```

图 5-53　使用比较子查询查看高于最便宜价格的商品

2. 使用子查询进行批量比较测试

当子查询返回多个值时，可使用比较运算符和 ANY(或 SOME)、ALL 关键字实现批量比较测试子查询。

(1) 使用 ANY 或者 SOME 运算符。

语法：

```
SELECT {*|col_list} FROM tb_name
        WHERE    col_name  比较运算符   ANY(子查询)
```

说明：使用 ANY(或 SOME)关键字子查询时，比较运算符将一个表达式的值与子查询返回的一列值中的每一个进行比较，如果在某一次比较中运算结果为 TRUE，则比较返回值为 TRUE。

ANY 与返回批量值的子查询应用

【实例 5-54】 从商品表中获取非最贵商品的信息。

分析：只要低于最高价的商品都是满足条件，可以使用 ANY 运算符比较查询。执行语句如下：

```
mysql>USE db_shop;
mysql>SELECT * FROM goods
    WHERE unit_pricc <ANY(SELECT DISTINCT unit_price FROM goods);
```

运行结果如图 5-54 所示。

```
mysql> USE db_shop;
Database changed
mysql> SELECT * FROM goods
    -> WHERE unit_price <ANY(SELECT DISTINCT unit_price FROM goods);
```

id	goods_name	supplier_id	goods_type	banner	introduce	unit_price	amount	goods_memo
1	普通酱油	1	酱油	NULL	NULL	12.30	100	NULL
3	顶级生抽	4	酱油	NULL	NULL	21.00	100	NULL
4	精品老抽	4	酱油	NULL	NULL	12.10	100	NULL
5	100mL矿泉水	2	饮用水	NULL	NULL	2.30	100	NULL
6	100ml纯真水	3	饮用水	NULL	NULL	1.50	100	NULL
7	动力水	2	饮用水	NULL	NULL	6.50	100	NULL

```
6 rows in set (0.00 sec)

mysql> _
```

图 5-54　用 ANY 比较子查询

(2) 使用 ALL 运算符。

语法：

```
SELECT {*|col_list} FROM tb_name
        WHERE   col_name   比较运算符   ALL(子查询)
```

说明：使用 ALL 关键字子查询时，使用比较运算符将一个表达式的值与子查询返回的一列值逐个进行比较运算。如果在每次比较中运算结果都为 TRUE，则 ALL 测试返回 TRUE；若有一次返回 FALSE，则 ALL 测试返回 FALSE。

ALL 与返回批量值的子查询应用

【实例 5-55】 从商品表中获取最贵商品的信息。

分析：价格大于等于所有商品价格的就是最贵商品，可以使用 ALL 运算符比较子查询。执行语句如下：

```
mysql>USE db_shop;
mysql>SELECT * FROM goods
        WHERE unit_price >= ALL(SELECT DISTINCT unit_price FROM goods);
```

运行结果如图 5-55 所示。

```
mysql> USE db_shop;
Database changed
mysql> SELECT * FROM goods
    -> WHERE unit_price >=ALL(SELECT DISTINCT unit_price FROM goods);
+----+-----------+-------------+------------+--------+-----------+------------+--------+------------+
| id | goods_name | supplier_id | goods_type | banner | introduce | unit_price | amount | goods_memo |
+----+-----------+-------------+------------+--------+-----------+------------+--------+------------+
|  2 | 顶级酱油   |           1 | 酱油        | NULL   | NULL      |      22.30 |    100 | NULL       |
+----+-----------+-------------+------------+--------+-----------+------------+--------+------------+
1 row in set (0.01 sec)

mysql>
```

图 5-55　使用 ALL 子查询查找最贵商品

【实例 5-56】 从商品表中获取最便宜商品的信息。

分析：价格小于等于所有商品价格的就是最便宜的，可以使用 ALL 运算符比较子查询。执行语句如下：

```
mysql>USE db_shop;
mysql>SELECT * FROM goods
        WHERE unit_price <= ALL (SELECT DISTINCT unit_price FROM goods);
```

运行结果如图 5-56 所示。

```
mysql> USE db_shop;
Database changed
mysql> SELECT * FROM goods
    -> WHERE unit_price <=ALL(SELECT DISTINCT unit_price FROM goods);
+----+------------+-------------+------------+--------+-----------+------------+--------+------------+
| id | goods_name | supplier_id | goods_type | banner | introduce | unit_price | amount | goods_memo |
+----+------------+-------------+------------+--------+-----------+------------+--------+------------+
|  6 | 100ml纯真水 |           3 | 饮用水      | NULL   | NULL      |       1.50 |    100 | NULL       |
+----+------------+-------------+------------+--------+-----------+------------+--------+------------+
1 row in set (0.00 sec)

mysql>
```

图 5-56　使用 ALL 子查询查找最便宜商品

三、用于 IN(NOT IN)列表的子查询

当子查询返回的是一列多个同类型值用于等值比较(即=ANY)时，可以使用 IN

运算符实现。

语法：

```
SELECT <字段列表>
   FROM <表名>
WHERE  测试表达式  [NOT] IN(子查询)
```

说明：使用 IN 列表比较测试的子查询时，先执行子查询，再执行外层查询并与子查询结果进行比较。子查询返回的结果集是单个字段值的一个列表，该字段必须与测试表达式的数据类型相同。若测试表达式的值与该列表中任一个值相等，则条件返回值为 TRUE。

IN 列表运算符的子查询

【实例 5-57】 查询“销售部”的全部职员信息。

分析：本例可以使用前面讲解的连接实现，这里使用子查询实现。执行语句如下：

```
mysql>USE db_shop;
mysql>SELECT * FROM staffer
      WHERE dept_id IN (SELECT DISTINCT   dept_id   FROM department
      WHERE dept_name='销售部');
```

运行结果如图 5-57 所示。

```
mysql> USE db_shop;
Database changed
mysql> SELECT * FROM staffer
    -> WHERE dept_id IN (SELECT DISTINCT  dept_id  FROM department WHERE dept_name='销售部' );
+----+----------+----------+---------+------------+-----+------------+-------------+----------+------------+
| id | username | password | dept_id | staff_name | sex | birthday   | phone       | salary   | staff_memo |
+----+----------+----------+---------+------------+-----+------------+-------------+----------+------------+
|  4 | admin    | admin    |       1 | 李斌       | F   | 2009-09-10 | 13561231568 | 12000.00 | 经理       |
|  5 | he       | 123456   |       2 | 何林       | M   | 2010-06-20 | 13571231859 |  8000.00 | 销售主管   |
|  6 | zhang    | 123456   |       3 | 张飞连     | M   | 1989-07-13 | 13761235185 | 11000.00 | NULL       |
|  8 | CCN2     | 123456   |       1 | 陈冲南     | M   | NULL       | NULL        |     0.00 | NULL       |
|  9 | ZQ       | 123456   |       3 | 周强       | M   | NULL       | NULL        |     0.00 | NULL       |
| 10 | ZLN      | 123456   |       2 | 张连强     | M   | 2000-09-02 | 13223212456 |  9000.00 | NULL       |
+----+----------+----------+---------+------------+-----+------------+-------------+----------+------------+
6 rows in set (0.00 sec)

mysql>
```

图 5-57　使用 IN 子查询查找销售部员工信息

【实例 5-58】 查询与“陈冲南”同一部门的员工，执行语句如下：

```
mysql>USE db_shop;
mysql>SELECT * FROM staffer
      WHERE dept_id   IN (SELECT DISTINCT   dept_id   FROM staffer
      WHERE staff_name='陈冲南');
```

运行结果如图 5-58 所示。

```
mysql> USE db_shop;
Database changed
mysql> SELECT * FROM staffer
    -> WHERE dept_id IN (SELECT DISTINCT  dept_id  FROM department WHERE staff_name='陈冲南' );
+----+----------+----------+---------+------------+-----+----------+-------+--------+------------+
| id | username | password | dept_id | staff_name | sex | birthday | phone | salary | staff_memo |
+----+----------+----------+---------+------------+-----+----------+-------+--------+------------+
|  8 | CCN2     | 123456   |       1 | 陈冲南     | M   | NULL     | NULL  |   0.00 | NULL       |
+----+----------+----------+---------+------------+-----+----------+-------+--------+------------+
1 row in set (0.00 sec)

mysql>
```

图 5-58　使用子查询查找与“陈冲南”同部门的员工

四、用于 EXISTS 测试存在性的子查询

EXISTS 是用于存在性检查判断的关键词，在建立数据库和数据表时用过。这里应用 EXISTS 是对子查询是否有返回值进行存在性判断。

语法：

```
SELECT <字段列表>
  FROM <表名>
WHERE <测试表达式> [NOT] <EXISTS(子查询)>
```

说明：

• EXISTS 用于检查子查询所返回的结果集是否包含有记录，若子查询的结果集中包含有一行或多行记录，则子查询返回 TRUE；若不包含任何记录，则返回 FALSE。NOT EXISTS 则恰好相反。

• EXISTS 子查询在处理内外表连接查询时，与前面比较子查询的先执行内查询再执行外查询不同。EXISTS 外查询表每扫描读一条记录，就执行一次子查询，外查询有多少条记录就执行多少次子查询。

EXISTS 测试存在性的子查询

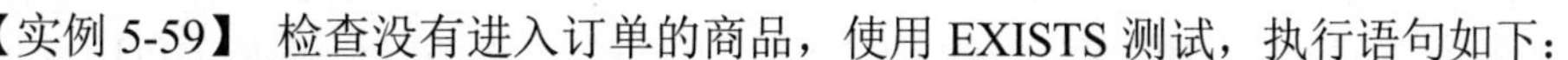

【实例 5-59】 检查没有进入订单的商品，使用 EXISTS 测试，执行语句如下：

```
mysql>USE db_shop;
mysql>SELECT * FROM goods
    WHERE NOT EXISTS (SELECT * FROM item   WHERE goods.goods_id=item.
    goods_id );
```

运行结果如图 5-59 所示。

```
mysql> USE db_shop;
Database changed
mysql> SELECT * FROM goods
    -> WHERE NOT EXISTS (SELECT * FROM item  WHERE goods.id=item.goods_id );
+----+-------------+-------------+------------+--------+-----------+------------+--------+------------+
| id | goods_name  | supplier_id | goods_type | banner | introduce | unit_price | amount | goods_memo |
+----+-------------+-------------+------------+--------+-----------+------------+--------+------------+
|  4 | 精品老抽    |           4 | 酱油       | NULL   | NULL      |      12.10 |    100 | NULL       |
|  5 | 100mL矿泉水 |           2 | 饮用水     | NULL   | NULL      |       2.30 |    100 | NULL       |
|  6 | 100ml纯真水 |           3 | 饮用水     | NULL   | NULL      |       1.50 |    100 | NULL       |
|  7 | 动力水      |           2 | 饮用水     | NULL   | NULL      |       6.50 |    100 | NULL       |
+----+-------------+-------------+------------+--------+-----------+------------+--------+------------+
4 rows in set (0.01 sec)

mysql>
```

图 5-59　EXISTS 存在性子查询

五、子查询的其他应用

子查询除了用于 SELECT 语句的 WHERE 条件比较外，还可以用于 INSERT、UPDATE、DELETE 操作语句和 SELECT 的其他位置。

1. 子查询用于 FROM 子句

语法：

```
SELECT *   FROM (SELECT * FROM tb_name) [AS] tb_alias;
```

说明：子查询用在外查询的 FROM 子句中时，返回值作为外查询的数据来源，需用别名标识。

【实例 5-60】 从男员工中找出 2 号部门的人。执行语句如下：

```
mysql>USE db_shop;
mysql>SELECT *
    FROM (SELECT * FROM staffer WHERE sex='M') AS A
    WHERE dept_id='2';
```

运行结果如图 5-60 所示。

```
mysql> USE db_shop;
Database changed
mysql> SELECT *
    -> FROM (SELECT * FROM staffer WHERE sex='M') AS A
    -> WHERE dept_id=2;
+----+----------+----------+---------+------------+-----+------------+-------------+---------+------------+
| id | username | password | dept_id | staff_name | sex | birthday   | phone       | salary  | staff_memo |
+----+----------+----------+---------+------------+-----+------------+-------------+---------+------------+
|  5 | he       | 123456   |       2 | 何林       | M   | 2010-06-20 | 13571231859 | 8000.00 | 销售主管   |
| 10 | ZLN      | 123456   |       2 | 张连强     | M   | 2000-09-02 | 13223212456 | 9000.00 | NULL       |
+----+----------+----------+---------+------------+-----+------------+-------------+---------+------------+
2 rows in set (0.00 sec)

mysql>
```

图 5-60　FROM 子句中的子查询

2. 子查询用于 JOIN 子句

子查询可以作为一个表的方式，用在 JOIN 子句中作为连接表，这个连接表可以出现在 INSERT、UPDATE、DELETE 和 SELECT 语句中，下面以 UPDATE 的跨表连接语句为应用示例。

语法：

```
UPDATE   tb_name   A
INNER JOIN (SELECT *|select_expr FROM tb_name ) B
        ON A.col_name=B.col_name
SET A.col_name=select_expr;
[WHERE   条件表达式]
```

说明：子查询用在 JOIN 子句中时，返回值作为连接数据表来源，也需要定义别名。

【实例 5-61】 从详细订单表统计各订单的销售总额，用来更新修改订购表中相对应的订购额。执行语句如下：

```
mysql>USE db_shop;
mysql>UPDATE orders A
    inner join (SELECT order_id, SUM(total_price) AS sum_total_price FROM item
    GROUP BY order_id) B ON A.order_id=B.order_id
    SET amount =sum_total_price;
```

运行结果如图 5-61 所示。

```
mysql> USE db_shop;
Database changed
mysql> UPDATE orders A
    -> inner join (SELECT order_id, SUM(total_price) AS sum_total_price FROM item GROUP BY order_id) B ON A.id=B.order_id
    -> SET amount=sum_total_price;
Query OK, 4 rows affected (0.04 sec)
Rows matched: 4  Changed: 4  Warnings: 0

mysql>
```

图 5-61　JOIN 子句中的子查询

3. 子查询用于赋值语句

子查询还可以作为表达式放在赋值语句中进行赋值使用，这时子查询的返回值必须是单一值。

语法：

```
UPDATE tb_name1
SET col_name=(SELECT col_name FROM tb_name2)
WHERE where_condition
```

说明：子查询用于修改语句赋值时，子查询用到的表与修改表不能是同一个表，并且返回值必须是单一值。

【实例 5-62】 将 department_bak 表销售部电话修改为部门表 department 的市场部电话。执行语句如下：

```
mysql>USE db_shop;
mysql>UPDATE department_bak
        SET dept_phone= (SELECT dept_phone FROM department WHERE dept_name =
        '市场部')
        WHERE dept_name =' 销售部' ;
```

运行结果如图 5-62 所示。

```
mysql> USE db_shop;
Database changed
mysql> UPDATE department_bak
    -> SET dept_phone= (SELECT dept_phone FROM department WHERE dept_name ='市场部' )
    -> WHERE dept_name ='销售部';
Query OK, 1 row affected (0.01 sec)
Rows matched: 1  Changed: 1  Warnings: 0

mysql> _
```

图 5-62　赋值语句中的子查询

六、UNION 合并查询

合并查询是将多个 SELECT 查询语句通过 UNION 关键字连接成一个语句，将所有 SELECT 的查询返回值合并在一起显示。

在“mysql>”提示符下执行 HELP UNION，可以获得应用说明文档和官网文档的访问地址。

语法：

```
SELECT…
UNION [ALL | DISTINCT] SELECT…
[UNION [ALL | DISTINCT] SELECT…]
```

说明：

ALL 表示将两个子查询的所有结果合并成一个集合，重复记录照样保留；DISTINCT 表示对两个子查询的重复记录只保留一个，不写 ALL 则默认为 DISTINCT。

UNION 合并查询

【实例 5-63】 将 staffer 表的员工和 staffer_bak 表的员工信息合并一起显示，不显示重复记录。执行语句如下：

```
mysql>USE db_shop;
mysql>SELECT dept_id,staff_name FROM staffer
    UNION
    SELECT dept_id,staff_name FROM staffer_bak;
```

运行结果如图 5-63 所示。

```
mysql> USE db_shop;
Database changed
mysql> SELECT dept_id, staff_name FROM staffer
    -> UNION
    -> SELECT dept_id, staff_name FROM staffer_bak;
+---------+------------+
| dept_id | staff_name |
+---------+------------+
|       1 | 李斌       |
|       2 | 何林       |
|       3 | 张飞连     |
|       1 | 陈冲南     |
|       3 | 周强       |
|       2 | 张连强     |
|       1 | 陈红       |
|       2 | 张楠       |
+---------+------------+
8 rows in set (0.00 sec)

mysql>
```

图 5-63　不重复合并查询

【实例 5-64】 将 staffer 表的员工和 staffer_bak 表的员工信息全部合并一起显示，两表重复记录照样显示。

分析：UNION ALL 将两个子查询的重复记录也照样合并到结果集，显示结果可能会出现重复记录。执行语句如下：

```
mysql>USE db_shop;
mysql>SELECT dept_id,staff_name FROM staffer
      UNION ALL
      SELECT dept_id,staff_name FROM staffer_bak;
```

运行结果如图 5-64 所示。

```
mysql> USE db_shop;
Database changed
mysql> SELECT dept_id, staff_name FROM staffer
    -> UNION ALL
    -> SELECT dept_id, staff_name FROM staffer_bak;
+---------+------------+
| dept_id | staff_name |
+---------+------------+
|       1 | 李斌       |
|       2 | 何林       |
|       3 | 张飞连     |
|       1 | 陈冲南     |
|       3 | 周强       |
|       2 | 张连强     |
|       1 | 陈红       |
|       2 | 张楠       |
|       3 | 张飞连     |
+---------+------------+
9 rows in set (0.01 sec)

mysql>
```

图 5-64　所有记录合并查询

七、任务实施

按下列操作完成 db_shopping 数据库表记录的查询。

(1) 选择 db_shopping 数据库，执行语句如下：

```
mysql>USE db_shopping;
```

(2) 查询与“张一楠”同一部门的员工基本资料(包括张一楠)，执行语句如下：

```
mysql>SELECT * FROM staffer WHERE dept_id IN(SELECT DISTINCT dept_id FROM
        staffer    WHERE staff_name ='张一楠');
```

(3) 查询所有还未有订单的商品，显示商品编号及其基本信息，执行语句如下：

```
mysql>SELECT * FROM goods WHERE id NOT IN(SELECT DISTINCT goods_id FROM
        item);
```

(4) 查询最便宜商品的商品信息，执行语句如下：

```
mysql>SELECT * FROM goods WHERE unit_price <=ALL(SELECT DISTINCT unit_price
        FROM goods );
```

或使用聚合函数统计最低价格，执行语句如下：

```
mysql>SELECT * FROM goods WHERE unit_price =(SELECT MIN(unit_price) FROM
        goods );
```

(5) 将经理李斌的电话改成销售部门的电话(不含区号)，执行语句如下：

```
mysql>UPDATE staffer
SET phone=(SELECT phone FROM department WHERE id =销售部
WHERE staff_name ='李斌' AND staff_memo ='经理';
```

(6) 查询商品一笔订单数量低于该商品平均订单数量的订单信息，执行语句如下：

```
mysql>SELECT * FROM item A
        INNER JOIN (SELECT goods_id,AVG(quantity) AS avgq FROM item
                GROUP BY goods_id) B ON A.goods_id =B.goods_id
        WHERE quantity<avgq;
```

小　结

本项目主要以电商购物管理系统为引导案例，介绍了 SELECT 语句基本语法和条件查询、聚合函数、统计查询、排序、连接查询和子查询等基本知识和应用技术；演示了比较、范围、列表、模式匹配等条件查询，以及排序、聚合函数应用、分类统计查询、跨表连接查询和子查询等操作方法和实施过程。学习完本项目，读者应能够根据实际业务需求，熟练操作单表和多表的数据检索和分类统计筛选查询，灵活使用 SELECT 语句实现各类简单和复杂的数据检索。

课后习题

1. 检索 staffer 表中所有员工的全部信息。
2. 检索 staffer 表中所有员工的姓名、工资信息。
3. 按检索顺序显示顾客表前 5 条记录的顾客信息。
4. 检索订单项目表中出现的所有供应商编号。
5. 从 goods 表查询各种商品购买 10 件的费用额。
6. 检索所有购买过商品的顾客编号，要求显示信息不重复。
7. 查询商品类型为“食品”的商品信息。
8. 查询顾客表中所有姓“黄”的顾客信息。
9. 查询职员表中姓名中有“峰”字的员工信息。
10. 检索找出单价为 3～10 元的商品信息。
11. 检索找出工资是 6000、8000、10 000 元的员工信息。
12. 检索找出工资为 6000～10000 元的员工信息。
13. 检索找出所有未登记电话的员工信息。

项目六　视　　图

项目介绍

在日常事务处理中，不同角色的用户关心的数据信息有所区别，如销售部门关心的是商品销售量方面的信息，而仓管部门则关心的是商品的库存信息，视图就是为不同需求和权限的用户，组织相应的数据结构信息供用户查看使用，而不改变数据表内部的存储。本项目以电商购物管理系统为案例，通过实现商品订单销售情况的查询功能，学习视图的创建、应用、修改和删除等视图管理技术和应用方法，以达成本项目教学目标。本项目主要内容包括认识和查看视图、创建视图、应用视图、修改和删除视图四个任务。

教学目标

素质目标

◎ 具有面向用户的数据应用提供个性化精准服务的能力；

◎ 具有对数据应用权限和商业规则的安全保护意识。

知识目标

◎ 熟悉视图作用，掌握视图查看、建立、修改和删除的语法；

◎ 掌握视图的查询和数据处理的应用。

能力目标

◎ 能熟练按需求查看、建立和修改视图；

◎ 能熟练应用视图进行数据查询和数据处理。

学习重点

◎ 熟练视图的建立和应用。

学习难点

◎ 建立视图和约束检查的级联。

任务 1　认识和查看视图

视图在信息管理系统中的应用非常广泛，可以作为一种保障机制，为合适的人授予查阅数据的权限，也可以提供一种便捷业务，以隐藏来源表的复杂性。本任务通过对电商购物管理系统案例的视图介绍，学习视图的作用、应用和定义信息，熟悉视图的作用和应用场景。

一、数据库的三级模式

为了有效地组织和管理数据，提高数据库的逻辑独立性和物理独立性，人们为数据库设计了一个严谨的体系结构，这就是数据库领域公认的三级模式标准结构，如图 6-1 所示，它包括外模式、模式和内模式。这三级模式分别是面向用户或应用程序员的用户级、面向建立和维护数据库人员的概念级、面向系统管理员的物理级三个级别的用户对象。

认识视图

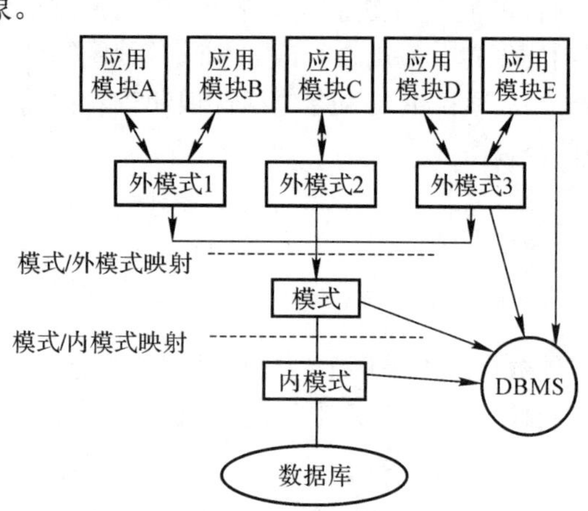

图 6-1　数据库标准结构的三级模式

用户级对应外模式，概念级对应模式，物理级对应内模式。三级模式使不同级别的用户对数据库形成不同的视图。所谓视图，就是指观察、认识和理解数据的范围、角度和方法，是数据库在用户“眼中”的反映。很显然，不同层次(级别)的用户所“看到”的数据库是不相同的。

1. 模式

模式又称概念模式或逻辑模式，对应于概念级别模式，是面向数据库维护人员的管理应用。它是由数据库设计者综合所有用户的数据，按照统一的观点构造的全局逻辑结构，是对数据库中全部数据的逻辑结构和特征的总体描述，是所有用户的公共数据视图(全局视图)。它是由数据库管理系统提供的数据模式描述语言(Data Description Language，DDL)来描述定义的，反映了数据库系统的整体观。

2. 外模式

外模式又称子模式，对应于用户级，是面向系统用户和程序员的应用。它是某

个或某几个用户所看到的数据库的数据视图，是与某一应用有关的数据的逻辑表示。外模式是从模式导出的一个子集，只包含模式中允许特定用户使用的那部分数据。用户可以通过外模式描述语言来描述定义对应于用户的数据记录(外模式)，也可以利用数据操纵语言(Data Manipulation Language，DML)对这些数据记录进行操作。外模式反映了数据库的用户观。

3. 内模式

内模式又称存储模式，对应于物理级，面向系统管理员。它是数据库中全体数据的内部表示或底层描述，是数据库最低一级的逻辑描述，描述了数据在存储介质上的存储方式与物理结构，对应于实际存储在外存储介质上的数据库。内模式由内模式描述语言来描述、定义，它是数据库的存储观。

4. 三级模式间的映射

数据库的三级模式是数据库在三个级别(层次)上的抽象，使用户能够按逻辑处理数据，而不必关心数据在计算机中的物理表示和存储。实际上，对于一个数据库系统而言，物理级数据库是客观存在的，它是进行数据库操作的基础；概念级数据库不过是物理数据库的一种逻辑、抽象描述(即模式)；用户级数据库则是用户与数据库的接口，它是概念级数据库的一个子集(外模式)。

用户应用程序根据外模式来访问数据，对数据进行操作，数据库管理系统通过“外模式—模式”和“模式—内模式”两个映射来实现对物理数据的读取更新。通过“外模式—模式”映射，建立某个外模式与模式间的对应关系，将外模式与模式联系起来，当模式发生改变时，只要改变其映射，就可以使外模式保持不变，对应的应用程序也可保持不变，保证了数据的逻辑独立性；另一方面，通过“模式—内模式”映射，建立数据的逻辑结构(模式)与存储结构(内模式)间的对应关系，当数据的存储结构发生变化时，只需改变“模式—内模式”映射，就能保持模式不变，因此应用程序也可以保持不变，保证了数据的物理独立性。这两个映射使得数据库的三级模式保持相对独立。

二、视图简介

对于用户的查询信息，可能涉及的数据来自数据库的多个数据表，查询较复杂。通常，在设计时把这些复杂的数据查询编写成视图，既隐藏了数据库的复杂性，简化了业务查询处理，又隐藏了访问的基表，提高了数据表的安全性；还使得用户程序与数据库保持相对独立，不会因为数据表的修改而造成应用程序的修改，同时还可方便控制用户访问数据的权限，保护商业秘密。

1. 基本概念

视图是一个虚拟表，是从数据库的一个或多个实际数据表中导出用户查询结果的数据库对象。视图本身不存储数据，其定义的字段和显示记录都来自数据库表。这些用于产生视图的表叫作该视图的基表。视图中的数据是在引用视图中动态生成的，可以来自基表原始数据，也可以来自基表的统计数据。

从查看视图的实现可以看出，视图是由检索语句构成的，视图的检索结果格式与数据表的检索结果没什么区别。但视图只是一个虚拟表，显示的数据全部来源于基表，基表有什么数据变动，视图也实时变动。可以将一个连接多表的复杂 SELECT 查询建立成视图，操作更简单方便。

2. 视图的作用

在数据库三级模式中，视图处于外模式，主要提供给用户查询功能。视图除了操作简单方便外，还具有保证数据安全性、控制用户权限等作用。

- 操作简单性。视图不仅可以简化用户对数据的理解，也可以简化操作。使用视图，可以将数据表间的复杂逻辑关系隐藏起来，以符合用户实际应用的直观数据方式呈现。
- 保证访问安全性。通过视图用户只能查询和修改他们所能见到的数据，用户既看不见也取不到视图外的其他数据。数据库授权命令不能授权用户在数据库特定行和特定列的权限，但可以将特定的行或列以视图方式建立，将此视图授权给用户，可以达到限制用户对特定行和列访问权限的作用。
- 保证逻辑对象的独立性。视图可屏蔽真实表结构和库文件变化带来的影响，内模式和模式的变化不会引起用户检索视图的变化，保证数据表的逻辑独立性和应用程序的独立性。

三、查看数据库所有视图名

语法：

```
SHOW FULL TABLES   IN   数据库名
                [WHERE TABLE_TYPE LIKE   'VIEW' ]
```

说明：这是查看数据库下所有表和视图的指令， 'VIEW'表示类型是视图。不带 WHERE 子句时显示指定数据库的所有表和视图名列表。

【实例 6-1】 查看 db_shop 数据库的表和视图名。执行语句如下：

```
mysql> SHOW FULL TABLES   IN   db_shop;
```

运行结果如图 6-2 所示。

```
mysql> SHOW FULL TABLES   IN   db_shop;
+------------------+------------+
| Tables_in_db_shop | Table_type |
+------------------+------------+
| customer          | BASE TABLE |
| department        | BASE TABLE |
| department_bak    | BASE TABLE |
| goods             | BASE TABLE |
| goods_type        | BASE TABLE |
| item              | BASE TABLE |
| orders            | BASE TABLE |
| staffer           | BASE TABLE |
| staffer_bak       | BASE TABLE |
| staffer_rec_bak   | BASE TABLE |
| supplier          | BASE TABLE |
| v_dp_staffer      | VIEW       |
+------------------+------------+
12 rows in set (0.00 sec)
```

图 6-2　查看 db_shop 数据库的表和视图名

【实例 6-2】查看 db_shop 数据库的所有视图名。执行语句如下：

```
mysql> SHOW FULL TABLES   IN   db_shop
       WHERE   Table_type = 'VIEW';
```

运行结果如图 6-3 所示。

```
mysql> SHOW FULL TABLES  IN  db_shop
    -> WHERE  Table_type = 'VIEW';
+-------------------+------------+
| Tables_in_db_shop | Table_type |
+-------------------+------------+
| v_dp_staffer      | VIEW       |
+-------------------+------------+
1 row in set (0.00 sec)

mysql> _
```

图 6-3　查看数据库视图名

四、查看视图结构信息

语法：

DESC[RIBE] 视图名

说明：DESCRIBE 关键字可用其缩写 DESC，用于显示视图中的字段名称、数据类型、是否为空等数据字段定义信息。

【实例 6-3】查看 db_shop 数据库下的 v_dp_staffer 视图信息。执行语句如下：

```
mysql>USE db_shop;
mysql> DESC   v_dp_staffer;
```

运行结果如图 6-4 所示。

```
mysql> USE db_shop;
Database changed
mysql> DESC  v_dp_staffer;
+------------+----------------------+------+-----+---------+-------+
| Field      | Type                 | Null | Key | Default | Extra |
+------------+----------------------+------+-----+---------+-------+
| dept_name  | varchar(20)          | NO   |     | NULL    |       |
| staff_name | varchar(10)          | NO   |     | NULL    |       |
| sex        | enum('F','M')        | YES  |     | F       |       |
| birthday   | date                 | YES  |     | NULL    |       |
| phone      | char(11)             | YES  |     | NULL    |       |
| salary     | decimal(8,2) unsigned| YES  |     | 0.00    |       |
+------------+----------------------+------+-----+---------+-------+
6 rows in set (0.00 sec)

mysql>
```

图 6-4　查看视图结构信息

五、查看视图状态信息

语法：

SHOW TABLE STATUS [LIKE '视图名']

说明：不带[LIKE'视图名']时，显示的是当前数据库的表和视图的状态信息。

【实例 6-4】查看 db_shop 数据库的视图状态。执行语句如下:

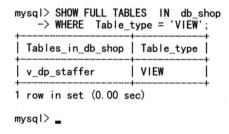

```
mysql> USE db_shop;
mysql> SHOW TABLE STATUS LIKE 'v_dp_staffer' \G
```

运行结果如图 6-5 所示。

```
mysql> USE db_shop;
Database changed
mysql> SHOW TABLE STATUS LIKE 'v_dp_staffer'\G
*************************** 1. row ***************************
           Name: v_dp_staffer
         Engine: NULL
        Version: NULL
     Row_format: NULL
           Rows: 0
 Avg_row_length: 0
    Data_length: 0
Max_data_length: 0
   Index_length: 0
      Data_free: 0
 Auto_increment: NULL
    Create_time: 2020-03-20 15:36:34
    Update_time: NULL
     Check_time: NULL
      Collation: NULL
       Checksum: NULL
 Create_options: NULL
        Comment: VIEW
1 row in set (0.00 sec)

mysql>
```

图 6-5　查看视图状态信息

六、查看指定视图定义

语法：

SHOW CREATE VIEW 视图名

说明：查看视图的详细定义。

【实例 6-5】 查看 db_shop 数据库中 v_dp_staffer 视图的详细定义。执行语句如下：

```
mysql>USE db_shop;
mysql>SHOW CREATE VIEW    v_dp_staffer;
```

运行结果如图 6-6 所示。

```
mysql> USE db_shop;
Database changed
mysql> SHOW CREATE VIEW  v_dp_staffer \G
*************************** 1. row ***************************
                View: v_dp_staffer
         Create View: CREATE ALGORITHM=UNDEFINED DEFINER=`root`@`localhost` SQL SECURITY DEFINER VIEW `v_dp_sta
ffer` AS select `department`.`dept_name` AS `dept_name`,`staffer`.`staff_name` AS `staff_name`,`staffer`.`sex`
AS `sex`,`staffer`.`birthday` AS `birthday`,`staffer`.`phone` AS `phone`,`staffer`.`salary` AS `salary` from (`
staffer` join `department` on((`staffer`.`dept_id` = `department`.`id`)))
character_set_client: gbk
collation_connection: gbk_chinese_ci
1 row in set (0.00 sec)

mysql> _
```

图 6-6　查看 v_dp_staffer 视图定义

七、查看所有视图详细信息

语法：

SELECT * FROM information_schema. VIEWS

WHREE TABLE_SCHEMA =数据库名

说明：Information_schema 是 MySQL 数据库的元数据信息系统数据库，用于存储有关数据库、表、视图等数据库对象的定义信息。VIEWS 表存储了所有视图详细信息。

【实例 6-6】 查看 db_shop 数据库的所有视图详细信息。执行语句如下：

```
mysql> SELECT * FROM information_schema. VIEWS
        WHERE TABLE_SCHEMA ='db_shop'\G
```

运行结果如图 6-7 所示。

```
mysql>  SELECT * FROM information_schema. VIEWS
    ->  WHERE TABLE_SCHEMA ='db_shop'\G
*************************** 1. row ***************************
       TABLE_CATALOG: def
        TABLE_SCHEMA: db_shop
          TABLE_NAME: v_dp_staffer
     VIEW_DEFINITION: select `db_shop`.`department`.`dept_name` AS `dept_name`,`db_shop`.`staffer`.`staff_name`
 AS `staff_name`,`db_shop`.`staffer`.`sex` AS `sex`,`db_shop`.`staffer`.`birthday` AS `birthday`,`db_shop`.`sta
ffer`.`phone` AS `phone`,`db_shop`.`staffer`.`salary` AS `salary` from (`db_shop`.`staffer` join `db_shop`.`dep
artment` on((`db_shop`.`staffer`.`dept_id` = `db_shop`.`department`.`id`)))
        CHECK_OPTION: NONE
        IS_UPDATABLE: YES
             DEFINER: root@localhost
       SECURITY_TYPE: DEFINER
CHARACTER_SET_CLIENT: gbk
COLLATION_CONNECTION: gbk_chinese_ci
1 row in set (0.01 sec)

mysql>
```

图 6-7　查看 db_shop 数据库所有视图

八、查看用户创建视图的相关权限

语法：

SELECT *|field_list FROM mysql.user;

作用：查看各用户的各类权限。

【实例 6-7】查看各用户有关视图创建的相关权限。执行语句如下：

```
mysql> SELECT Host,User,Select_priv,Show_view_priv,Create_view_priv FROM mysql. user;
```

运行结果如图 6-8 所示。

```
mysql> SELECT   Host,User,Select_priv,Show_view_priv,Create_view_priv FROM mysql.user;
+-----------+------------------+-------------+----------------+------------------+
| Host      | User             | Select_priv | Show_view_priv | Create_view_priv |
+-----------+------------------+-------------+----------------+------------------+
| localhost | mysql.infoschema | Y           | N              | N                |
| localhost | mysql.session    | N           | N              | N                |
| localhost | mysql.sys        | N           | N              | N                |
| localhost | root             | Y           | Y              | Y                |
+-----------+------------------+-------------+----------------+------------------+
4 rows in set (0.01 sec)

mysql>
```

图 6-8　查看用户创建视图等相关权限

九、任务实施

按下列操作完成 db_shop 数据库的视图信息查询。

(1) 选择 db_shop 数据库，执行语句如下：

```
mysql>USE db_shop;
```

(2) 查看 db_shop 数据库的所有视图对象，执行语句如下：

```
mysql> SHOW FULL TABLES   IN   db_shop
       WHERE   Table_type =   'VIEW';
```

(3) 查看 v_dp_staffer 视图的结构信息，执行语句如下：

```
mysql> DESC   v_dp_staffer;
```

(4) 查看 v_dp_staffer 视图的状态信息，执行语句如下：

```
mysql> SHOW TABLE STATUS LIKE   'v_dp_staffer' \G
```

(5) 查看 v_dp_staffer 视图的定义语句，执行语句如下：

```
mysql>SHOW CREATE VIEW   v_dp_staffer;
```

(6) 查看 db_shop 数据库的所有视图详细信息，执行语句如下：

```
mysql> SELECT * FROM information_schema. VIEWS
       WHERE TABLE_SCHEMA = 'db_shop' \G
```

任务 2　创 建 视 图

视图能够较好地隐藏一个表中不对某些用户公开的信息，也可以将多表的信息组合成一个简单清晰的信息展现给用户，具有保护数据安全和隐藏多表业务连接复杂性的作用。本任务通过电商购物管理系统案例的视图应用，学习使用 CREATE VIEW 语句创建单表数据视图、多表数据视图、带约束检查的视图等方法。

一、创建语句

创建的视图可以来自一个表或多个表，创建视图的用户必须具有 CREATE VIEW 创建视图的权限，并且对视图定义中所引用的表或视图要有执行 SELECT 等指令的权限。

使用 CREATE VIEW 语句来创建视图。在“mysql>”提示符下执行 HELP CREATE VIEW，可以获得应用说明文档和官网文档的访问地址。

语法：

```
CREATE [OR REPLACE]   VIEW view_name [(column_list)]
    AS select_statement
    [WITH [CASCADED | LOCAL] CHECK OPTION]
```

说明：

- [OR REPLACE]表示已具有同名的视图时，将覆盖原视图。
- view_name 表示视图名称。

• column_list 表示视图字段列表。

• select_statement 表示一个查询语句，这个查询语句可从表或其他视图中查询。

• [WITH [CASCADED | LOCAL] CHECK OPTION]表示视图在更新时保证在视图的约束条件范围内。CASCADED 是默认值，表示更新视图时要满足所有相关视图和表的条件，进行级联依赖约束检查；LOCAL 表示更新视图时满足该视图本身定义的条件即可。

• 创建视图的用户必须具有执行 CREATE VIEW 的权限，若加了[OR REPLACE]，则用户还必须具有执行 DROP VIEW 的权限。

• select_statement 不能包含 FROM 子句中的子查询、系统或用户变量、预处理语句参数。

• 视图引用的表或视图必须存在，而且不能引用 temporary 表。

二、创建单表数据视图

单表数据视图指视图显示的数据只来自一个表。定义视图的 SQL 语句可以检索单表，也可以进行跨表连接的检索。只检索单表的视图可以像表一样，用来增加、修改、删除、查询记录。

创建视图

【实例 6-8】 建立部门的视图 v_dept，并使用它来查询部门记录。操作步骤如下：

第一步，创建视图。执行语句如下：

```
mysql> USE db_shop;
mysql> CREATE VIEW v_dept(Dname,phone,memo)
        AS SELECT dept_name, dept_phone,dept_memo    FROM department;
```

说明：创建的单表视图若计划用来更新基表，则基表中不允许空且没有默认值的字段必须出现在视图对应列。

运行结果如图 6-9 所示。

```
mysql> USE db_shop;
Database changed
mysql> CREATE VIEW v_dept(Dname,phone,memo)
    -> AS SELECT dept_name, dept_phone,dept_memo  FROM department;
Query OK, 0 rows affected (0.02 sec)

mysql> _
```

图 6-9 创建部门视图

第二步，查询视图。视图建立好以后，可以像查询表一样查询视图，通过查询视图来查询基表的数据。执行语句如下：

```
mysql> SELECT  *  FROM  v_dept;
```

运行结果如图 6-10 所示。

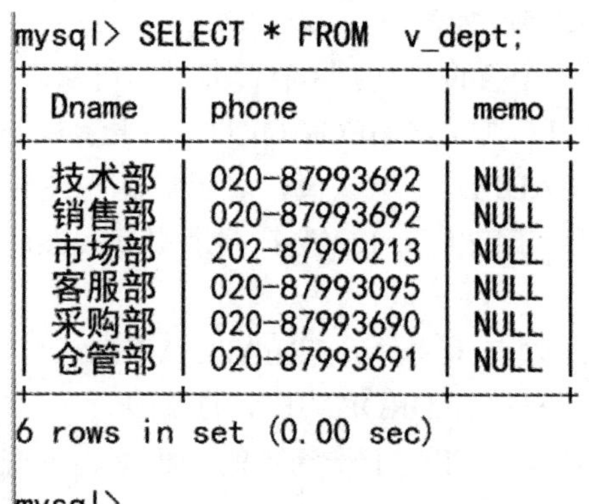

mysql> SELECT * FROM v_dept;

Dname	phone	memo
技术部	020-87993692	NULL
销售部	020-87993692	NULL
市场部	202-87990213	NULL
客服部	020-87993095	NULL
采购部	020-87993690	NULL
仓管部	020-87993691	NULL

6 rows in set (0.00 sec)

mysql>

图 6-10　查询部门视图

【实例 6-9】建立女员工的视图 vf_staffer，并使用它来查询女员工记录。操作步骤如下：

第一步，创建视图。执行语句如下：

```
mysql> USE db_shop;
mysql> CREATE VIEW vf_staffer(username,password,deptID,Sname,sex)
       AS SELECT username, password, dept_id,staff_name,sex
       FROM staffer WHERE sex= 'F' ;
```

运行结果如图 6-11 所示。

```
mysql> USE db_shop;
Database changed
mysql> CREATE VIEW vf_staffer(username,password,deptID,Sname,sex)
    -> AS SELECT username, password, dept_id,staff_name,sex FROM staffer WHERE sex='F';
Query OK, 0 rows affected (0.02 sec)

mysql> _
```

图 6-11　创建女员工视图

第二步，查询视图。执行语句如下：

```
mysql> SELECT * FROM vf_staffer;
```

运行结果如图 6-12 所示。

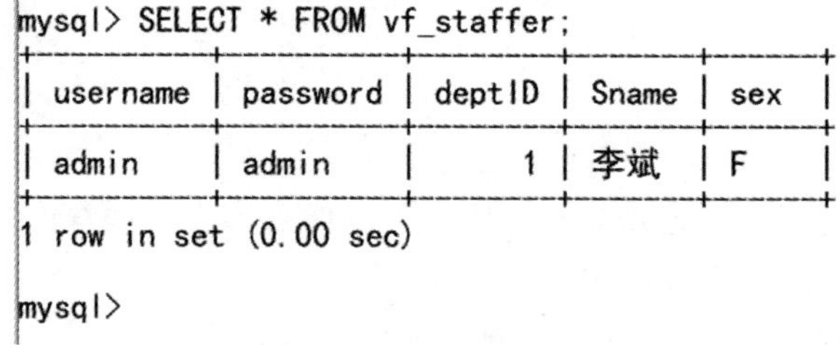

mysql> SELECT * FROM vf_staffer;

username	password	deptID	Sname	sex
admin	admin	1	李斌	F

1 row in set (0.00 sec)

mysql>

图 6-12　查询女员工视图

三、创建多表数据视图

多表数据视图即视图显示的数据是来自多个表的字段，视图的 SQL 定义语句使

用了跨表连接查询。来自多表字段的视图，一般不能用来处理数据，只能用来检索数据。

【实例 6-10】 建立部门员工视图，显示部门名称和员工对外查阅资料。操作步骤如下：

第一步，创建视图。执行语句如下：

```
mysql>USE db_shop;
mysql>CREATE VIEW v_staffer
        AS    SELECT dept_name,staff_name,sex, phone    FROM    staffer
              INNER JOIN department ON    staffer.dept_id=department.id;
```

运行结果如图 6-13 所示。

```
mysql> USE db_shop;
Database changed
mysql> CREATE VIEW v_staffer
    -> AS SELECT dept_name, staff_name, sex, phone  FROM  staffer
    ->     INNER JOIN department ON  staffer.dept_id=department.id;
Query OK, 0 rows affected (0.03 sec)

mysql>
```

图 6-13　创建部门员工对外查阅视图

第二步，查询视图。执行语句如下：

```
mysql> SELECT * FROM v_staffer;
```

运行结果如图 6-14 所示。

```
mysql> SELECT * FROM v_staffer;
+-----------+------------+-----+-------------+
| dept_name | staff_name | sex | phone       |
+-----------+------------+-----+-------------+
| 技术部    | 李斌       | F   | 13561231568 |
| 销售部    | 何林       | M   | 13571231859 |
| 市场部    | 张飞连     | M   | 13761235185 |
| 技术部    | 陈冲南     | M   | NULL        |
| 市场部    | 周强       | M   | NULL        |
| 销售部    | 张连强     | M   | 13223212456 |
+-----------+------------+-----+-------------+
6 rows in set (0.00 sec)

mysql> _
```

图 6-14　查询部门员工对外查阅视图

四、创建带约束检查的视图

当使用 WITH CHECK OPTION 子句创建视图时，MySQL 会通过视图检查正在更改操作的每个行，例如插入、更新、删除操作，以使其符合视图的定义条件，不符合则不能通过视图更新记录。

WITH CHECK OPTION 选项在视图中的作用

【实例 6-11】 建立销售部的视图，并查看能否超出视图条件添加记录。

分析：当定义单表视图的 SELECT 语句带有 WHERE 条件时，如果没有使用 WITH CHECK OPTION 进行约束检查，那么是可以通过视图越过视图的定义条件添加记录的。本例展示这种情况，操作步骤如下：

第一步，创建视图。执行语句如下：

```
mysql>USE db_shop;
mysql>CREATE VIEW v_sell_dept
        AS  SELECT  *  FROM  department WHERE dept_name= '销售部' ;
```

运行结果如图 6-15 所示。

```
mysql> USE db_shop;
Database changed
mysql> CREATE VIEW v_sell_dept
    -> AS  SELECT  *  FROM  department WHERE dept_name='销售部';
Query OK, 0 rows affected (0.01 sec)

mysql> _
```

图 6-15　创建销售部视图

第二步，查看视图。执行语句如下：

```
mysql> SELECT * FROM v_sell_dept;
```

运行结果如图 6-16 所示。

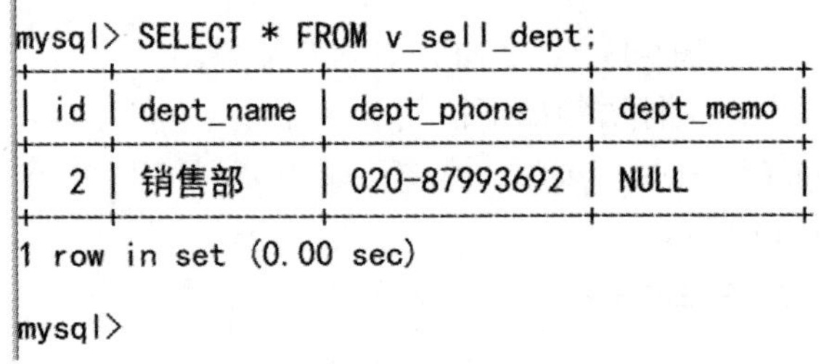

```
mysql> SELECT * FROM v_sell_dept;
+----+-----------+--------------+-----------+
| id | dept_name | dept_phone   | dept_memo |
+----+-----------+--------------+-----------+
|  2 | 销售部    | 020-87993692 | NULL      |
+----+-----------+--------------+-----------+
1 row in set (0.00 sec)

mysql>
```

图 6-16　查看销售部视图

第三步，通过视图添加记录。

这是一个单表视图，在符合添加表记录的情况下也可以用来添加记录。先尝试为销售部视图添加一条记录(部门名称：公关部；电话：020-38128912)。执行语句如下：

```
mysql> INSERT INTO  v_sell_dept(dept_name,dept_phone)
        VALUES(' 公关部 ','020-38128912');
```

运行结果如图 6-17 所示。

```
mysql> INSERT INTO  v_sell_dept(dept_name, dept_phone) VALUES('公关部','020-38128912');
Query OK, 1 row affected (0.01 sec)

mysql>
```

图 6-17　通过销售部视图添加一个部门记录

第四步，查看视图和基础表(部门表)。执行语句如下：

```
mysql>SELECT * FROM v_sell_dept;
mysql>SELECT * FROM department;
```

运行结果如图 6-18 所示。

```
mysql> SELECT * FROM  v_sell_dept;
+----+-----------+--------------+-----------+
| id | dept_name | dept_phone   | dept_memo |
+----+-----------+--------------+-----------+
|  2 | 销售部    | 020-87993692 | NULL      |
+----+-----------+--------------+-----------+
1 row in set (0.00 sec)

mysql> SELECT * FROM department;
+----+-----------+--------------+-----------+
| id | dept_name | dept_phone   | dept_memo |
+----+-----------+--------------+-----------+
|  1 | 技术部    | 020-87993692 | NULL      |
|  2 | 销售部    | 020-87993692 | NULL      |
|  3 | 市场部    | 202-87990213 | NULL      |
|  4 | 客服部    | 020-87993095 | NULL      |
|  5 | 采购部    | 020-87993690 | NULL      |
|  6 | 仓管部    | 020-87993691 | NULL      |
|  7 | 维修部    | 13612312625  | NULL      |
|  8 | 公关部    | 020-38128912 | NULL      |
+----+-----------+--------------+-----------+
8 rows in set (0.00 sec)

mysql>
```

图 6-18　查看添加的公关部记录

说明：从图 6-18 可以看到，公关部记录通过销售部视图添加到视图基表的部门表中，但查看销售部视图是看不到的，相当于越过视图条件添加了记录。要解决这个问题，定义视图时要使用 WITH CHECK OPTION 子句。

【实例 6-12】 建立市场部视图，做到不能超越视图条件添加记录。

分析：创建视图时，WITH CHECK OPTION 可以检查对视图的更新是否符合视图定义条件，若不符合条件，则添加记录失败。操作步骤如下：

第一步，创建视图。执行语句如下：

```
mysql>ALTER VIEW v_mk_dept
        AS   SELECT   *   FROM department WHERE dept_name='市场部'
        WITH   CHECK OPTION;
```

运行结果如图 6-19 所示。

```
mysql> USE db_shop;
Database changed
mysql> CREATE VIEW v_mk_dept
    -> AS SELECT  *  FROM department WHERE dept_name='市场部'
    ->    WITH  CHECK OPTION;
Query OK, 0 rows affected (0.02 sec)

mysql> _
```

图 6-19　创建带检查的视图

第二步，查看视图。执行语句如下：

```
mysql> SELECT * FROM   v_mk_dept;
```

运行结果如图 6-20 所示。

```
mysql> SELECT * FROM  v_mk_dept;
+----+-----------+--------------+-----------+
| id | dept_name | dept_phone   | dept_memo |
+----+-----------+--------------+-----------+
|  3 | 市场部    | 202-87990213 | NULL      |
+----+-----------+--------------+-----------+
1 row in set (0.00 sec)

mysql>
```

图 6-20　查询市场部视图

第三步，添加部门记录(部门名称：公关部 2 ；电话：020-38230126)。执行语句如下：

```
mysql> INSERT INTO   v_mk_dept(dept_name,dept_phone)
          VALUES( '公关部 2' , ' 020-38230126');
```

运行结果如图 6-21 所示。

```
mysql> INSERT INTO v_mk_dept(dept_name, dept_phone) VALUES('公关部2', '020-38230126');
ERROR 1369 (HY000): CHECK OPTION failed 'db_shop.v_mk_dept'
mysql>
```

图 6-21　通过市场部视图添加记录

说明：从图 6-21 可以看到添加失败，就是添加的记录“公关部 2”不能满足视图定义的条件，从而阻止了该记录的添加。这是 WITH CHECK OPTION 的作用。

五、在视图上建立视图

可以在已经建立好的视图上建立视图。在一个视图上建立一个新的视图，这两个视图之间就建立了依赖与被依赖的父子关系，也是继承关系，在应用了 WITH CHECK OPTION 组件的情况下，具有级联约束关系。

【实例 6-13】 在 db_shop 数据库中，建立一个男员工的视图，再基于这个视图创建薪水超过 8000 元的职员视图。操作步骤如下：

第一步，建立男员工的视图。执行语句如下：

```
mysql>CREATE VIEW   v_male_staffer
        AS   SELECT * FROM staffer   WHERE sex='M';
```

运行结果如图 6-22 所示。

```
mysql> USE db_shop;
Database changed
mysql> CREATE VIEW  v_male_staffer
    -> AS  SELECT * FROM staffer  WHERE sex='M';
Query OK, 0 rows affected (0.02 sec)

mysql>
```

图 6-22　创建男员工视图

第二步，在视图上建立视图。

在基于男员工视图建立薪水超过 8000 元的高薪职员视图，执行语句如下：

```
mysql>CREATE VIEW   v_highSalary_male_staffer
AS   SELECT * FROM   v_male_staffer   WHERE salary >8000
      WITH CHECK OPTION ;
```

运行结果如图 6-23 所示。

```
mysql> CREATE VIEW v_highSalary_male_staffer
    -> AS  SELECT * FROM  v_male_staffer  WHERE salary >8000
    -> WITH CHECK OPTION ;
Query OK, 0 rows affected (0.02 sec)

mysql> _
```

图 6-23 在视图上建立视图

第三步，通过 v_highSalary_male_staffer 分别添加 2 个员工记录。

分别增加一个薪水为 8500 元的男员工信息、一个薪水为 8500 元的女员工信息，执行语句如下：

```
mysql> INSERT INTO v_highSalary_male_staffer( username,password, dept_id, staff_name,
      sex, salary)    VALUES( 'XST' , '123456',1, ' 新视图' , 'M' ,8500);
mysql> INSERT INTO v_highSalary_male_staffer(username, password, dept_id, staff_name,
      sex, salary) VALUES('XST2', '123456' ,1, '新视图 2' , 'F' ,8500);
```

运行结果如图 6-24 所示。

```
mysql> INSERT INTO v_highSalary_male_staffer( username, password, dept_id, staff_name, sex, salary)
    -> VALUES('XST','123456',1,'新视图','M',8500);
Query OK, 1 row affected (0.02 sec)

mysql> INSERT INTO v_highSalary_male_staffer( username, password, dept_id, staff_name, sex, salary)
    -> VALUES('XST2','123456',1,'新视图2','F',8500);
ERROR 1369 (HY000): CHECK OPTION failed 'db_shop.v_highsalary_male_staffer'
mysql> _
```

图 6-24 通过高薪员工视图添加记录

说明：从图 6-24 可以看到，符合当前的高薪条件同时符合父视图的男员工才能添加成功，只符合高薪条件的女员工记录在 CHECK 检查时失败。

六、任务实施

按下列操作完成 db_shopping 数据库视图的创建。

(1) 选择 db_shopping 数据库，执行语句如下：

```
mysql>USE db_shopping;
```

(2) 建立一个部门表的员工视图，显示部门名称、员工姓名、性别、职工电话，并查看建立好的视图，执行语句如下：

```
mysql>CREATE VIEW v_dept_staffer
    AS   SELECT dept_name,staff_name,sex, phone   FROM   staffer
         INNER JOIN department ON   staffer.dept_id=department.id;
mysql>SELECT * FROM v_dept_staffer;
```

(3) 建立一个详细订单表视图，显示订单编号、订购号、商品名称、供应商名称、单项订购数量、单项总价，并查看建立好的视图，执行语句如下：

```
mysql>CREATE VIEW v_goods_sup_item
   AS SELECT id,order_id ,goods_name,supplier_name,quantity, total_price FROM    item
   INNER JOIN goods ON    goods.id = item.goods_id
INNER JOIN supplier ON supplier.id = goods .supplier_id;
  mysql> SELECT * FROM v_goods_sup_item;
```

(4) 建立一个订购视图，显示订购编号、订购总额、生成时间、支付状态、顾客姓名，执行语句如下：

```
mysql>CREATE VIEW v_cus_orders
      AS    SELECT id ,amount_money，create_time，status，cus_name
FROM orders
      INNER JOIN    customer ON     customer.id = orders.customer_id;
mysql> SELECT * FROM v_cus_orders;
```

任务3　应 用 视 图

视图主要用于用户查询，也可用来插入、修改、删除数据。由于视图本身不含数据，视图数据都来自基表，所以对视图所做的数据处理操作，其实都是对其基表的操作，应用视图操作数据表可以大大简化业务复杂性和保护数据安全性。本任务学习根据业务需要建立和应用视图。

一、使用视图查询数据

视图可像表一样用 SELECT 语句检索基本资料、统计、排序和汇总数据。实际应用中，为简化数据检索或提高数据库的安全性，通常将查询对象建立视图，再从视图中选择查询数据。

【实例 6-14】 在已经建立的部门视图 v_dept 上查询部门记录信息，操作步骤如下：

第一步，建立视图(前面已经建立过的可以不用再建立)。执行语句如下：

```
mysql> USE db_shop;
mysql> CREATE OR REPLACE VIEW v_dept(Dname,phone,memo)
         AS SELECT dept_name, dept_phone,dept_memo    FROM department;
```

运行结果如图 6-25 所示。

```
mysql> USE db_shop;
Database changed
mysql> CREATE VIEW v_dept(Dname, phone, memo)
    -> AS SELECT dept_name, dept_phone, dept_memo   FROM department;
Query OK, 0 rows affected (0.02 sec)

mysql> _
```

图 6-25　创建部门单表视图

第二步，查询视图。执行语句如下：

```
mysql> USE db_shop;
```

```
mysql> SELECT   *   FROM   v_dept ;
```

运行结果如图 6-26 所示。

```
mysql> USE db_shop;
Database changed
mysql> SELECT  *  FROM  v_dept;
+--------+--------------+------+
| Dname  | phone        | memo |
+--------+--------------+------+
| 技术部 | 020-87993692 | NULL |
| 销售部 | 020-87993692 | NULL |
| 市场部 | 202-87990213 | NULL |
| 客服部 | 020-87993095 | NULL |
| 采购部 | 020-87993690 | NULL |
| 仓管部 | 020-87993691 | NULL |
| 维修部 | 13612312625  | NULL |
| 公关部 | 020-38128912 | NULL |
+--------+--------------+------+
8 rows in set (0.00 sec)

mysql>
```

图 6-26　应用视图查看记录

【实例 6-15】 通过部门视图 v_dept 查看部门数量。执行语句如下：

```
mysql> USE db_shop;
mysql> SELECT   COUNT(*)   AS  部门数  FROM   v_dept;
```

运行结果如图 6-27 所示。

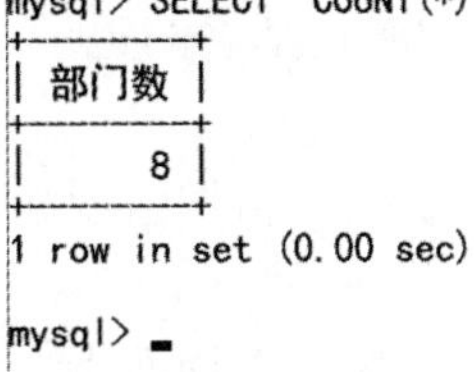

```
mysql> USE db_shop;
Database changed
mysql> SELECT  COUNT(*)  AS 部门数 FROM  v_dept;
+--------+
| 部门数 |
+--------+
|      8 |
+--------+
1 row in set (0.00 sec)

mysql>
```

图 6-27　通过视图统计数据

【实例 6-16】 通过员工视图 v_staffer，按员工电话排序查看员工记录信息。操作步骤如下：

第一步，创建视图(前面已经建立过的可以不用再建立)，执行语句如下：

```
mysql>USE db_shop;
mysql>CREATE OR REPLACE VIEW v_staffer
   AS   SELECT dept_name,staff_name,sex, phone   FROM   staffer
         INNER JOIN department ON   staffer.dept_id=department._id;
```

运行结果如图 6-28 所示。

```
mysql> USE db_shop;
Database changed
mysql> CREATE VIEW v_staffer
    -> AS SELECT dept_name, staff_name, sex,  phone  FROM  staffer
    ->     INNER JOIN department ON  staffer.dept_id=department.id;
Query OK, 0 rows affected (0.03 sec)

mysql>
```

图 6-28　创建员工视图

第二步，应用视图查看基本记录数据，执行语句如下：

```
mysql> USE db_shop;
mysql> SELECT  *  FROM  v_dept ORDER BY phone;
```

运行结果如图 6-29 所示。

```
mysql> USE db_shop;
Database changed
mysql> SELECT  *  FROM  v_dept ORDER BY phone;
+--------+--------------+------+
| Dname  | phone        | memo |
+--------+--------------+------+
| 公关部 | 020-38128912 | NULL |
| 客服部 | 020-87993095 | NULL |
| 采购部 | 020-87993690 | NULL |
| 仓管部 | 020-87993691 | NULL |
| 技术部 | 020-87993692 | NULL |
| 销售部 | 020-87993692 | NULL |
| 维修部 | 13612312625  | NULL |
| 市场部 | 202-87990213 | NULL |
+--------+--------------+------+
8 rows in set (0.00 sec)

mysql>
```

图 6-29　通过视图查看排序记录

通过视图也可以分类统计数据，这里留给读者完成。总之，通过视图可以像基表一样实现检索，又能简化基表的内部逻辑复杂性和保护需要对用户隐藏的数据。

二、使用视图添加记录数据

由于视图本身是不能用来存储数据的，通过一个视图所添加的记录实际上是存储在由视图引用的基表中，所以添加数据必须满足基表的记录添加条件。视图添加数据记录必须符合以下条件：

- 基表中未被视图引用的字段必须有默认值、自增值或允许空。
- 添加的数据必须符合基表数据的各种约束。
- 如果视图来自多个基表的字段，则一般用于查询而不作为数据处理使用。

【实例 6-17】 利用前面建立了部门信息的视图来进行部门信息的添加。

分析：若前面没有建立部门视图，则执行如下部门视图定义语句：

```
mysql> CREATE VIEW v_dept(Dname,phone,memo)
       AS SELECT dept_name, dept_phone,dept_memo  FROM department;
```

建立好后，直接利用视图添加部门记录。操作步骤如下：

第一步，查看是否已经创建视图。执行语句如下：

```
mysql> USE db_shop;
mysql> SHOW FULL TABLES  IN  db_shop
     WHERE  Table_type =  'VIEW';
```

第二步，查看视图结构字段描述，并添加记录。执行语句如下：

```
mysql> DESC v_dept;
```

第三步，利用视图添加 1 条测试部的部门记录。执行语句如下：

```
mysql> INSERT INTO v_dept(Dname,phone)
     VALUES('测试部', '020-33461783');
```

说明：通过视图操作，使用的字段必须是视图中的字段名，而不是基本字段名。

运行结果如图 6-30 所示。

```
mysql> USE db_shop;
Database changed
mysql> SHOW FULL TABLES  IN  db_shop
    ->  WHERE  Table_type = 'VIEW';
+--------------------------+------------+
| Tables_in_db_shop        | Table_type |
+--------------------------+------------+
| v_dept                   | VIEW       |
| v_dp_staffer             | VIEW       |
| v_female_staffer         | VIEW       |
| v_highsalary_male_staffer| VIEW       |
| v_male_staffer           | VIEW       |
| v_mk_dept                | VIEW       |
| v_sell_dept              | VIEW       |
| v_staffer                | VIEW       |
+--------------------------+------------+
8 rows in set (0.00 sec)

mysql> DESC v_dept;
+-------+--------------+------+-----+---------+-------+
| Field | Type         | Null | Key | Default | Extra |
+-------+--------------+------+-----+---------+-------+
| Dname | varchar(20)  | NO   |     | NULL    |       |
| phone | char(13)     | YES  |     | NULL    |       |
| memo  | varchar(100) | YES  |     | NULL    |       |
+-------+--------------+------+-----+---------+-------+
3 rows in set (0.01 sec)

mysql> INSERT INTO v_dept(Dname,phone)
    -> VALUES('测试部','020-33461783');
Query OK, 1 row affected (0.01 sec)
```

图 6-30　应用单表视图添加记录

第四步，查看视图是否已经添加了测试部的记录，也可以查看基表是否已经添加。执行语句如下：

```
mysql> SELECT * FROM v_dept;
mysql> SELECT * FROM department;
```

运行结果如图 6-31 所示。

```
mysql> SELECT * FROM v_dept;
+--------+--------------+------+
| Dname  | phone        | memo |
+--------+--------------+------+
| 技术部 | 020-87993692 | NULL |
| 销售部 | 020-87993692 | NULL |
| 市场部 | 202-87990213 | NULL |
| 客服部 | 020-87993095 | NULL |
| 采购部 | 020-87993690 | NULL |
| 仓管部 | 020-87993691 | NULL |
| 维修部 | 13612312625  | NULL |
| 公关部 | 020-38128912 | NULL |
| 测试部 | 020-33461783 | NULL |
+--------+--------------+------+
9 rows in set (0.00 sec)

mysql>
```

图 6-31　应用视图添加测试部的记录

说明：查看基表数据是否同步。

三、使用视图修改记录数据

并不是所有视图都可以用来修改记录的，通过视图修改数据须符合以下条件：

- 在一个 UPDATE 语句中修改的字段必须属于同一个基表，如果要对多个基表中的数据进行修改，则需要使用多个 UPDATE 语句完成。
- 对于基表数据的修改，必须满足在字段上设置的约束，例如是否具有唯一性、是否可以为空值。
- 如果在视图定义中用 WITH CHECK OPTION 子句，则通过这个视图进行修

改时提供的数据必须满足视图定义中的条件，否则 UPDATE 语句将被中止并返回错误信息。

- 视图中汇总函数或计算字段的值不能更改。
- 视图定义中含有 UNION、DISTINCT、GROUP BY 等关键字时，不能用来修改记录。
- 视图定义语句中包含子查询时或来自不可更新的视图时，不能用来修改记录。

【实例 6-18】 通过部门员工信息视图 v_dept 将部门“测试部”的 memo 字段改为“功能测试”。执行语句如下：

```
mysql> USE db_shop;
mysql> UPDATE v_dept
       SET memo= '功能测试'
       WHERE Dname = '测试部' ;
```

运行结果如图 6-32 所示。

```
mysql> USE db_shop;
Database changed
mysql> UPDATE v_dept
    -> SET memo='功能测试'
    -> WHERE Dname ='测试部';
Query OK, 1 row affected (0.01 sec)
Rows matched: 1  Changed: 1  Warnings: 0
```

图 6-32　应用视图修改记录

说明：可以查看视图和基础表是否修改了记录。执行语句如下：

```
mysql> SELECT  *  FROM  v_dept;
mysql> SELECT  *  FROM  department;
```

运行结果如图 6-33 所示，可以看到数据已经被修改了。

```
mysql> SELECT * FROM v_dept;
+--------+-------------+----------+
| Dname  | phone       | memo     |
+--------+-------------+----------+
| 技术部 | 020-87993692 | NULL     |
| 销售部 | 020-87993692 | NULL     |
| 市场部 | 202-87990213 | NULL     |
| 客服部 | 020-87993095 | NULL     |
| 采购部 | 020-87993690 | NULL     |
| 仓管部 | 020-87993691 | NULL     |
| 维修部 | 13612312625  | NULL     |
| 公关部 | 020-38128912 | NULL     |
| 测试部 | 020-33461783 | 功能测试 |
+--------+-------------+----------+
9 rows in set (0.00 sec)

mysql> SELECT * FROM department;
+----+-----------+--------------+-----------+
| id | dept_name | dept_phone   | dept_memo |
+----+-----------+--------------+-----------+
|  1 | 技术部    | 020-87993692 | NULL      |
|  2 | 销售部    | 020-87993692 | NULL      |
|  3 | 市场部    | 202-87990213 | NULL      |
|  4 | 客服部    | 020-87993095 | NULL      |
|  5 | 采购部    | 020-87993690 | NULL      |
|  6 | 仓管部    | 020-87993691 | NULL      |
|  7 | 维修部    | 13612312625  | NULL      |
|  8 | 公关部    | 020-38128912 | NULL      |
| 21 | 测试部    | 020-33461783 | 功能测试  |
+----+-----------+--------------+-----------+
9 rows in set (0.00 sec)

mysql> _
```

图 6-33　应用视图修改记录

四、使用视图删除记录数据

用视图删除数据记录必须符合下列条件：

通过一个视图删除基表中的数据时，必须保证该视图定义的 FROM 子句中只引用了一个表。

修改删除视图

【实例 6-19】 删除部门“测试部”的记录。执行语句如下：

```
mysql> USE db_shop;
mysql> DELETE   FROM   v_dept
       WHERE Dname = '测试部';
```

运行结果如图 6-34 所示。

```
mysql> USE db_shop;
Database changed
mysql> DELETE   FROM   v_dept
    -> WHERE Dname = '测试部';
Query OK, 1 row affected (0.01 sec)

mysql> _
```

图 6-34　应用视图删除记录

说明：通过查看视图和部门表，可以检查记录是否已经被删除。

五、任务实施

按下列操作完成 db_shopping 数据库视图的创建和应用。

(1) 选择 db_shopping 数据库，执行语句如下：

```
mysql>USE db_shopping;
```

(2) 应用前面建立的订单详细表视图，进行查询统计。

① 定义订单详细表视图(前一任务已经建立的可以不用再建立)，查看视图，执行语句如下：

```
mysql>CREATE VIEW v_goods_sup_item
      AS   SELECT id,order_id ,goods_name,supplier_name,quantity, total_price FROM   item
      INNER JOIN goods ON   goods.id = item.goods_id
      INNER JOIN supplier ON supplier.id = goods .supplier_id;
mysql> SELECT * FROM v_goods_sup_item;
```

② 从视图 v_goods_sup_item 统计各份订单的总额，并按总额高低排序，执行语句如下：

```
mysql>SELECT order_id,SUM(total_price) AS 订单总额   FROM v_goods_sup_item
      GROUP BY   order_id
      ORDER BY SUM(total_price) ;
```

③ 通过视图 v_goods_sup_item 统计订单总额超过 20 的订单编号，执行语句如下：

```
mysql>SELECT order_id,SUM(total_price) AS 订单总额   FROM v_goods_sup_item
      GROUP BY   order_id
```

```
        HAVING SUM(total_price) >=20 ;
```

(3) 建立部门表的视图，并应用这个视图对部门记录进行添加、修改、删除。

① 建立视图 v_dept，执行语句如下：

```
mysql>CREATE VIEW v_dept(Dname,phone,memo)
        AS SELECT dept_name, dept_phone,dept_memo   FROM department;
```

② 应用视图 v_dept 添加部门记录，并查询部门表效果，执行语句如下：

```
mysql>INSERT INTO v_dept2(Dname,phone,memo)
        VALUES (' 测试部 ',' 87993696 ',' 负责测试 ')
mysql>SELECT * FROM department;
```

③ 应用视图 v_dept 修改部门记录，并查询部门表效果，执行语句如下：

```
mysql>UPDATE v_dept
        SET memo='功能测试'
        WHERE Dname ='测试部';
mysql>SELECT * FROM department;
```

④ 应用视图 v_dept 删除测试部的部门记录，并查询部门表效果，执行语句如下：

```
mysql> DELETE   FROM   v_dept
        WHERE Dname'测试部'
mysql>SELECT * FROM department;
```

任务 4　修改和删除视图

视图建立以后，在实际应用中可能因基表的修订、视图的内容变化等原因，需要修改视图或删除无用的视图。本任务通过商品购物管理系统案例，学习使用 SQL 中的 CREATE VIEW、ALTER VIEW 和 DROP VIEW 等语句对视图进行修改或删除处理。

一、修改视图

修改视图是指当视图基表的某些字段名称发生变化时，通过修改视图定义，以保持视图定义内容与基表的一致性。对视图的修改就是对基表的修改，因此在修改时，要满足基本表的数据定义，同时还要先查看该视图的依赖关系，是否会影响依赖此视图的其他对象的执行。

可以使用下面两种方法修改视图。

1. 使用 CREATE OR REPLACE VIEW 修改视图

语法：

```
CREATE OR REPLACE VIEW view_name[(col_name_list)]
        AS select_statement
```

说明：若视图已经存在，则修改视图，否则创建视图。

【实例 6-20】修改员工视图 v_staffer，使其只查看到员工部门、姓名和性别信息。执行语句如下：

```
mysql>USE db_shop;
mysql>CREATE OR REPLACE VIEW v_staffer
    AS
    SELECT staff_name,dept_name  FROM  staffer
    INNER JOIN department  ON  staffer.dept_id=department.id;
```

运行结果如图 6-35 所示。

```
mysql> USE db_shop;
Database changed
mysql> CREATE OR REPLACE VIEW v_staffer
    -> AS
    -> SELECT dept_name, staff_name, sex FROM staffer
    -> INNER JOIN department ON staffer.dept_id =department.id;
Query OK, 0 rows affected (0.07 sec)

mysql> _
```

图 6-35 修改 v_staffer 视图

说明：修改完成以后，查看一下视图，执行语句如下：

```
mysql>SELECT  *  FROM  v_staffer
```

2. 使用 ALTER VIEW 修改视图

语法：

```
ALTER VIEW view_name[(col_name_list)]
    AS select_statement
```

【实例 6-21】 修改员工视图 v_staffer，使其能查看员工部门、姓名、性别、电话。执行语句如下：

```
mysql>USE db_shop;
mysql>ALTER VIEW v_staffer
    AS
SELECT dept_name,staff_name,sex,phone  FROM  staffer
    INNER JOIN department ON staffer.dept_id =department.id;
```

运行结果如图 6-36 所示。

```
mysql> USE db_shop;
Database changed
mysql> ALTER VIEW v_staffer
    -> AS
    -> SELECT dept_name, staff_name, sex, phone FROM staffer
    -> INNER JOIN department ON staffer.dept_id =department.id;
Query OK, 0 rows affected (0.06 sec)

mysql> _
```

图 6-36 修改员工视图

说明：修改完成以后，查看一下视图，执行语句如下：

```
mysql>SELECT * FROM v_staffer
```

二、删除视图

删除视图是指删除不再需要的视图。删除视图时要先查看该视图的依赖关系，

是否会影响依赖此视图的其他对象的执行。删除视图只是删除视图的定义，并不会对基本表造成影响。

DROP VIEW 语句用来创建视图。

语法：

```
DROP VIEW [IF EXISTS] view1[,view,...]
```

【实例 6-22】 删除已经建立的员工视图 v_staffer。执行语句如下：

```
mysql>USE db_shop;
mysql>    DROP VIEW v_staffer;
```

运行结果如图 6-37 所示。

```
mysql> USE db_shop;
Database changed
mysql> DROP VIEW v_staffer;
Query OK, 0 rows affected (0.02 sec)

mysql> _
```

图 6-37　删除员工视图

三、任务实施

按下列操作完成 db_shopping 数据库已建视图的修改和删除。

(1) 选择 db_shopping 数据库，执行语句如下：

```
mysql>USE db_shopping;
```

(2) 应用前面建立的部门视图 v_dept 进行修改，执行语句如下：

```
mysql>ALTER VIEW v_dept(Did,Dname,phone,memo)
        AS SELECT id, dept_name, dept_phone,dept_memo    FROM department;
```

(3) 查看修改后的视图结构和记录，执行语句如下：

```
mysql>DESC    v_dept;
mysql> SELECT * FROM    v_dept;
```

(4) 应用前面建立的部门视图 v_dept 进行删除，执行语句如下：

```
mysql>DROP VIEW    v_dept;
```

(5) 查看删除视图 v_dept 后的数据库所有视图名，执行语句如下：

```
mysql> SHOW FULL TABLES    IN    db_shop
        WHERE    Table_type = 'VIEW';
```

小　　结

本项目主要以电商购物管理系统为引导案例，介绍了数据库的三级模式，视图的作用，查看、创建和管理视图的基本语法，以及视图在查询、增加、修改、删除基础表数据处理中的应用等基本知识和应用方法；演示了按业务需求建立、查看、管理、应用视图进行数据处理和检索的操作方法及实施过程。学习完本项目，读者应能够根据实际业务逻辑，熟练掌握用于数据处理的视图以及简化业务逻辑、保护

数据权限等视图的建立和维护，并能熟练查阅视图信息，从而有效管理视图。

课后习题

1. 建立视图 v_goods，通过该视图查询商品号、商品名称、类型、单价、供应商名称、供应商联系电话等信息。

2. 建立视图 v_customer，通过该视图查询顾客卡号、姓名、生日、消费金额、账户余额等信息。

3. 建立顾客消费视图 v_customerGoodsItem，通过该视图查看顾客姓名、商品名称、单价，以及其对应每个订单项目的购买数量和总价信息。

项目七　存储过程与函数

项目介绍

一般后台部署的数据库服务器都是独立运行的设备，应用系统通过网络连接访问数据库。当应用系统访问频繁时，用户每执行一次数据操作，服务器都须编译一次再执行，进行频繁的数据访问，这样会给服务器带来沉重的资源消耗。为提高服务器的运行效率，我们通常将数据处理定义成存储过程，保存在服务器端，存储过程经过第一次编译运行后，暂时存储在高速缓存区，再次访问时将不需要再编译，直接执行，从而大大地提高了服务器性能，具有节能环保和防设备过大损耗的作用，并且提高了服务器端数据库信息的安全性。本项目通过对电商购物管理系统的存储过程和函数的学习，使读者掌握存储过程的作用、设计和应用，以达成本项目教学目标。本项目主要内容包括查看存储过程与函数、创建和调用存储过程、创建和调用函数、修改和删除存储过程与函数四个任务。

教学目标

素质目标

◎ 关注国家碳达峰碳中和行动计划，具有绿色环保意识；

◎ 具有优质高效的计算思维和社会责任意识。

知识目标

◎ 熟悉存储过程和函数的创建语法、流程控制和异常处理；

◎ 掌握参数的应用、返回值的传出和调用测试方法。

能力目标

◎ 能按需查看、建立、修改和测试存储过程及函数；

◎ 能正确使用参数编写存储过程和函数并进行调用。

学习重点

◎ 掌握带参数的存储过程和函数的编写；

◎ 掌握带参数的存储过程和函数的调用。

学习难点

◎ 创建带输出参数的存储过程与调用测试。

任务 1　查看存储过程与函数

存储过程(Stored Procedure)具有一次编译多次调用的特性，能够较大幅度地降低服务器的压力；存储过程存放在服务器端，安全性更好，并能降低网络传输压力。本任务通过学习电商购物管理系统的存储过程，熟悉存储过程和函数的作用与应用场景，学会作为数据库管理者如何查看应用系统所建立的存储过程和函数及其定义信息。

一、存储过程与函数简介

存储过程和函数的作用

存储过程和函数都是一组 SQL 语句的组合，均作为一个整体在服务器中存储和执行，具有模块化可重用性特点，能减少客户端和服务器端的数据传输，以及提高服务器的执行性能。

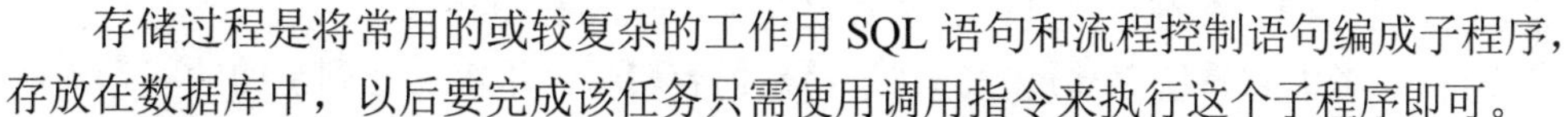

存储过程是将常用的或较复杂的工作用 SQL 语句和流程控制语句编成子程序，存放在数据库中，以后要完成该任务只需使用调用指令来执行这个子程序即可。

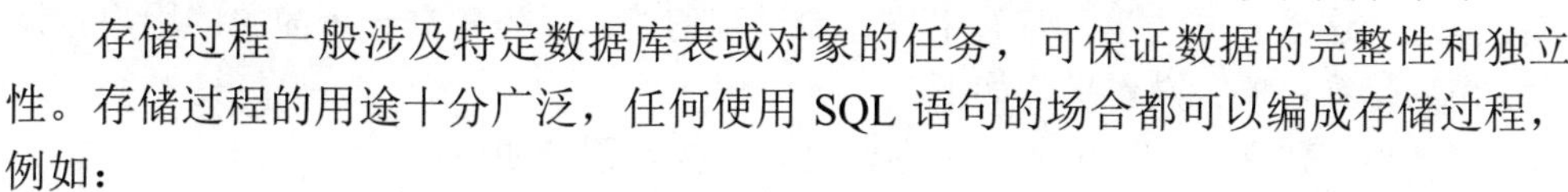

存储过程一般涉及特定数据库表或对象的任务，可保证数据的完整性和独立性。存储过程的用途十分广泛，任何使用 SQL 语句的场合都可以编成存储过程，例如：

(1) 向用户返回查询数据；

(2) 向表中插入或修改数据；

(3) 在单个存储过程中执行一系列 SQL 语句，完成一个完整性功能。

MySQL 中的存储过程与其他编程语言中的过程类似，存储过程可以接收输入参数，并以输出参数的形式返回多个值。

函数是将复杂的运算功能编写成模块，以表达式的形式运用到各种运算中，从而提高模块的重用性。

函数类似其他编程语言的函数，是为实现返回某一个表达式的值而设计的，可以有多个输入参数，但只有一个返回值。

二、存储过程与函数的优点

存储过程和函数具有如下优点：

(1) 执行效率高。存储过程在服务器创建时是经过预编译的，执行时不必再次进行编译，因而执行速度快。

(2) 模块化使用。将复杂的工作程序写成存储过程或函数，以后可通过不同的参数或不带参数重复调用，大大方便了用户的使用。

(3) 降低网络流量。存储过程和函数是存储在服务器端并在服务器端执行的，调用执行时用一个带参数的存储过程或函数名，代替所包含的大量 SQL 语句的传输，大大降低了网络流量。

(4) 提高安全性。当数据表需要保密时，可以利用存储过程或函数作为数据存取和访问的管道，来控制用户对数据库信息访问的权限。

三、查看存储过程与函数

MySQL 系统的存储过程和函数建立后的信息都存储在系统数据库的 information_schema 的 routines 表中，可以通过查看该表信息来查看所有存储过程和函数信息，也可以通过状态和定义查看语句来查看存储过程和函数的相关信息。

1. 查看详细信息

语法：

```
SELECT  *  FROM  information_schema.Routines
  WHERE  ROUTINE_NAME  =  'sp_name';
```

说明：sp_names 是存储过程或函数名。系统存储过程或函数与用户存储过程或函数的信息都可以在系统数据库 information_schema 的 routines 表中查询到。

【实例 7-1】 查看存储过程或函数名含有“search”的信息。

分析：考虑到系统存储过程的状态信息内容较长，不容易看到全面的状态描述字段信息，这里为方便学习查看用户存储过程信息，以先建立一个简单的用户存储过程作为查看对象。操作步骤如下：

第一步，建立一个简单的无参存储过程。执行语句如下：

```
mysql>delimiter // -- 改变 MySQL delimiter 为“//”，即改变命令提交执行的标志符号，默认情况下，delimiter 是分号“;”
mysql>CREATE PROCEDURE p_goods_sel()
      BEGIN
     SELECT * FROM goods;
      END //
mysql>delimiter ;  -- 改回默认的 MySQL delimiter “;”
```

运行结果如图 7-1 所示。

```
mysql> delimiter //
mysql> CREATE PROCEDURE p_goods_sel()
    -> BEGIN
    -> SELECT * FROM goods;
    -> END //
Query OK, 0 rows affected (0.01 sec)

mysql> delimiter ;
mysql> _
```

图 7-1　新建一个存储过程

第二步，通过 information_schema.routines 查看存储过程或函数信息。执行语句如下：

```
mysql>SELECT * FROM information_schema.routines
     WHERE ROUTINE_NAME   LIKE '%goods%' \G
```

运行结果如图 7-2 所示。

```
mysql> delimiter ;
mysql> SELECT * FROM information_schema.routines
    ->      WHERE ROUTINE_NAME  LIKE '%goods%'\G
*************************** 1. row ***************************
           SPECIFIC_NAME: p_goods_sel
         ROUTINE_CATALOG: def
          ROUTINE_SCHEMA: db_shop
            ROUTINE_NAME: p_goods_sel
            ROUTINE_TYPE: PROCEDURE
               DATA_TYPE:
CHARACTER_MAXIMUM_LENGTH: NULL
  CHARACTER_OCTET_LENGTH: NULL
       NUMERIC_PRECISION: NULL
           NUMERIC_SCALE: NULL
      DATETIME_PRECISION: NULL
      CHARACTER_SET_NAME: NULL
          COLLATION_NAME: NULL
          DTD_IDENTIFIER: NULL
            ROUTINE_BODY: SQL
      ROUTINE_DEFINITION: BEGIN
SELECT * FROM goods;
END
           EXTERNAL_NAME: NULL
       EXTERNAL_LANGUAGE: SQL
         PARAMETER_STYLE: SQL
        IS_DETERMINISTIC: NO
         SQL_DATA_ACCESS: CONTAINS SQL
                SQL_PATH: NULL
           SECURITY_TYPE: DEFINER
                 CREATED: 2020-04-21 21:05:37
            LAST_ALTERED: 2020-04-21 21:05:37
                SQL_MODE: ONLY_FULL_GROUP_BY,STRICT_TRANS_TABLES,NO_ZERO_IN_DATE,NO_ZERO_DATE,ERROR_FOR_DIVISION_BY_ZERO,NO_ENGINE_SUBSTITUTION
         ROUTINE_COMMENT:
                 DEFINER: root@localhost
    CHARACTER_SET_CLIENT: gbk
    COLLATION_CONNECTION: gbk_chinese_ci
      DATABASE_COLLATION: utf8mb4_0900_ai_ci
1 row in set (0.01 sec)

mysql>
```

图 7-2　通过系统表查看存储过程和函数对象信息

其中的主要字段属性说明：

• ROUTINE_CATALOG 表示存储过程或函数所属的目录名称，该值始终为 def。

• ROUTINE_SCHEMA 表示存储过程或函数所属 schema(即 database)的名称。

• ROUTINE_NAME 表示存储过程或函数的名称。

• ROUTINE_TYPE 表示类型，存储过程为 PROCEDURE，存储函数为 FUNCTION。

• DATA_TYPE 表示返回值类型，如果例程是存储函数，则返回值为数据类型；如果例程是存储过程，则此值为空。

• ROUTINE_BODY 表示例程定义的语言，该值始终为 SQL。

• ROUTINE_DEFINITION 表示存储过程的定义执行的 SQL 语句内容。

• SECURITY_TYPE 表示安全类型，该值是 DEFINER 或 INVOKER 之一，表示是以定义者还是调用者权限执行。

2. 查看存储过程与函数状态

SHOW…STATUS 语句用于查看存储过程或函数的状态。在“mysql>”提示符下执行 HELP SHOW，可以获得应用说明文档和官网文档的访问地址。

语法：

```
SHOW {PROCEDURE|FUNCTION}    STATUS
       [LIKE 'pattern' | WHERE expr]
```

【实例 7-2】 查看名称含有“search”字符串的存储过程状态信息。执行语句如下：

```
mysql> SHOW PROCEDURE STATUS LIKE '%search%'\G
```

运行结果部分截图如图 7-3 所示。

```
mysql> SHOW PROCEDURE STATUS LIKE '%search%'\G
*************************** 1. row ***************************
                  Db: db_shop
                Name: p_search
                Type: PROCEDURE
             Definer: root@localhost
            Modified: 2020-04-18 18:53:20
             Created: 2020-04-18 18:53:20
       Security_type: DEFINER
             Comment:
character_set_client: gbk
collation_connection: gbk_chinese_ci
  Database Collation: utf8mb4_0900_ai_ci
1 row in set (0.00 sec)

mysql> _
```

图 7-3　查看存储过程状态信息

【实例 7-3】 查看名称含有“format”字符串的函数状态信息。执行语句如下：

```
mysql> SHOW FUNCTION  STATUS LIKE '%format%'\G
```

运行结果部分截图如图 7-4 所示。

```
mysql> SHOW FUNCTION  STATUS LIKE '%format%'\G
*************************** 1. row ***************************
                  Db: sys
                Name: format_bytes
                Type: FUNCTION
             Definer: mysql.sys@localhost
            Modified: 2019-02-13 13:48:42
             Created: 2019-02-13 13:48:42
       Security_type: INVOKER
             Comment:
 Description

 Takes a raw bytes value, and converts it to a human readable format.

 Parameters
```

图 7-4　查看名称含有“format”的函数状态信息

【实例 7-4】 查看名称含有“item”的函数状态信息。执行语句如下：

```
mysql> SHOW FUNCTION STATUS LIKE '%item%'\G
```

运行结果如图 7-5 所示。

```
mysql> SHOW FUNCTION STATUS LIKE '%item%'\G
*************************** 1. row ***************************
                  Db: db_shop
                Name: item_count
                Type: FUNCTION
             Definer: root@localhost
            Modified: 2020-04-21 21:39:08
             Created: 2020-04-21 21:39:08
       Security_type: DEFINER
             Comment:
character_set_client: gbk
collation_connection: gbk_chinese_ci
  Database Collation: utf8mb4_0900_ai_ci
1 row in set (0.00 sec)

mysql> _
```

图 7-5　查看名称含有“item”的函数状态信息

3. 查询存储过程与函数定义

语法：

SHOW　CREATE {PROCEDURE|FUNCTION}　proc_or_ func_name

【实例 7-5】 查看 db_shop 数据库中存储过程 p_goods_sel 的定义。执行语句如下：

```
mysql> SHOW CREATE PROCEDURE p_goods_sel\G
```

运行结果如图 7-6 所示。

```
mysql> USE db_shop;
Database changed
mysql> SHOW CREATE PROCEDURE p_goods_sel\G
*************************** 1. row ***************************
           Procedure: p_goods_sel
            sql_mode: ONLY_FULL_GROUP_BY,STRICT_TRANS_TABLES,NO_ZERO_IN_DATE,NO_ZERO_DATE,ERROR_FOR_DIVISION_BY_ZERO,NO_ENGINE_SUBSTITUTION
    Create Procedure: CREATE DEFINER=`root`@`localhost` PROCEDURE `p_goods_sel`()
BEGIN
SELECT * FROM goods;
END
character_set_client: gbk
collation_connection: gbk_chinese_ci
  Database Collation: utf8mb4_0900_ai_ci
1 row in set (0.00 sec)

mysql>
```

图 7-6　查看存储过程的定义

【实例 7-6】 查看 db_shop 数据库中存储函数 item_count 的定义。执行语句如下：

```
mysql> SHOW　CREATE FUNCTION item_count\G
```

运行结果如图 7-7 所示。

```
mysql> USE db_shop;
Database changed
mysql> SHOW  CREATE FUNCTION item_count\G
*************************** 1. row ***************************
            Function: item_count
            sql_mode: ONLY_FULL_GROUP_BY,STRICT_TRANS_TABLES,NO_ZERO_IN_DATE,NO_ZERO_DATE,ERROR_FOR_DIVISION_BY_ZERO,NO_ENGINE_SUBSTITUTION
     Create Function: CREATE DEFINER=`root`@`localhost` FUNCTION `item_count`(id INT ) RETURNS int(11)
BEGIN
 DECLARE n int;
 SELECT COUNT(*) INTO n FROM item WHERE goods_id=id;
 RETURN n;
END
character_set_client: gbk
collation_connection: gbk_chinese_ci
  Database Collation: utf8mb4_0900_ai_ci
1 row in set (0.00 sec)

mysql>
```

图 7-7　查看存储函数的定义

四、任务实施

按下列操作完成 db_shop 数据库存储过程和函数的查看。

(1) 选择 db_shop 数据库，执行语句如下：

```
mysql>USE db_shopping;
```

(2) 通过 information_schema.routines 查看含有“goods”字符串的存储过程或函数信息，执行语句如下：

```
mysql>SELECT * FROM information_schema.routines
        WHERE ROUTINE_NAME　LIKE '%goods%'\G
```

(3) 查看名称含有“search”字符串的存储过程状态信息，执行语句如下：

```
mysql> SHOW PROCEDURE STATUS LIKE '%search%'\G
```

(4) 查看名称含有“format”字符串的函数状态信息，执行语句如下：

```
mysql> SHOW FUNCTION　STATUS LIKE'%format% '\G
```

任务 2　创建和调用存储过程

存储过程和函数具有模块化、安全性、传输压力低、执行效率高的特点，在企业数据库系统开发过程中被广泛应用。本任务通过电商购物管理系统的存储过程应用，学习存储过程的建立和调用。

一、存储过程创建语句

CREATE PROCEDURE 语句用来创建存储过程。

语法：

```
CREATE PROCEDURE proc_name ( [IN | OUT | INOUT ] param_name type[,…] )
BEGIN
        语句体(包括变量声明、控制语句、SQL 语句)
END
```

说明：

• IN | OUT | INOUT 表示输入参数、输出参数、输入输出参数，参数可以为空，参数为空时参数括号也必须保留。

• 语句体以 BEGIN…END 括住，每一个语句都要用分号“;”结尾。

• 由于存储过程内部语句要以分号结束，因此在定义存储过程前，需要用 delimiter 关键字定义其他字符来作为语句结束、命令发送执行符号。

二、存储过程调用语句

MySQL 使用 CALL 命令来调用执行一个已定义的存储过程。

语法：

```
CALL sp_name([parameter[…]])
CALL sp_name[()]
```

说明：sp_name 是调用的存储过程名；parameter 是传递参数的列表，参数为空时调用可以不带括号。

三、创建不带参数的存储过程

无参存储过程的创建和调用

不带参数的存储过程一般用于执行固定不变的检索、统计等模块操作，不带参数的存储过程没有带参数的存储过程灵活。

【实例 7-7】 在数据库 db_shop 中定义一个存储过程，能够查看各部门员工一览表并调用该存储过程。执行语句如下：

```
mysql> USE db_shop;
mysql>delimiter //    -- 改变 MySQL delimiter 为“//”即改变命令提交执行的标志符号，默认情况下，delimiter 是分号“;”
mysql> delimiter //
```

```
mysql> CREATE PROCEDURE p_dept_staff()
    BEGIN
    SELECT dept_name,staff_name,sex,birthday, phone,salary
    FROM staffer
    INNER JOIN department ON staffer.dept_id = department.id;
    END //
mysql>delimiter ;   -- 改回默认的“;”
mysql> CALL   p_dept_staff();
```

说明：

• 因为存储过程的每个语句需要使用分号作为结尾符号，所以需要使用关键字 delimiter 来改变存储过程结束时的提交执行符号，如“// ”；

• 存储过程定义结束时使用前面的 delimiter 定义符号作为结尾符，如“END//”；

• 存储过程定义完成后，需要使用“delimiter ; ”改回默认的分号作为命令执行符号。

运行结果如图 7-8 所示。

```
mysql> USE db_shop;
Database changed
mysql> delimiter //
mysql> CREATE PROCEDURE p_dept_staff()
    -> BEGIN
    -> SELECT dept_name, staff_name, sex, birthday, phone, salary
    -> FROM staffer
    -> INNER JOIN department ON staffer.dept_id = department.id;
    -> END //
Query OK, 0 rows affected (0.01 sec)

mysql> delimiter ;
mysql> CALL  p_dept_staff();
+-----------+------------+-----+------------+-------------+----------+
| dept_name | staff_name | sex | birthday   | phone       | salary   |
+-----------+------------+-----+------------+-------------+----------+
| 技术部    | 李斌       | F   | 2009-09-10 | 13561231568 | 12000.00 |
| 销售部    | 何林       | M   | 2010-06-20 | 13571231859 |  8000.00 |
| 市场部    | 张飞连     | M   | 1989-07-13 | 13761235185 | 11000.00 |
| 技术部    | 陈冲南     | M   | NULL       | NULL        |     0.00 |
| 市场部    | 周强       | M   | NULL       | NULL        |     0.00 |
| 销售部    | 张连强     | M   | 2000-09-02 | 13223212456 |  9000.00 |
| 技术部    | 新视图     | M   | NULL       | NULL        |  8500.00 |
| 销售部    | 陈一楠     | M   | NULL       | NULL        |     0.00 |
| 销售部    | 张三       | M   | NULL       | NULL        |     0.00 |
+-----------+------------+-----+------------+-------------+----------+
9 rows in set (0.01 sec)

Query OK, 0 rows affected (0.05 sec)

mysql>
```

图 7-8　建立部门员工存储过程和调用

四、创建带输入(IN)参数的存储过程

存储过程更灵活的应用，体现在可以通过输入参数来实现调用者的各类传入值，并实现不同参数值的业务应用。存储过程通过 IN 关键字指明定义的输入参数，省略默认为 IN。

【实例 7-8】 在数据库 db_shop 中建立一个存储过程，能够通过员工编号检索员工信息并调用该存储过程。执行语句如下：

带输入参数存储过程的创建和调用

```
mysql> USE db_shop;
mysql>delimiter //     -- 改变 MySQL delimiter 为“//”
mysql>CREATE PROCEDURE p_staferSearch(IN sid INT)
      BEGIN
      SELECT * FROM staffer WHERE id=sid;
      END//
mysql>delimiter ;   -- 改回默认的';'
mysql>CALL p_staferSearch( 6 );
```

运行结果如图 7-9 所示。

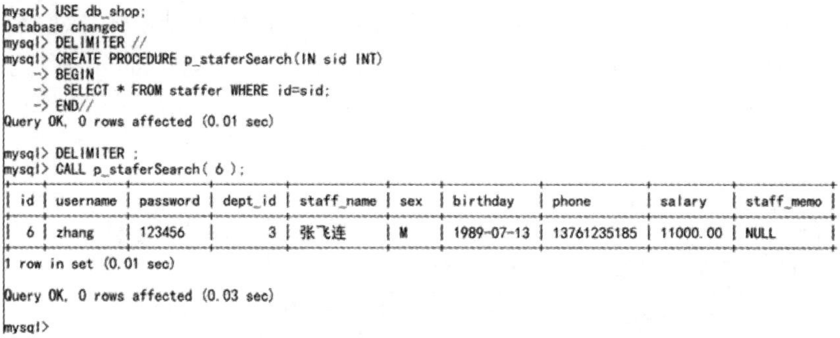

```
mysql> USE db_shop;
Database changed
mysql> DELIMITER //
mysql> CREATE PROCEDURE p_staferSearch(IN sid INT)
    -> BEGIN
    ->  SELECT * FROM staffer WHERE id=sid;
    -> END//
Query OK, 0 rows affected (0.01 sec)

mysql> DELIMITER ;
mysql> CALL p_staferSearch( 6 );
+----+----------+----------+---------+------------+-----+------------+-------------+----------+------------+
| id | username | password | dept_id | staff_name | sex | birthday   | phone       | salary   | staff_memo |
+----+----------+----------+---------+------------+-----+------------+-------------+----------+------------+
|  6 | zhang    | 123456   |       3 | 张飞连     | M   | 1989-07-13 | 13761235185 | 11000.00 | NULL       |
+----+----------+----------+---------+------------+-----+------------+-------------+----------+------------+
1 row in set (0.01 sec)

Query OK, 0 rows affected (0.03 sec)

mysql>
```

图 7-9　创建带输入(IN)参数的存储过程

【实例 7-9】建立一个存储过程，完成部门记录的添加，并调用测试。

分析：将添加的字段值全部以输入参数传入。执行语句如下：

```
mysql> delimiter //
mysql> CREATE PROCEDURE p_dept_ins(d_name varchar(20),d_phone char(13), d_memo varchar(100))
      BEGIN
      INSERT INTO department(dept_name,dept_phone,dept_memo)
          VALUES(d_name,d_phone,d_memo);
      END//
mysql> delimiter ;
mysql> CALL p_dept_ins('公关部','020-38490126',NULL);
```

运行结果如图 7-10 所示。

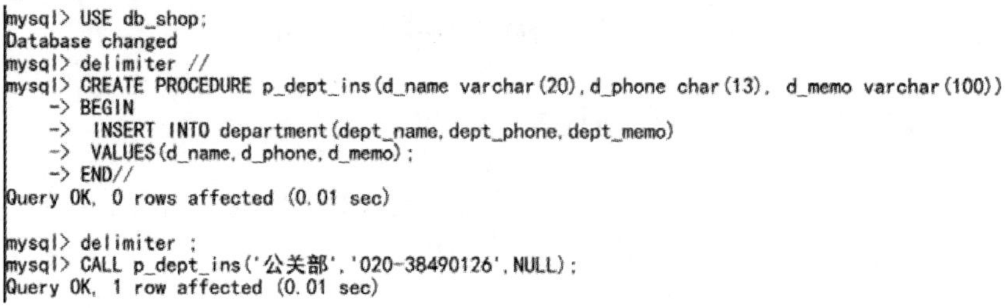

```
mysql> USE db_shop;
Database changed
mysql> delimiter //
mysql> CREATE PROCEDURE p_dept_ins(d_name varchar(20), d_phone char(13), d_memo varchar(100))
    -> BEGIN
    ->  INSERT INTO department(dept_name, dept_phone, dept_memo)
    ->  VALUES(d_name, d_phone, d_memo);
    -> END//
Query OK, 0 rows affected (0.01 sec)

mysql> delimiter ;
mysql> CALL p_dept_ins('公关部', '020-38490126', NULL);
Query OK, 1 row affected (0.01 sec)
```

图 7-10　创建部门记录添加存储过程

五、创建带输入(IN)参数和输出(OUT)参数的存储过程

若需要从存储过程中返回一个或多个检索或统计的值，则可以使用带 OUT 关键字定义的输出参数，将返回值传回调用环境。

带输入和输出参数存储过程的创建和调用

【实例 7-10】在数据库 db_shop 中建立一个存储过程，能够通过部门编号统计该部门员工人数，返回统计值，并调用该存储过程。

分析：部门编号是输入参数，统计的员工人数是输出参数。执行语句如下：

```
mysql>DELIMITER //    -- 改变 MySQL delimiter 为“//”
mysql>CREATE PROCEDURE p_count(IN id INT,OUT n INT)
BEGIN
  SELECT count(*) INTO n FROM staffer WHERE dept_id=id;
END//
mysql>DELIMITER ;  -- 改回默认的“;”
mysql>CALL p_count(1,@a);
mysql> SELECT @a AS '1 号部门员工数';
```

运行结果如图 7-11 所示。

```
mysql> USE db_shop;
Database changed
mysql> DELIMITER //
mysql> CREATE PROCEDURE p_count(IN id INT,OUT n INT)
    -> BEGIN
    ->   SELECT count(*) INTO n FROM staffer WHERE dept_id=id;
    -> END //
Query OK, 0 rows affected (0.01 sec)

mysql> DELIMITER ;
mysql> CALL p_count(1,@a);
Query OK, 1 row affected (0.00 sec)

mysql> SELECT @a AS '1号部门员工数';
+----------------+
| 1号部门员工数 |
+----------------+
|              3 |
+----------------+
1 row in set (0.01 sec)

mysql>
```

图 7-11　带输入(IN)和输出(OUT)参数的存储过程的建立和调用

六、创建带输入输出(INOUT) 参数的存储过程

在存储过程中，既需要从外部将参数值传到存储过程内执行，又需要在存储过程中改变参数值后由存储过程传出。对于这样的参数，在 MySQL 中可以使用 INOUT 关键字将其定义为输入输出参数。

带 INOUT 参数存储过程的创建和调用

【实例 7-11】 统计销售订单中某个商品销售额按某个比例促销的费用。

分析：订单号作为输入参数，可以将促销比例和促销费用使用同一个参数作为输入输出参数，以节省内存开销。执行语句如下：

```
mysql>DELIMITER //    -- 改变 MySQL delimiter 为“//”
```

```
mysql>CREATE PROCEDURE item_promotion(IN id INT,INOUT x FLOAT)
 BEGIN
     DECLARE s   FLOAT;
     SELECT SUM(total_price) INTO s   FROM item WHERE goods_id= id;
     SET x= s*x;
     END//
mysql>DELIMITER ;  -- 改回默认的“;”
mysql>SET @x=0.1;
mysql> CALL   item_promotion(1,@x);
mysql>SELECT @x;
```

运行结果如图 7-12 所示。

```
mysql> USE db_shop;
Database changed
mysql> DELIMITER //
mysql> CREATE PROCEDURE item_promotion(IN id INT, INOUT x FLOAT)
    -> BEGIN
    ->   DECLARE s FLOAT;
    ->   SELECT SUM(total_price) INTO s  FROM item WHERE goods_id= id;
    ->   SET x=s*x;
    -> END //
Query OK, 0 rows affected (0.01 sec)

mysql> DELIMITER ;
mysql> SET @x=0.1;
Query OK, 0 rows affected (0.00 sec)

mysql> CALL  item_promotion(1,@x);
Query OK, 1 row affected (0.01 sec)

mysql> SELECT @x;
+-------------------+
| @x                |
+-------------------+
| 24.600000381469727 |
+-------------------+
1 row in set (0.00 sec)

mysql> _
```

图 7-12　建立带输入输出(INOUT)参数的存储过程

七、任务实施

按下列操作完成 db_shopping 数据库存储过程的建立和调用。

(1) 选择 db_shopping 数据库，执行语句如下：

```
mysql>USE db_shopping;
```

(2) 建立按部门名称查看部门信息的存储过程，并调用测试，执行语句如下：

```
mysql>delimiter //    -- 改变 MySQL delimiter 为 “//”
mysql>CREATE PROCEDURE p_dept(IN dname VARCHAR(20))
      BEGIN
        SELECT * FROM department   WHERE dept_name=dname ;
      END//
mysql>delimiter ;  -- 改回默认的“;”
```

```
mysql>CALL p_dept('销售部');
```

(3) 建立一个存储过程，可实现按部门编号修改所有部门信息，执行语句如下：

```
mysql> USE db_shop;
mysql> delimiter //
mysql> CREATE PROCEDURE p_dept_up (d_id int, d_name varchar(20), d_phone
char(13), d_memo varchar(100) )
    BEGIN
      UPDATE department
      SET dept_name =d_name,dept_phone =d_phone,dept_memo =d_memo
      WHERE id = d_id;
    END //
mysql> delimiter ;
mysql> CALL p_dept_up(6,'外联部','13250897234','对外联系');
```

(4) 建立一个存储过程，可按订购号查看其订购额，把订购额通过输出参数输出并调用，执行语句如下：

```
mysql>DELIMITER //    -- 改变 MySQL delimiter 为“//”
mysql>CREATE PROCEDURE p_orders(IN Ord_id INT,OUT x FLOAT)
    BEGIN
    SELECT amount_money INTO x  FROM orders WHERE id=Ord_id;
    END//
mysql>DELIMITER ;  -- 改回默认的 MySQL delimiter “;”
mysql> CALL  p_orders(1,@x);
mysql>SELECT @x;
```

任务 3 创建和调用函数

MySQL 函数定义与存储过程定义的结构类似，但函数应用与存储过程应用有所不同，函数只能有输入参数，必须有一个 RETURN 类型说明和一个 RETURN 子句用于返回函数值，在调用时作为一个表达式，可以作为 SQL 语句的一个函数使用。本任务通过电商购物管理系统的函数应用，学习函数的建立和调用。

一、函数创建语句

CREATE FUNCTION 语句用来建立函数。

语法：

```
CREATE [DEFINER = user] FUNCTION func_name [func_parameter[,...]])
    RETURNS type
    [characteristic  …] routine_body
```

说明：MySQL 默认开启了 bin-log，那么在 FUNCTION 里只支持 DETERMINI

STIC、NO SQL 和 READS SQL DATA。在创建函数时，如果出现 “This function has none of DETERMINISTIC, NO SQL, or READS SQL DATA in its declaration and binary logging is enabled”，则可以执行下列语句进行查看和设置：

```
mysql>show variables like 'log_bin_trust_function_creators';
#查看设置，可以在 my.cnf 配置文件中添加 log_bin_trust_function_creators=1
mysql>set global log_bin_trust_function_creators=1; #设置
```

二、函数调用语句

函数定义好以后，就可以像其他语言的函数一样作为表达式调用。

语法：

赋值：

```
SET   @var_name=func_name (parameter[,...]);
```

查询显示：

```
SELECT func_name (parameter[,...]);
```

三、应用举例

【实例 7-12】 编写一个函数，用来统计订单详细表的商品销售笔数。

分析：创建函数时，MySQL 默认开启了 bin-log，因含有 SQL 语句会出错，则需要参数 log_bin_trust_function_creators 进行设置。执行语句如下：

```
mysql>set global log_bin_trust_function_creators=1;
```

然后再创建函数，执行语句如下：

```
mysql> USE db_shop;
mysql>DELIMITER //
mysql>CREATE FUNCTION item_count(id INT )
       RETURNS INT      --指定函数返回值类型，注意 RETURNS 带 S
  BEGIN
      DECLARE n int;
      SELECT COUNT(*) INTO n FROM item WHERE goods_id=id;
      RETURN n;        --注意 RETURNS 不带 S
END //
mysql>DELIMITER ;
mysql>SET @n=item_count(1);
mysql>SELECT @n;
```

运行结果如图 7-13 所示。

```
mysql> set global log_bin_trust_function_creators=1;
Query OK, 0 rows affected (0.00 sec)

mysql> USE db_shop;
Database changed
mysql> DELIMITER //
mysql> CREATE FUNCTION item_count(id INT )
    ->  RETURNS INT
    -> BEGIN
    ->   DECLARE n int;
    ->   SELECT COUNT(*) INTO n FROM item WHERE goods_id=id;
    ->   RETURN n;
    -> END //
Query OK, 0 rows affected (0.02 sec)

mysql> DELIMITER ;
mysql> SET @n=item_count(1);
Query OK, 0 rows affected (0.01 sec)

mysql> SELECT @n;
+------+
| @n   |
+------+
|    3 |
+------+
1 row in set (0.00 sec)

mysql> _
```

图 7-13 建立查询商品订单销售次数的函数

【实例 7-13】 编写一个函数，可按职员编号查询员工姓名。执行语句如下：

```
mysql> USE db_shop;
mysql> set global log_bin_trust_function_creators=1;
mysql>DELIMITER //
mysql>CREATE FUNCTION staffer_search(sid   INT )
        RETURNS   VARCHAR(10)
        BEGIN
            DECLARE sname VARCHAR(10);
            SELECT staff_name INTO sname FROM staffer WHERE id=sid;
            IF   ISNULL(sname)    THEN
                RETURN '无人';
            ELSE
                RETURN sname;
            END IF;
        END //
mysql>DELIMITER ;
mysql>SET @sname= staffer_search(6);
mysql>SELECT @sname,staffer_search(4);
```

运行结果如图 7-14 所示。

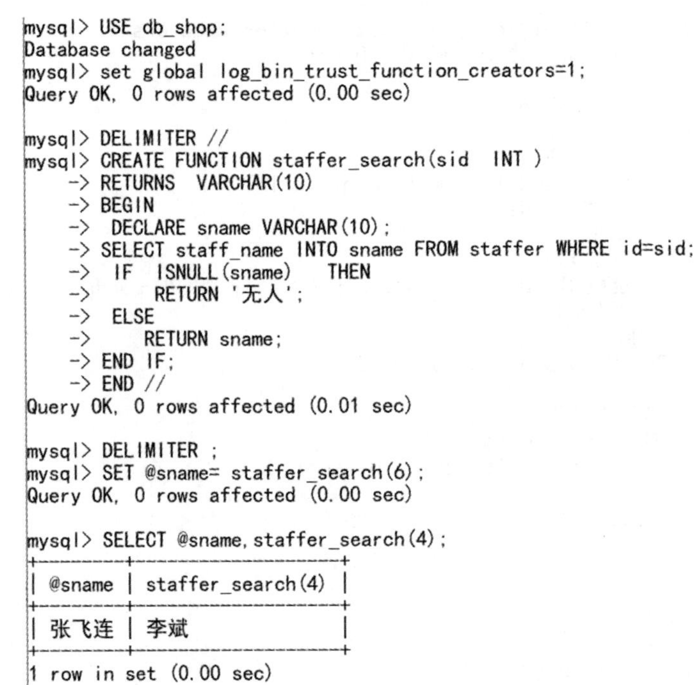

```
mysql> USE db_shop;
Database changed
mysql> set global log_bin_trust_function_creators=1;
Query OK, 0 rows affected (0.00 sec)

mysql> DELIMITER //
mysql> CREATE FUNCTION staffer_search(sid  INT )
    -> RETURNS  VARCHAR(10)
    -> BEGIN
    ->  DECLARE sname VARCHAR(10);
    -> SELECT staff_name INTO sname FROM staffer WHERE id=sid;
    ->  IF  ISNULL(sname)   THEN
    ->      RETURN '无人';
    ->  ELSE
    ->     RETURN sname;
    -> END IF;
    -> END //
Query OK, 0 rows affected (0.01 sec)

mysql> DELIMITER ;
mysql> SET @sname= staffer_search(6);
Query OK, 0 rows affected (0.00 sec)

mysql> SELECT @sname, staffer_search(4);
+--------+-------------------+
| @sname | staffer_search(4) |
+--------+-------------------+
| 张飞连 | 李斌              |
+--------+-------------------+
1 row in set (0.00 sec)
```

图 7-14　建立按职员编号查询员工姓名的函数

四、任务实施

按下列操作完成 db_shopping 数据函数的建立和调用。

(1) 选择 db_shopping 数据库，执行语句如下：

```
mysql>USE db_shopping;
```

(2) 建立一个函数，可按订购号查看其订购额、返回订购额，并调用测试，执行语句如下：

```
mysql>DELIMITER //    -- 改变 MySQL delimiter 为“//”
mysql>CREATE FUNCTION f_orders( Ord_id INT)
      RETURNS INT     -- 指定函数返回值类型，注意 RETURNS 带 S
    BEGIN
        DECLARE x int;
      SELECT amount_money INTO x   FROM orders WHERE id=Ord_id;
      RETURN x;   -- 注意 RETURN 不带 S
      END//
mysql>DELIMITER ;  -- 改回默认的“;”
mysql> SET   @x= f_orders(1);
mysql>SELECT @x;
```

(3) 建立一个函数，可按部门名称和员工姓名设置参数、查找返回员工电话，并调用测试，执行语句如下：

```
mysql>DELIMITER //    -- 改变 MySQL delimiter 为“//”
mysql>CREATE FUNCTION f_staff_phone(dname VARCHAR(20) ,sname VARCHAR(10))
      RETURNS CHAR(11)    -- 指定函数返回值类型，注意 RETURNS 带 S
    BEGIN
      DECLARE ph   CHAR(11);
      SELECT phone INTO ph   FROM staffer
      INNER JOIN department ON department.id = staffer.dept_id
      WHERE dept_name =dname   AND   staff_name =sname ;
      RETURN ph   ;   -- 注意 RETURN 不带 S
      END//
mysql>DELIMITER ;   -- 改回默认的“;”
mysql> SET   @phone= f_staff_phone('销售部',张一楠’);
mysql>SELECT @phone;
```

任务 4　修改和删除存储过程与函数

存储过程与函数建立以后，在运行中可能根据业务需求进行修改或删除。本任务通过商品购物管理系统中存储过程与函数的修改和删除操作，学习根据业务需求对存储过程与函数进行修改和删除。

一、修改存储过程与函数

MySQL 中的修改过程与函数主要是修改存储过程与函数的特性。ALTER PROCEDURE 语句用来修改存储过程的特性，ALTER FUNCTION 语句用来修改函数的特性。

语法：

```
ALTER {PROCEDURE|FUNCTION}   proc_or_ func_name
                [characteristic…]
characteristic:
    COMMENT 'string'
  | LANGUAGE SQL
  | { CONTAINS SQL | NO SQL | READS SQL DATA | MODIFIES SQL DATA }
  | SQL SECURITY { DEFINER | INVOKER }
```

【实例 7-14】将读写权限改为 MODIFIES SQL DATA，并指明调用者可以执行。执行语句如下：

```
mysql> USE db_shop;
mysql>ALTER   PROCEDURE    p_staferSearch
      MODIFIES SQL DATA
      SQL SECURITY INVOKER ;
```

运行结果如图 7-15 所示。

```
mysql> USE db_shop;
Database changed
mysql> ALTER  PROCEDURE   p_staferSearch
    -> MODIFIES SQL DATA
    -> SQL SECURITY INVOKER ;
Query OK, 0 rows affected (0.01 sec)

mysql>
```

图 7-15　修改存储过程的权限

说明：可以通过 information_schema.routines 查看修改结果。执行语句如下：

```
mysql>SELECT * FROM information_schema.routines     -- 查看修改结果
      WHERE ROUTINE_NAME LIKE'%search%' \G
```

运行结果如图 7-16 所示。

```
mysql> SELECT * FROM information_schema.routines
    -> WHERE ROUTINE_NAME LIKE '%staferSearch%'\G
*************************** 1. row ***************************
           SPECIFIC_NAME: p_staferSearch
         ROUTINE_CATALOG: def
          ROUTINE_SCHEMA: db_shop
            ROUTINE_NAME: p_staferSearch
            ROUTINE_TYPE: PROCEDURE
               DATA_TYPE:
CHARACTER_MAXIMUM_LENGTH: NULL
  CHARACTER_OCTET_LENGTH: NULL
       NUMERIC_PRECISION: NULL
           NUMERIC_SCALE: NULL
      DATETIME_PRECISION: NULL
      CHARACTER_SET_NAME: NULL
          COLLATION_NAME: NULL
          DTD_IDENTIFIER: NULL
            ROUTINE_BODY: SQL
      ROUTINE_DEFINITION: BEGIN
 SELECT * FROM staffer WHERE id=sid;
END
           EXTERNAL_NAME: NULL
       EXTERNAL_LANGUAGE: SQL
         PARAMETER_STYLE: SQL
        IS_DETERMINISTIC: NO
         SQL_DATA_ACCESS: MODIFIES SQL DATA
                SQL_PATH: NULL
           SECURITY_TYPE: INVOKER
                 CREATED: 2020-04-25 18:01:35
            LAST_ALTERED: 2020-04-25 18:28:44
                SQL_MODE: ONLY_FULL_GROUP_BY,STRICT_TRANS_TABLES,NO_ZERO_IN_DATE,NO_ZERO_DATE,ERROR_FOR_DIVISION_BY_ZERO,NO_ENGINE_SUBSTITUTION
         ROUTINE_COMMENT:
                 DEFINER: root@localhost
    CHARACTER_SET_CLIENT: gbk
    COLLATION_CONNECTION: gbk_chinese_ci
      DATABASE_COLLATION: utf8mb4_0900_ai_ci
1 row in set (0.00 sec)

mysql>
```

图 7-16　查看存储过程的权限修改结果

【实例 7-15】 将函数 staffer_search 的读写权限改为 READS SQL DATA，并加上注释信息'FIND Staffer'。执行语句如下：

```
mysql> USE db_shop;
mysql>ALTER FUNCTION     staffer_search
      READS SQL DATA
      COMMENT 'FIND    Staffer' ;
```

运行结果如图 7-17 所示。

```
mysql> USE db_shop;
Database changed
mysql> ALTER FUNCTION    staffer_search
    -> READS SQL DATA
    -> COMMENT 'FIND  Staffer' ;
Query OK, 0 rows affected (0.01 sec)

mysql>
```

图 7-17　修改函数的权限特性和注释

说明：可以通过 information_schema.routines 表查看修改结果。执行语句如下：

```
mysql>SELECT * FROM information_schema.routines      -- 查看修改结果
      WHERE ROUTINE_NAME LIKE '%search%';
```

运行结果如图 7-18 所示。

```
mysql> SELECT * FROM information_schema.routines
    -> WHERE ROUTINE_NAME LIKE '%_search%'\G
*************************** 1. row ***************************
           SPECIFIC_NAME: staffer_search
         ROUTINE_CATALOG: def
          ROUTINE_SCHEMA: db_shop
            ROUTINE_NAME: staffer_search
            ROUTINE_TYPE: FUNCTION
               DATA_TYPE: varchar
CHARACTER_MAXIMUM_LENGTH: 10
  CHARACTER_OCTET_LENGTH: 40
       NUMERIC_PRECISION: NULL
           NUMERIC_SCALE: NULL
      DATETIME_PRECISION: NULL
      CHARACTER_SET_NAME: utf8mb4
          COLLATION_NAME: utf8mb4_0900_ai_ci
          DTD_IDENTIFIER: varchar(10)
            ROUTINE_BODY: SQL
      ROUTINE_DEFINITION: BEGIN
 DECLARE sname VARCHAR(10);
SELECT staff_name INTO sname FROM staffer WHERE id=sid;
 IF  ISNULL(sname)   THEN
     RETURN '无人';
 ELSE
    RETURN sname;
END IF;
END
           EXTERNAL_NAME: NULL
       EXTERNAL_LANGUAGE: SQL
         PARAMETER_STYLE: SQL
        IS_DETERMINISTIC: NO
         SQL_DATA_ACCESS: READS SQL DATA
                SQL_PATH: NULL
           SECURITY_TYPE: DEFINER
                 CREATED: 2020-04-24 23:00:33
            LAST_ALTERED: 2020-04-25 18:40:30
                SQL_MODE: ONLY_FULL_GROUP_BY,STRICT_TRANS_TABLES,NO_ZERO_IN_DATE,NO_ZERO_DATE,ERROR_FOR_DIVISION_BY_ZERO,NO_ENGINE_SUBSTITUTION
         ROUTINE_COMMENT: FIND  Staffer
                 DEFINER: root@localhost
    CHARACTER_SET_CLIENT: gbk
    COLLATION_CONNECTION: gbk_chinese_ci
```

图 7-18　查看函数的权限和注释修改结果

二、删除存储过程与函数

DROP PROCEDURE 语句用来删除存储过程，DROP FUNCTION 语句用来删除函数。

语法：

```
DROP {PROCEDURE | FUNCTION} [IF EXISTS] sp_name
```

说明：sp_name 表示存储过程的名称，一次只能删除一个存储过程。

【实例 7-16】 删除存储过程 p_goods2。

分析：为了能看到删除储存过程的效果，可以先查看这个存储过程是否存在，再进行删除操作。执行语句如下：

```
mysql> USE db_shop;
mysql> SHOW PROCEDURE STATUS LIKE '%goods% '\G
mysql>DROP    PROCEDURE p_goods2;
```

运行结果如图 7-19 所示。

说明：删除存储过程后，可以使用查看存储过程状态语句 SHOW PROCEDURE LIKE '%goods%'\G 查看存储过程 p_goods2 是否存在。

```
mysql> USE db_shop;
Database changed
mysql> SHOW PROCEDURE STATUS LIKE '%goods%'\G
*************************** 1. row ***************************
                  Db: db_shop
                Name: p_goods2
                Type: PROCEDURE
             Definer: root@localhost
            Modified: 2020-04-25 17:37:31
             Created: 2020-04-25 17:37:31
       Security_type: DEFINER
             Comment:
character_set_client: gbk
collation_connection: gbk_chinese_ci
  Database Collation: utf8mb4_0900_ai_ci
*************************** 2. row ***************************
                  Db: db_shop
                Name: p_goods_sel
                Type: PROCEDURE
             Definer: root@localhost
            Modified: 2020-04-21 21:05:37
             Created: 2020-04-21 21:05:37
       Security_type: DEFINER
             Comment:
character_set_client: gbk
collation_connection: gbk_chinese_ci
  Database Collation: utf8mb4_0900_ai_ci
2 rows in set (0.00 sec)

mysql> DROP PROCEDURE p_goods2;
Query OK, 0 rows affected (0.01 sec)

mysql>
```

图 7-19　查看和删除存储过程

【实例 7-17】 删除 db_shop 数据库中的函数 staffer_search。

分析：为了能看到删除函数的效果，应先查看该函数的状态。执行语句如下：

```
mysql> USE db_shop;
mysql> SHOW FUNCTION STATUS LIKE  '%search% '\G
mysql> DROP FUNCTION   staffer_search;
```

运行结果如图 7-20 所示。

```
mysql> SHOW FUNCTION STATUS LIKE '%search%'\G
*************************** 1. row ***************************
                  Db: db_shop
                Name: staffer_search
                Type: FUNCTION
             Definer: root@localhost
            Modified: 2020-04-25 18:40:30
             Created: 2020-04-24 23:00:33
       Security_type: DEFINER
             Comment: FIND  Staffer
character_set_client: gbk
collation_connection: gbk_chinese_ci
  Database Collation: utf8mb4_0900_ai_ci
1 row in set (0.00 sec)

mysql> DROP FUNCTION  staffer_search;
Query OK, 0 rows affected (0.01 sec)

mysql>
```

图 7-20　查看和删除函数

三、任务实施

按下列操作实施完成 db_shopping 数据库存储过程和函数的特性修改。

(1) 选择 db_shopping 数据库，执行语句如下：

```
mysql>USE db_shopping;
```

(2) 将前面建立好的存储过程 p_dept 的读写权限改为 MODIFIES SQL DATA，并指明调用者可以执行，执行语句如下：

```
mysql>ALTER    PROCEDURE    p_dept
          MODIFIES SQL DATA
          SQL SECURITY INVOKER ;
```

(3) 通过 information_schema.routines 查看修改结果，执行语句如下：

```
mysql>SELECT * FROM information_schema.routines       --查看修改结果
          WHERE ROUTINE_NAME LIKE '%dept%';
```

(4) 将前面建立好的函数 staffer_search 的读写权限改为 READS SQL DATA，执行语句如下：

```
mysql>ALTER FUNCTION      staffer_search
          READS SQL DATA
```

任务 5　应用 MySQL 程序设计

MySQL 是基于 ANSI SQL-92 标准的 SQL 语言，根据 MySQL 系统本身的特性，增加了事务设计编程语言，具有对数据库脚本编程的基本元素，如常量与变量、运算符、判断语句、循环控制语句等，可以实现功能更为复杂的存储过程或函数。本任务以电商购物管理系统数据库为载体，通过编写程序实现设计功能，学习 MySQL 的脚本编写。

一、常量

常量是指脚本中各种类型的确定值。

1. 字符串常量

字符串常量是指单个或多个字符组成的固定值。字符串的表示方式是使用单引号或双引号将字符串常量括住，如：'女'、"th at\'s a student"。但有些特殊字符，需加左斜线(\ )作为转义符才能使用，如：'(单引号)、"(双引号)、\(左斜线)等特殊字符的常量值分别为'\''、'\\'、'\"'。

2. 数值常量

数值常量不需要用引号括住。

Int 常量：由不含小数点的数字 0～9 组成，如 2009。

decimal 常量：可以是带小数点的数值，如 123.6。

float 常量和 real 常量：可以用小数点方式和科学计数法表示，如 28.9、12.3E6。

3. 日期时间常量

日期时间常量是以 MySQL 可识别的格式表示的常量，用单引号括住，如：'2009-08-09'。

二、变量

变量用于存储临时数据，构成表达式最基本的存储单元。

1. MySQL 变量的类型

MySQL 变量又包括局部变量、用户变量和系统变量(系统变量又分全局变量和会话变量)。

(1) 局部变量：没有前缀，一般用于存储过程或函数中，作用域仅局限于定义它的语句块。在语句块执行完毕后，局部变量就会被释放。存储过程或函数的参数也属于局部变量。局部变量需要先用 DECLARE 声明定义，再使用。

(2) 用户变量：带有前缀@，只能被定义它的用户使用，作用于当前用户整个连接，当前连接一旦断开，所定义的用户变量全部被释放。用户变量的作用域比局部变量要广。用户变量不用声明定义，可直接使用。

(3) 系统变量：MySQL 内置了许多系统变量，是由系统定义的，变量名称带有前缀@@，包含全局变量和会话变量。

• 全局变量：影响整个服务器的参数，在 MySQL 启动时由服务器的 my.ini 自动初始化默认值。用户不能定义全局变量，但可以通过 my.ini 文件来修改。修改全局变量，必须具有 SUPER 权限。

• 会话变量：每当建立一个新连接时，由 MySQL 服务器将当前所有全局变量值复制一份给会话变量完成初始化，它只影响当前用户的数据库连接。设置会话变量不需要特殊权限，但客户端只能更改自己的会话变量，不能更改其他客户端的会话变量。会话变量的作用域与用户变量一样，仅限于当前连接，当前连接断开后，其设置的所有会话变量均失效。

2. 局部变量的定义

DECLARE 语句用来定义局部变量。在“mysql>”提示符下执行 HELP DECLARE VARIABLE，可以获得应用说明文档和官网文档的访问地址。

语法：

```
DECLARE var_name [, var_name] ... type [DEFAULT value]
```

说明：定义局部变量，说明局部变量的存储值类型。

例如：

```
DECLARE i，j INT;
```

3. 变量赋值语句

SET 或者 SELECT 语句用来给变量赋值。

• SET 语句语法：

```
SET variable = expr [, variable = expr]                -- 局部变量
```

```
SET @variable = expr [, variable = expr]              -- 用户变量
SET @@variable = expr [, variable = expr]             -- 全局变量或会话变量
```

例如：

```
DECLARE n INT;
SET n=0;
SET @id=1,@s=2;
SET @@session.sort_buffer_size=262144
```

• SELECT 语句语法：

```
SELECT  col_name [,…] INTO  variable[,variable ]FROM table_name;
```

4. 变量应用举例

(1) 局部变量：一般在存储过程或函数中使用。

【实例 7-18】 编写一个带参的存储过程，用于查找统计按商品编号和达到某一数量的详细订单笔数。

分析：参数也是局部变量，只不过参数定义时不需要 DECLARE 说明。执行语句如下：

```
mysql>DELIMITER //
mysql>CREATE PROCEDURE item_n(IN id INT,IN s INT)
    BEGIN
    DECLARE n INT;
    SET n=0;
    SELECT COUNT(*) INTO n FROM item WHERE goods_id=id and quantity>s;
    SELECT id,s,n;
    END //
mysql>DELIMITER ;
mysql>CALL item_n (1,2);          -- 调用
```

运行结果如图 7-21 所示。

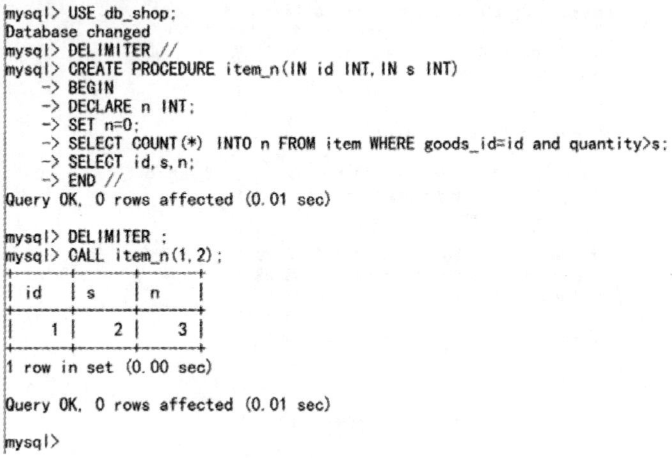

```
mysql> USE db_shop;
Database changed
mysql> DELIMITER //
mysql> CREATE PROCEDURE item_n(IN id INT, IN s INT)
    -> BEGIN
    -> DECLARE n INT;
    -> SET n=0;
    -> SELECT COUNT(*) INTO n FROM item WHERE goods_id=id and quantity>s;
    -> SELECT id, s, n;
    -> END //
Query OK, 0 rows affected (0.01 sec)

mysql> DELIMITER ;
mysql> CALL item_n(1, 2);
+------+------+------+
| id   | s    | n    |
+------+------+------+
|    1 |    2 |    3 |
+------+------+------+
1 row in set (0.00 sec)

Query OK, 0 rows affected (0.01 sec)

mysql>
```

图 7-21　应用局部变量

(2) 用户变量：不用声明定义，可直接使用。

【实例 7-19】通过用户变量的值查找统计相应商品达到销售数量条件的详细订单笔数。执行语句如下：

```
mysql> USE db_shop;
mysql>SET @id=1,@s=2;
mysql>SELECT COUNT(*) INTO @n FROM item WHERE goods_id=@id and
        quantity>@s;
mysql>SELECT @id,@s,@n;
```

执行结果如图 7-22 所示。

```
mysql> USE db_shop;
Database changed
mysql> SET @id=1,@s=2;
Query OK, 0 rows affected (0.00 sec)

mysql> SELECT COUNT(*) INTO @n FROM item WHERE goods_id=@id and quantity>@s;
Query OK, 1 row affected (0.00 sec)

mysql> SELECT @id,@s,@n;
+------+------+------+
| @id  | @s   | @n   |
+------+------+------+
|    1 |    2 |    3 |
+------+------+------+
1 row in set (0.00 sec)

mysql>
```

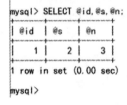

图 7-22　应用用户变量

(3) 系统变量：利用系统内置的全局变量直接获取值。

【实例 7-20】 查看全局变量@@global.sort_buffer_size。

分析：使用 SELECT 语句或者 SHOW GLOBAL VARIABLES 语句进行查看。这两种方法的执行语句如下：

```
mysql>SELECT @@global.sort_buffer_size;
mysql>SHOW GLOBAL VARIABLES like "%.sort_buffer%";
```

运行结果如图 7-23 所示。

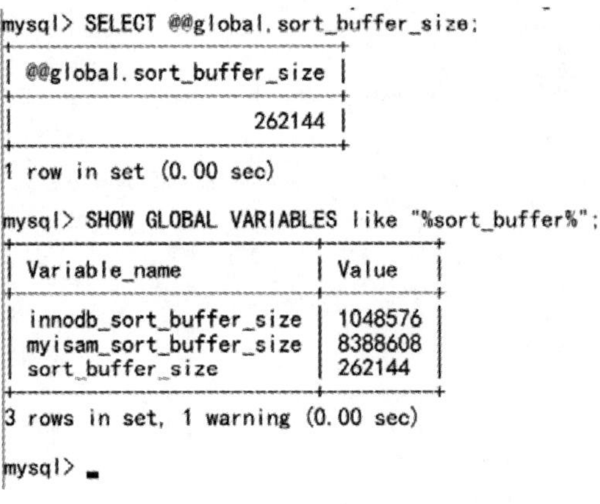

```
mysql> SELECT @@global.sort_buffer_size;
+---------------------------+
| @@global.sort_buffer_size |
+---------------------------+
|                    262144 |
+---------------------------+
1 row in set (0.00 sec)

mysql> SHOW GLOBAL VARIABLES like "%sort_buffer%";
+-------------------------+---------+
| Variable_name           | Value   |
+-------------------------+---------+
| innodb_sort_buffer_size | 1048576 |
| myisam_sort_buffer_size | 8388608 |
| sort_buffer_size        | 262144  |
+-------------------------+---------+
3 rows in set, 1 warning (0.00 sec)

mysql> _
```

图 7-23　查看全局变量

【实例 7-21】 查看会话变量@@error_count 和@@sort_buffer_size 的值。

分析：会话变量的域标签为 session，如果不带这个标签，也默认为会话变量，则可以使用 SELECT 或 SHOW SESSION VARIABLES。执行语句如下：

```
mysql>SELECT @@error_count,@@session.error_count;   -- 会话变量
mysql> SELECT @@sort_buffer_size,@@session.sort_buffer_size;
mysql>SHOW SESSION VARIABLES LIKE '%sort_buffer%';
```

运行结果如图 7-24 所示。

```
mysql> SELECT @@error_count,@@session.error_count;
+---------------+-----------------------+
| @@error_count | @@session.error_count |
+---------------+-----------------------+
|             0 |                     0 |
+---------------+-----------------------+
1 row in set (0.00 sec)

mysql> SELECT @@sort_buffer_size,@@session.sort_buffer_size;
+--------------------+----------------------------+
| @@sort_buffer_size | @@session.sort_buffer_size |
+--------------------+----------------------------+
|             262144 |                     262144 |
+--------------------+----------------------------+
1 row in set (0.00 sec)

mysql> SHOW SESSION VARIABLES LIKE '%sort_buffer%';
+-------------------------+---------+
| Variable_name           | Value   |
+-------------------------+---------+
| innodb_sort_buffer_size | 1048576 |
| myisam_sort_buffer_size | 8388608 |
| sort_buffer_size        | 262144  |
+-------------------------+---------+
3 rows in set, 1 warning (0.00 sec)

mysql>
```

图 7-24　查看会话变量

三、运算符

运算符用于基本的算术运算、字符运算、比较运算、逻辑运算等各种运算。MySQL 具有的运算符如表 7-1 所示。在“mysql>”提示符下执行 HELP+运算符”，可以获得运算符应用说明文档和官网文档的访问地址。

表 7-1　运　算　符

运算符类型	运算符
算术运算符	+(加)　–(减)　*(乘)　/(除)　%(求余)
字符连接运算符	+(将两个字符数据连接起来)
常规的比较运算符	= (等于)　>(大于)　< (小于) <= (小于等于)　>=(大于等于)　<> (不等于) !=　(不等于)　!>(不大于)　!< (不小于)
特殊的比较运算符	ALL(所有)　ANY(任一) BETWEEN …AND… (在…与…之间)　IN(在…集合中) LIKE (匹配…格式)　IS　NULL　EXISTS(存在) REGEXP(正则表达式匹配)
逻辑运算符	NOT(非)　AND(与)　OR(或)　XOR(异或)
位运算符(按二进制位进行运算)	~(取反)　&(与)　|(或) ^(异或)　<< (左移)　>> (右移)

【实例 7-22】读者自行完成执行下列语句，熟悉其运算法则。

```
mysql> SELECT 4+2,4-2,4*2,4/2,4%3;
mysql> SELECT 1 && 1,1 AND 0,1 AND NULL,0 AND NULL;
mysql> SELECT 1 || 1,1 OR 0,0 OR 0,1 OR NULL,0 OR NULL,NULL OR NULL;
mysql> SELECT !0,NOT 1,NOT NULL; --当操作数为 NULL 时，返回值为 NULL
```

四、函数

MySQL 除了前面介绍的聚合函数外，还包含其他各种类型、可用于表达式的运算函数，包括数值函数、字符串函数、日期与时间函数、条件判断函数、JSON 函数、类型转换函数等。下面介绍一些常用函数，函数应用和更多函数可以查阅帮助文档。

1. 数值函数

常用的数值函数如下：

- ABS(x)：返回数值 x 的绝对值；
- MOD(x,y)：返回数值 x 除以数值 y 后的余数；
- SQRT(x)：返回数值 x 的平方根；
- POW(x,y)或 POWER(x,y)：返回数字表达式 x 的 y 次方；
- CEIL(x)：返回大于数值 x 的最小整数值；
- FLOOR(x)：返回小于数值 x 的最大整数值；
- RAND([n])：返回 0～1 内的随机数，若带种子 n，则按种子进行初始化后调用种子返回值，否则每次都调用 RAND()进行初始化的随机值；
- ROUND(x)：返回对参数 x 进行四舍五入后的值(整数值)；
- ROUND(x,y)：返回参数 x 四舍五入后保留 y 位小数的值；
- TRUNCATE(x,y)：对数值 x 进行截取，保留小数点后 y 位数字。

【实例 7-23】在数据库 db_shop 中查询员工的薪水，按四舍五入保留 2 位小数显示。执行语句如下：

```
mysql> USE db_shop;
mysql> SELECT dept_id,staff_name,ROUND(salary,2) FROM staffer;
```

运行结果如图 7-25 所示。

```
mysql> USE db_shop;
Database changed
mysql> SELECT dept_id,staff_name,ROUND(salary,2) FROM staffer;
+---------+------------+-----------------+
| dept_id | staff_name | ROUND(salary,2) |
+---------+------------+-----------------+
|       1 | 李斌       |        12000.00 |
|       2 | 何林       |         8000.00 |
|       3 | 张飞连     |        11000.00 |
|       1 | 陈冲南     |            0.00 |
|       3 | 周强       |            0.00 |
|       2 | 张连强     |         9000.00 |
|       1 | 新视图     |         8500.00 |
|       2 | 陈一楠     |            0.00 |
+---------+------------+-----------------+
8 rows in set (0.00 sec)

mysql>
```

图 7-25　应用数值函数查询

2. 字符串函数

字符串函数主要是针对字符常量和变量的函数，更多字符串函数的应用可以查阅帮助文档。

常用的字符串函数如下：

- LOWER(str)：将字符串 str 变为小写字母；
- UPPER(str)：将字符串 str 变为大写字母；
- LTRIM (str)：删除字符串左边的空格字符串；
- RTRIM (str)：删除字符串右边的空格字符串；
- TRIM(str)：删除字符串左右两边的空格字符串；
- LENGTH(str)：返回字符串占用的字节长度；
- CHAR_LENGTH(str)：返回字符串的字符个数；
- LEFT(str,m)：返回从字符串 str 左边开始的 m 个字符；
- RIGHT(str,m)：返回从字符串 str 右边开始的 m 个字符；
- SUBSTRING(str，n，m)：截取字符串 str 从左边第 n 位开始的 m 个长度的字符串；
- LOCATE(str1,str)：返回子字符串 str1 在字符串 str 的开始位置；
- REVERSE(str)：反转字符串。

【实例 7-24】在 db_shop 数据库中查询电话前三位为“135”的员工信息。执行语句如下：

```
mysql> USE db_shop;
mysql> SELECT * FROM staffer WHERE SUBSTRING(phone,1,3)= '135';
```

运行结果如图 7-26 所示。

```
mysql> USE db_shop;
Database changed
mysql> SELECT * FROM  staffer WHERE SUBSTRING(phone, 1, 3)='135';
+----+----------+----------+---------+------------+-----+------------+-------------+----------+------------+
| id | username | password | dept_id | staff_name | sex | birthday   | phone       | salary   | staff_memo |
+----+----------+----------+---------+------------+-----+------------+-------------+----------+------------+
|  4 | admin    | admin    |       1 | 李斌       | F   | 2009-09-10 | 13561231568 | 12000.00 | 经理       |
|  5 | he       | 123456   |       2 | 何林       | M   | 2010-06-20 | 13571231859 |  8000.00 | 销售主管   |
+----+----------+----------+---------+------------+-----+------------+-------------+----------+------------+
2 rows in set (0.00 sec)

mysql>
```

图 7-26　应用字符函数查询

3. 日期与时间函数

日期与时间函数主要是针对日期时间常量和变量的函数，更多日期时间函数的应用可查阅帮助文档。

常用的日期与时间函数如下：

- CURDATE()：获取当前日期；
- CURTIME()：获取当前时间；
- NOW()：获取当前的日期和时间；
- UNIX_TIMESTAMP(date)：获取日期 date 的 UNIX 时间戳；
- YEAR(date)，MONTH(date)，WEEK(date)，DAY(date)，HOUR(date)，MINUTE(date)，SECOND(date)：返回指定日期 date 的年份、月份、星期、日、时、

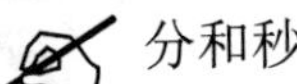

分和秒；

- DATEDIFF(date1,date2)：获取 2 个日期间隔的天数；
- TIMESTAMPDIFF(unit,datetime_expr1,datetime_expr2)：获取 2 个日期时间按 unit 为单位的时间间隔，其中，unit 可以是 YEAR、MONTH、DAY、HOUR、MINUTE、SECOND，分别表示年、月、日、时、分、秒；
- DATE_FORMAT(date,format)：按 format 指定的格式显示日期 date 的值；
- ADDDATE(date,INTERVAL expr unit)：返回日期加上一个时间段后的日期；
- SUBDATE(date,INTERVAL expr unit)：返回日期减去一个时间段后的日期；
- TIME_TO_SEC(d),SEC_TO_TIME(date)：获取将“HH:MM:SS”格式的时间换算为秒或将秒数换算为“HH:MM:SS”格式的值。

【实例 7-25】在 db_shop 数据库中显示出各个顾客的姓名和年龄信息。执行语句如下：

```
mysql> USE db_shop;
mysql> SELECT customer_name,TIMESTAMPDIFF(YEAR,birthday,CURDATE()) AS 年龄 FROM customer;
```

运行结果如图 7-27 所示。

```
mysql> USE db_shop;
Database changed
mysql> SELECT customer_name,TIMESTAMPDIFF(YEAR,birthday,CURDATE()) AS 年龄 FROM  customer;
+---------------+------+
| customer_name | 年龄 |
+---------------+------+
| 李红          |   19 |
| 陈红玲        |   24 |
| 周一强        |   17 |
| 李红梅        | NULL |
+---------------+------+
4 rows in set (0.00 sec)

mysql>
```

图 7-27　日期函数应用

4. 条件判断函数

MySQL 中可以使用 IF 或 IFNULL 两个函数来实现简单的条件判断，返回的是一个值。

函数语法：

- IF(expr,v1,v2)：如果 expr 为真，则返回 v1，否则返回 v2；
- IFNULL(v1,v2)：如果 v1 不为 NULL，则返回 v1，否则返回 v2。

【实例 7-26】在 db_shop 数据库中，按顾客消费额显示顾客姓名和级别：消费额大于 6000 级别为“VIP”，否则级别为“General”。执行语句如下：

```
mysql>USE db_shop;
mysql>SELECTcustomer_nameAS 姓名,IF(consumption_ amount>=6000,"VIP", "GENERAL") AS 级别 FROM  customer;
```

运行结果如图 7-28 所示。

```
mysql> USE db_shop;
Database changed
mysql> SELECT  customer_name AS 姓名, IF(consumption_amount>=6000, "VIP", "GENERAL")AS 级别 FROM  customer;
+--------+---------+
| 姓名   | 级别    |
+--------+---------+
| 李红   | GENERAL |
| 陈红玲 | GENERAL |
| 周一强 | GENERAL |
| 李红梅 | VIP     |
+--------+---------+
4 rows in set (0.00 sec)

mysql> _
```

图 7-28　使用 IF 函数查询顾客级别

【实例 7-27】在 db_shop 数据库中，如果顾客的 hobby 不为 NULL，则显示其值，否则显示 0。执行语句如下：

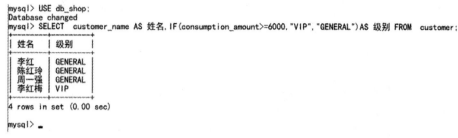

```
mysql>SELECT * FROM orders;
mysql> SELECT   customer_name,IFNULL(hobby,0) FROM customer;
```

运行结果如图 7-29 所示。

```
mysql> USE db_shop;
Database changed
mysql> SELECT  customer_name, IFNULL(hobby, 0) FROM  customer;
+---------------+------------------+
| customer_name | IFNULL(hobby, 0) |
+---------------+------------------+
| 李红          | ball, art        |
| 陈红玲        | art              |
| 周一强        | 0                |
| 李红梅        | 0                |
+---------------+------------------+
4 rows in set (0.00 sec)

mysql> _
```

图 7-29　应用 IFNULL 函数查询数据库

5. JSON 函数

MySQL5.7 支持 JSON 函数字符串类型，并为 JSON 函数提供了两种类型的字符串：一种用于创建数组形式，另一种用于创建对象形式，两者可以互相嵌入。下面对 JSON 函数添加数据表记录方面的应用进行说明。有关 JSON 函数的更多应用可以通过 HELP JSON 访问官网的说明文档来了解。

JSON 函数如下：

JSON_ARRAY()：创建 JSON 数组；

JSON_OBJECT()：创建 JSON 对象；

JSON_KEYS(): 返回 JSON 对象的属性 KEY；

JSON_EXTRACT()：返回 JSON 数组或对象中 KEY 所对应的数据；

JSON_TYPE()：显示值类型；

JSON_ARRAY_APPEND()：向 JSON 数组中追加数据；

JSON_SET()：修改 JSON 对象中的数据；

JSON_REMOVE()：删除 JSON 数组和 JSON 对象中的数据；

JSON_SEARCH()：返回 JSON 数组中给定数据的路径。

下面使用 JSON 函数对 JSON 字段进行查询、更新和删除。

(1) 添加包含 JSON 字段的记录。JSON 类型的字段值可以采用对象或数组值两种表示类型，它们都可以直接使用常量或 JSON 创建函数进行赋值。

语法：

创建 JSON 数组：

JSON_ARRAY(val1,val2,…,valn)

创建 JSON 对象：

JSON_OBJECT(key1: val1,key2: val2,…,keyn: valn)

说明：使用数组类型或键值为 JSON 类型变量赋值。

【实例 7-28】在 db_shop 数据库中为 customer 表添加 2 个顾客记录，地址(JSON 类型)采用 JSON 对象的键值对方式进行添加。

分析：使用 JSON 对象赋值可以采用直接键值对赋值或通过 JSON 对象函数赋值。下面分别采用两种方式添加，对比语法的区别应用。执行语句如下：

```
mysql> USE db_shop;
mysql> INSERT INTO customer(username,password,customer_name,address)
        VALUES('zhangs', '123', '张三', '{"city":"广州","road":"天河比","room":5}');
mysql> INSERT INTO customer(username,password,customer_name,address)
        VALU 'ES( 'LiS, '123', '李四',JSON_OBJECT("city", "广州","road","林和街",
"room",10);
mysql> SELECT id,username,password,customer_name,address FROM customer;
```

运行结果如图 7-30 所示。

```
mysql> USE db_shop;
Database changed
mysql> INSERT INTO customer(username, password, customer_name, address)
    -> VALUES('zhangs','123','张三','{"city":"广州","road":"天河比","room":5}');
Query OK, 1 row affected (0.01 sec)

mysql> INSERT INTO customer(username, password, customer_name, address)
    -> VALUES('LiS','123','李四',JSON_OBJECT("city","广州","road","林和街","room",10));
Query OK, 1 row affected (0.01 sec)

mysql> SELECT id, username, password, customer_name, address FROM customer;
+----+----------+----------+---------------+-------------------------------------------------+
| id | username | password | customer_name | address                                         |
+----+----------+----------+---------------+-------------------------------------------------+
|  2 | LH       | 123      | 李红          | {"city": "广州", "road": "天河北"}              |
|  3 | CHL      | 123      | 陈红玲        | {"city": "潮州", "road": "朝阳街"}              |
| 13 | zhangs   | 123      | 张三          | {"city": "广州", "road": "天河比", "room": 5}   |
| 14 | LiS      | 123      | 李四          | {"city": "广州", "road": "林和街", "room": 10}  |
+----+----------+----------+---------------+-------------------------------------------------+
4 rows in set (0.00 sec)

mysql> _
```

图 7-30　使用 JSON 对象添加顾客地址

(2) 查询记录 JSON 字段。

【实例 7-29】 在 db_shop 数据库中，查找 customer 表的所有记录地址(JSON 类型)含有的 KEY 属性。

分析：可使用 JSON_KEYS(options) 函数查找 options 所包含的 KEY 属性。执行语句如下：

```
mysql> USE db_shop;
mysql> SELECT id,json_keys(address) FROM customer;
```

运行结果如图 7-31 所示。

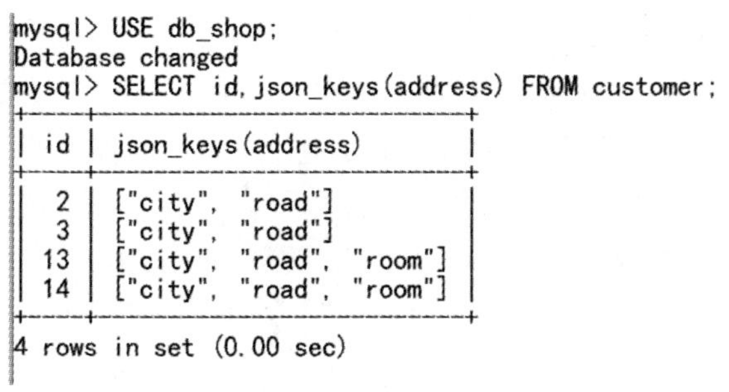

```
mysql> USE db_shop;
Database changed
mysql> SELECT id,json_keys(address) FROM customer;
+----+-----------------------------+
| id | json_keys(address)          |
+----+-----------------------------+
|  2 | ["city", "road"]            |
|  3 | ["city", "road"]            |
| 13 | ["city", "road", "room"]    |
| 14 | ["city", "road", "room"]    |
+----+-----------------------------+
4 rows in set (0.00 sec)
```

图 7-31　查找 JOSN 字段包含的所有 KEY 属性

【实例 7-30】在 db_shop 数据库中，查找 customer 表的所有记录的地址(JSON 类型)含有的各 KEY 属性值。

分析：可以采用 JSON_KEYS(options) 查找到地址的 KEYS，再用 JSON_EXTRACT (json_doc,key1[,key2]...)查找各记录地址的 KEY 值。执行语句如下：

```
mysql> USE db_shop;
mysql> SELECT id,json_keys(address) FROM customer;
mysql> SELECT customer_name,JSON_EXTRACT(address,'$.city'), JSON_EXTRACT(address,
'$.road'), JSON_EXTRACT(address,'$.room') FROM customer;
```

运行结果如图 7-32 所示。

```
mysql> USE db_shop;
Database changed
mysql> SELECT id,json_keys(address) FROM customer;
+----+-----------------------------+
| id | json_keys(address)          |
+----+-----------------------------+
|  2 | ["city", "road"]            |
|  3 | ["city", "road"]            |
| 13 | ["city", "road", "room"]    |
| 14 | ["city", "road", "room"]    |
+----+-----------------------------+
4 rows in set (0.00 sec)

mysql> SELECT customer_name,JSON_EXTRACT(address,'$.city'),JSON_EXTRACT(address,'$.road'),JSON_EXTRACT(address,'$.room') FROM customer;
+---------------+--------------------------------+--------------------------------+--------------------------------+
| customer_name | JSON_EXTRACT(address,'$.city') | JSON_EXTRACT(address,'$.road') | JSON_EXTRACT(address,'$.room') |
+---------------+--------------------------------+--------------------------------+--------------------------------+
| 李红          | "广州"                         | "天河北"                       | NULL                           |
| 陈红玲        | "潮州"                         | "朝阳街"                       | NULL                           |
| 张三          | "广州"                         | "天河比"                       | 5                              |
| 李四          | "广州"                         | "林和街"                       | 10                             |
+---------------+--------------------------------+--------------------------------+--------------------------------+
4 rows in set (0.00 sec)

mysql> _
```

图 7-32　查找 JSON 字段的 KEY 值(方法一)

说明：也可以使用“JOINS_field ->'$.KEY' ”语法查找 KEY 值。执行语句如下：

```
mysql> USE db_shop;
mysql> SELECT customer_name,address->'$.city',address->'$.road' FROM customer;
```

运行结果如图 7-33 所示。

```
mysql> USE db_shop;
Database changed
mysql> SELECT customer_name,address->'$.city',address->'$.road' FROM customer;
+---------------+-------------------+-------------------+
| customer_name | address->'$.city' | address->'$.road' |
+---------------+-------------------+-------------------+
| 李红          | "广州"            | "天河北"          |
| 陈红玲        | "潮州"            | "朝阳街"          |
| 张三          | "广州"            | "天河比"          |
| 李四          | "广州"            | "林和街"          |
+---------------+-------------------+-------------------+
4 rows in set (0.00 sec)

mysql> _
```

图 7-33　查找 JSON 字段的 KEY 值(方法二)

(3) 修改记录的 JSON 字段。

• 变更记录的整个 JSON 字段值。

【实例 7-31】 在 db_shop 数据库中修改李红的地址。

分析：变更记录地址字段的整个 JSON 字段值。执行语句如下：

```
mysql> USE db_shop;
mysql> UPDATE customer
    SET address='{"city": "广州", "road": "黄埔", "room":16}'
    WHERE customer_name = '李红';
```

运行结果如图 7-34 所示。

```
mysql> USE db_shop;
Database changed
mysql> UPDATE customer
    -> SET address='{"city":"广州", "road":"黄埔", "room":16}'
    -> WHERE customer_name = '李红';
Query OK, 1 row affected (0.01 sec)
Rows matched: 1  Changed: 1  Warnings: 0

mysql> SELECT customer_name, address FROM customer;
+---------------+-----------------------------------------------+
| customer_name | address                                       |
+---------------+-----------------------------------------------+
| 李红          | {"city": "广州", "road": "黄埔", "room": 16}  |
| 陈红玲        | {"city": "潮州", "road": "朝阳街"}            |
| 张三          | {"city": "广州", "road": "天河比", "room": 5} |
| 李四          | {"city": "广州", "road": "林和街", "room": 10}|
+---------------+-----------------------------------------------+
4 rows in set (0.01 sec)

mysql>
```

图 7-34 修改 JSON 字段值

• 变更 JSON 的 KEY 值。

【实例 7-32】 在 db_shop 数据库中，修改记录陈红玲地址的“房号”为 9。

分析：修改记录地址字段的某个 JSON 的 KEY 值。执行语句如下：

```
mysql> USE db_shop;
mysql> UPDATE customer
    SET address = json_set(address, '$.room', '9')
    WHERE customer_name = '陈红玲';
Query OK, 1 row affected (0.02 sec)
```

运行结果如图 7-35 所示。

```
mysql> USE db_shop;
Database changed
mysql> UPDATE customer
    -> SET address = json_set(address, '$.room', '9')
    -> WHERE customer_name = '陈红玲';
Query OK, 1 row affected (0.02 sec)
Rows matched: 1  Changed: 1  Warnings: 0

mysql> SELECT customer_name, address FROM customer;
+---------------+-------------------------------------------------+
| customer_name | address                                         |
+---------------+-------------------------------------------------+
| 李红          | {"city": "广州", "road": "黄埔", "room": 16}    |
| 陈红玲        | {"city": "潮州", "road": "朝阳街", "room": "9"} |
| 张三          | {"city": "广州", "road": "天河比", "room": 5}   |
| 李四          | {"city": "广州", "road": "林和街", "room": 10}  |
+---------------+-------------------------------------------------+
4 rows in set (0.00 sec)

mysql>
```

图 7-35 修改地址字段的某个 JSON 的 KEY 值

• 增加 JSON 字段的键 KEY。

【实例 7-33】 修改地址，增加 JSON 的 KEY 和 KEY 值。

分析：采用 json_set(info, '$.key',value) ，当指定的 KEY 不存在时，会自动增加。执行语句如下：

```
mysql> USE db_shop;
mysql> UPDATE customer
        SET address = json_set(address, '$.string', '9')
        WHERE customer_name = '陈红玲';
```

运行结果如图 7-36 所示。

```
mysql> USE db_shop;
Database changed
mysql> UPDATE customer
    -> SET address = json_set(address, '$.string', '9')
    -> WHERE customer_name = '陈红玲';
Query OK, 1 row affected (0.02 sec)
Rows matched: 1  Changed: 1  Warnings: 0

mysql> SELECT customer_name, address FROM customer;
+---------------+------------------------------------------------------------------+
| customer_name | address                                                          |
+---------------+------------------------------------------------------------------+
| 李红          | {"city": "广州", "road": "黄埔", "room": 16}                      |
| 陈红玲        | {"city": "潮州", "road": "朝阳街", "room": "9", "string": "9"}     |
| 张三          | {"city": "广州", "road": "天河比", "room": 5}                     |
| 李四          | {"city": "广州", "road": "林和街", "room": 10}                    |
+---------------+------------------------------------------------------------------+
4 rows in set (0.00 sec)

mysql> _
```

图 7-36　增加 JSON 字段的 KEY 和 KEY 值

(4) 删除 JSON 字段的键 KEY。

【实例 7-34】删除前面增加的“陈红玲”记录地址的 string 键值。执行语句如下：

```
mysql> USE db_shop;
mysql> UPDATE customer
       SET address=json_remove(address,'$.string')
       WHERE customer_name = '陈红玲';
```

运行结果如图 7-37 所示。

```
mysql> USE db_shop;
Database changed
mysql> UPDATE customer
    -> SET address=json_remove(address, '$.string')
    -> WHERE customer_name = '陈红玲';
Query OK, 1 row affected (0.01 sec)
Rows matched: 1  Changed: 1  Warnings: 0

mysql> SELECT customer_name, address FROM customer;
+---------------+----------------------------------------------------+
| customer_name | address                                            |
+---------------+----------------------------------------------------+
| 李红          | {"city": "广州", "road": "黄埔", "room": 16}        |
| 陈红玲        | {"city": "潮州", "road": "朝阳街", "room": "9"}      |
| 张三          | {"city": "广州", "road": "天河比", "room": 5}       |
| 李四          | {"city": "广州", "road": "林和街", "room": 10}      |
+---------------+----------------------------------------------------+
4 rows in set (0.01 sec)

mysql>
```

图 7-37　删除 JSON 字段的键 KEY

6. 其他函数

DATABASE()：返回当前数据库名；

VERSION()：返回当前数据库版本；

USER()：返回当前登录用户名和主机名的组合；
MD5(str)：返回字符串 str 的 MD5 值；
PASSWORD(str)：返回字符串 str 的加密版本；
CONV(val,from_base,to_base)：用于不同进制之间的相互转换；
INET_ATON(IP)，INET_NTOA(val): 用于 IP 和数字之间的相互转换。

五、IF 语句

在 MySQL 中，IF 语句主要用来对存储过程或函数中的脚本程序进行分支选择的判断处理。

1. IF 语句

IF 语句用来对程序中分支流程进行判断控制。在“mysql>”提示符下执行 HELP IF STATEMENT，可以获得应用说明文档和官网文档的访问地址。

语法：

```
IF search_condition THEN statement_list
    [ELSEIF search_condition THEN statement_list] ...
    [ELSE statement_list]
END IF;
```

说明：

- search_condition 为判断条件，statement_list 为执行的语句块。
- 若条件为 true，则执行 THEN 后的语句块，否则执行 ELSE 子句。然后执行 IF 语句的下一个语句。

【实例 7-35】 在 db_shop 中编写一个存储过程，用来判断薪水的级别。执行语句如下：

```
mysql> USE db_shop;
mysql> DELIMITER  $$
mysql> CREATE PROCEDURE p_stafer_if(IN sid INT)
     BEGIN
       DECLARE sal_grade decimal(8,2) ;
       SELECT salary into sal_grade FROM staffer WHERE id=sid;
       IF   sal_grade >=10000 THEN
               SELECT   sal_grade, '高' AS 级别;
       ELSEIF   sal_grade >=9000 THEN
               SELECT   sal_grade, '良' AS 级别;
       ELSEIF   sal_grade >=8000 THEN
                SELECT   sal_grade, '中' AS 级别;
       ELSEIF   sal_grade >=5000 THEN
               SELECT   sal_grade, '基本' AS 级别;
       ELSE
```

```
                SELECT    sal_grade, '低';
        END IF;
        END $$
mysql> DELIMITER    ;
mysql> CALL    p_stafer_if(4);
```

运行结果如图 7-38 所示。

```
mysql> DELIMITER  $$
mysql> CREATE PROCEDURE p_stafer_if(IN sid INT)
    -> BEGIN
    ->  DECLARE sal_grade decimal(8,2) ;
    ->  SELECT salary into sal_grade FROM staffer WHERE id=sid;
    ->  IF  sal_grade >=10000 THEN
    ->          SELECT  sal_grade,'高'AS级别;
    ->  ELSEIF  sal_grade >=9000 THEN
    ->           SELECT  sal_grade,'良'AS级别;
    ->  ELSEIF  sal_grade >=8000 THEN
    ->           SELECT  sal_grade,'中'AS级别;
    ->  ELSEIF  sal_grade >=5000 THEN
    ->           SELECT  sal_grade,'基本'AS级别;
    ->  ELSE
    ->           SELECT  sal_grade,'低';
    -> END IF;
    -> END $$
Query OK, 0 rows affected (0.02 sec)

mysql> DELIMITER  ;
mysql> CALL  p_stafer_if(4);
+-----------+------+
| sal_grade | 级别 |
+-----------+------+
|  12000.00 | 高   |
+-----------+------+
1 row in set (0.00 sec)

Query OK, 0 rows affected (0.02 sec)
```

图 7-38 应用 IF 语句

2. IF 语句的嵌套应用`

MySQL 的 IF 语句中又可以出现 IF 语句，这称为 IF 语句的嵌套应用。

实例 7-35 中如果先判断 sal_grade 不空，再判断其他薪水级别，就可以使用 IF 嵌套。执行语句如下：

```
IF sal_grade IS NOT NULL THEN
        IF sal_grade>8000 THEN
                SELECT    sal_grade, '高' AS 级别;
         ELSE
                SELECT sal_grade, '低' AS 级别;
         END IF;
 END IF;
```

六、CASE 语句

在 MySQL 中，CASE 语句主要用来在存储过程或函数中多分支选择的判断处理，其有两种语法。

语法一：

```
CASE case_value
    WHEN when_value THEN statement_list
    [WHEN when_value THEN statement_list] ...
```

```
    [ELSE statement_list]
END CASE;
```

说明：对 case_value 和 when_value 进行等值判断，当判断条件为 true 时，执行相应 THEN 后面的语句，否则判断下一个 WHEN 条件。

【实例 7-36】 按性别显示补贴金额。使用 CASE 语句如下：

```
mysql> USE db_shop;
mysql>DELIMITER $$
mysql> CREATE PROCEDURE p_stafer_case(IN sid INT)
      BEGIN
      DECLARE sx enum('F', 'M');
           DECLARE v   float;
           SELECT sex   into sx FROM staffer WHERE id=sid;
           CASE sx
           WHEN 'F' THEN SELECT 1000 AS 补贴;
           WHEN 'M' THEN SELECT 800 AS 补贴;
           ELSE
      BEGIN
                      SELECT 200 AS 补贴;
                      SELECT '注意标记性别';
                   END;
       END CASE;
       END $$
mysql> DELIMITER;
mysql> CALL p_stafer_case(4);     -- 调用存储过程
```

运行结果如图 7-39 所示。

```
mysql> USE db_shop;
Database changed
mysql> DELIMITER  $$
mysql> CREATE PROCEDURE p_stafer_case(IN sid INT)
    -> BEGIN
    ->  DECLARE sx enum('F','M');
    ->  SELECT sex  into sx FROM staffer WHERE id=sid;
    ->  CASE sx
    ->     WHEN 'F' THEN SELECT 1000 AS 补贴;
    ->     WHEN 'M' THEN SELECT 800 AS 补贴;
    ->     ELSE  BEGIN
    ->         SELECT 200 AS 补贴;
    ->         SELECT '注意标记性别';
    ->         END;
    ->  END CASE;
    -> END $$
Query OK, 0 rows affected (0.01 sec)

mysql> DELIMITER  ;
mysql>  CALL p_stafer_case(4);
+------+
| 补贴 |
+------+
| 1000 |
+------+
1 row in set (0.00 sec)

Query OK, 0 rows affected (0.00 sec)

mysql> _
```

图 7-39　CASE 等值判断应用

语法二：

```
CASE
```

```
    WHEN search_condition THEN statement_list
    [WHEN search_condition THEN statement_list] ...
    [ELSE statement_list]
END CASE;
```

说明：对 search_condition 进行判断，若条件为 true，则执行相应 THEN 后面的语句，否则判断下一个 WHEN 条件。

【实例 7-37】 按员工薪水判断工资级别。执行语句如下：

```
mysql> USE db_shop;
Database changed
mysql> DELIMITER    $$
mysql> CREATE PROCEDURE p_stafer_case2(IN sid INT)
        BEGIN
         DECLARE salary2 decimal(8,2);
         SELECT    salary INTO salary2 FROM staffer WHERE id= sid;
         CASE
         WHEN salary2 >10000 THEN
            SELECT sid, salary2, '高'AS  级别;
         WHEN salary2 >5000 THEN
             SELECT sid, salary2, '基本'AS  级别;
         ELSE
            SELECT sid, salary2, '继续加油！ 'AS  级别;
         END CASE;
        END $$
mysql>   DELIMITER ;
mysql>   CALL p_stafer_case2(6);
```

运行结果如图 7-40 所示。

```
mysql>  DELIMITER  ;
mysql> USE db_shop;
Database changed
mysql> DELIMITER  $$
mysql> CREATE PROCEDURE p_stafer_case2(IN sid INT)
    -> BEGIN
    ->   DECLARE salary2 decimal(8,2);
    ->   SELECT   salary INTO salary2 FROM staffer WHERE id= sid;
    ->   CASE
    ->   WHEN salary2 >10000 THEN
    ->      SELECT sid, salary2,'高'AS 级别;
    ->   WHEN salary2 >5000 THEN
    ->      SELECT sid, salary2,'基本'AS 级别;
    ->   ELSE
    ->     SELECT sid, salary2,'继续加油! 'AS 级别;
    ->  END CASE;
    -> END $$
Query OK, 0 rows affected (0.02 sec)

mysql>  DELIMITER ;
mysql>  CALL p_stafer_case2(6);
+------+----------+------+
| sid  | salary2  | 级别 |
+------+----------+------+
|    6 | 11000.00 | 高   |
+------+----------+------+
1 row in set (0.01 sec)

Query OK, 0 rows affected (0.01 sec)

mysql> _
```

图 7-40　CASE 的多条件比较应用

七、循环语句

MySQL 有三种循环语句，即 WHILE、REPEAT 和 LOOP，用以实现程序代码的循环控制，其中 WHILE 循环语句最常用。下面主要介绍 WHILE 循环语句的应用，其他语句的应用在“mysql>”提示符下执行 HELP WHILE、HELP REPEAT 或 HELP LOOP，可以获得应用说明文档和官网文档的访问地址。

语法：

```
WHILE search_condition DO
      statement_list
END WHILE;
```

说明：当 search_condition 条件成立时，重复执行一个 SQL 语句或 BEGIN…END 括住的语句块(即循环体)，当条件不成立时，退出循环。

【实例 7-38】在 db_shop 数据库中建立一个 dowhile 的存储过程，实现一个计数 1000 次的延时功能。执行语句如下：

```
mysql>delimiter //
mysql>CREATE PROCEDURE dowhile()
BEGIN
  DECLARE v1 INT DEFAULT 1000;
       WHILE v1 > 0 DO
  BEGIN
      SET v1 = v1 - 1;
END;                                -- 注意：END 后面要加分号“;”
      END WHILE;
     SELECT V1;
END //
mysql>delimiter ;
mysql>CALL dowhile;
```

运行结果如图 7-41 所示。

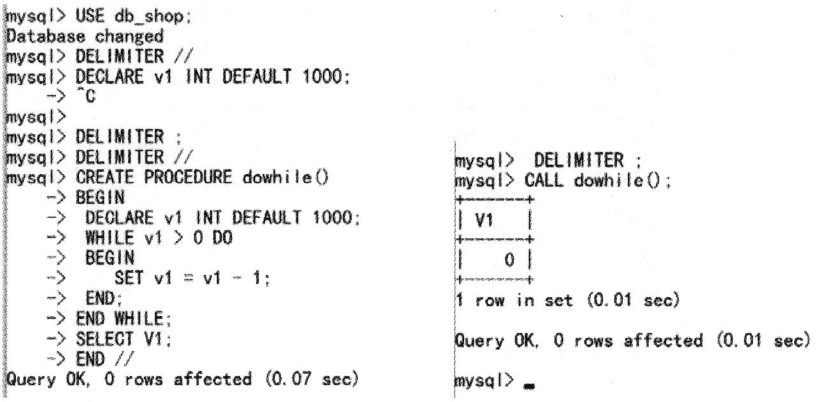

```
mysql> USE db_shop;
Database changed
mysql> DELIMITER //
mysql> DECLARE v1 INT DEFAULT 1000;
    -> ^C
mysql>
mysql> DELIMITER ;
mysql> DELIMITER //
mysql> CREATE PROCEDURE dowhile()
    -> BEGIN
    ->  DECLARE v1 INT DEFAULT 1000;
    ->  WHILE v1 > 0 DO
    ->  BEGIN
    ->     SET v1 = v1 - 1;
    ->  END;
    -> END WHILE;
    -> SELECT V1;
    -> END //
Query OK, 0 rows affected (0.07 sec)
```

```
mysql>  DELIMITER ;
mysql> CALL dowhile();
+------+
| V1   |
+------+
|    0 |
+------+
1 row in set (0.01 sec)

Query OK, 0 rows affected (0.01 sec)

mysql> _
```

图 7-41　WHILE 循环应用

八、异常处理

异常处理是指在存储过程或函数等批处理模块中，通过捕捉异常来处理发生的错误，防止出现系统错误而造成程序非正常退出。

1. MySQL 出现的错误信息

当客户端线程向 MySQL 服务器提交命令后，执行是否成功，服务器端都会返回其相关判断性数据。若执行过程中出错，则 MySQL 会返回两类信息：

(1) MySQL 特殊的错误编码(如 1146)：这是一个整数类型的代码，该错误编码并不适用于其他数据库产品。

(2) MySQL 的 SQL 状态值：由 5 个字符(如 42S02)组成，该值支持 ANSI SQL、ODBC 或其他标准协议，并不是所有的 MySQL 返回的错误信息都有 SQL 状态值，对于没有 SQL 状态值的使用“HY000”代替。

2. 异常处理方式

MySQL 异常处理中，可以在模块中确定是继续或退出当前代码块的执行，并发出有意义的错误消息。一般用下列方法跟踪异常：

(1) 使用 MySQL 系统定义的大类异常错误信息，较笼统地表达异常错误。

(2) 使用 MySQL 系统定义或用户定义的精准异常错误信息，准确记录错误信息。

(3) 可以将捕捉的异常信息存入日志表中，以方便查询跟踪。

3. 异常处理语句

MySQL 使用 DECLARE…HANDLER 语句来实现异常处理。

语法：

```
DECLARE handler_action HANDLER
    FOR condition_value [, condition_value]…
    statement
handler_action: {
    CONTINUE
  | EXIT
  | UNDO
}
condition_value: {
    mysql_error_code
  | SQLSTATE [VALUE] sqlstate_value
  | condition_name
  | SQLWARNING
  | NOT FOUND
  | SQLEXCEPTION
}
```

说明：

• statement 表示异常处理时执行 SQL 语句或语句块。

• handler_action 表示对指定的异常错误情况进行的处理。当执行完上面异常处理的 statement SQL 语句后，对出现的错误将会执行如下动作：

CONTINU 表示继续，这是 SQLWARNING 和 NOT FOUND 的默认处理方法。

EXIT 表示退出，这是 SQLEXCEPTION 的默认处理方法。

UNDO 表示撤销。

• condition_value [,condition_value]表示一个或多个异常　，分别如下：

mysql_error_code 表示 MySQL 的错误代码，错误代码是一个数字，完成是由 MySQL 自己定义的，这个值可以参考 MySQL 数据库错误代码及信息。

SQLSTATE [VALUE] sqlstate_value 与错误代码形成一一对应关系的 SQL 状态值，它是一个由 5 个字符组成的字符串，从 ANSI SQL 和 ODBC 标准中引用而来，因此更加标准化，而不像上面的 error_code 完全是 MySQL 定义给自己用的。这个值也可以参考 MySQL 数据库错误代码及信息。

condtion_name 表示条件名称，它使用 DECLARE…CONDITION 语句来定义，就是自定义异常名称。

SQLWARNING 表示 SQLTATE 中的字符串以“01”起始的那些错误，比如“Error: 1311 SQLSTATE: 01000 (ER_SP_UNINIT_VAR)”。

NOT FOUND 表示 SQLTATE 中的字符串以“02”起始的那些错误，比如“Error: 1329 SQLSTATE: 02000 (ER_SP_FETCH_NO_DATA)”。

SQLEXCEPTION 表示 SQLSTATE 中的字符串不是以“00”“01”“02” 起始的错误，这里“00”起始的 SQLSTATE 表示的是成功执行而不是错误。

这里前三项异常处理是对精准信息的异常处理；后三项异常处理是对比较笼统的异常信息的处理。

【实例 7-39】建立只有一个主键字段的测试表；同时建立使用 3 个不同异常处理的存储过程，调用执行存储过程并进行测试。分别使用 CONTINUE、EXIT 和错误代码、错误号，观察这些不同方式对执行后面语句的影响。

分析：违反主键约束的异常错误代码为 SQLSTATE'23000'，与其对应的是 MySQL 错误号为 1062。操作步骤如下：

第一步，建立测试表，执行语句如下：

```
mysql>CREATE TABLE t_handler(
        s1 INT NOT NULL PRIMARY KEY
    );
```

运行结果如图 7-42 所示。

```
mysql> CREATE TABLE t_handler(
    -> s1 INT NOT NULL PRIMARY KEY
    -> );
Query OK, 0 rows affected (0.18 sec)
```

图 7-42　建立异常测试表

第二步，建立 CONTINUE　HANDLER 异常处理应用的存储过程并进行测试，执行语句如下：

```
mysql>DELIMITER //
mysql>CREATE PROCEDURE handlerdemo_continue1()
      BEGIN
      DECLARE CONTINUE HANDLER FOR SQLSTATE '23000' SET @info='重复 key
      继续执行';
      #DECLARE CONTINUE HANDLER FOR 1062    SET @info='重复 key 继续执行';
      #分别执行上面 2 条语句，观察对执行下面语句的影响
      SET @X=1;
         INSERT INTO t_handler VALUES (1);
         SET @X=2;
         INSERT INTO t_handler VALUES (1);
         SET @X=3;
      END //
mysql>   CALL handlerdemo_continue1() //
mysql> SELECT @X, @info //
```

说明：使用错误号为 1062 的方法，读者自行测试。

运行结果如图 7-43 所示。

```
mysql> DELIMITER //
mysql> CREATE PROCEDURE handlerdemo_continue1()
    -> BEGIN
    -> DECLARE CONTINUE HANDLER FOR SQLSTATE '23000' SET @info='重复key继续执行';
    -> SET @X=1;
    -> INSERT INTO t_handler VALUES (1);
    -> SET @X=2;
    -> INSERT INTO t_handler VALUES (1);
    -> SET @X=3;
    -> END //
Query OK, 0 rows affected (0.01 sec)

mysql>  CALL handlerdemo_continue1() //
Query OK, 0 rows affected (0.00 sec)

mysql> SELECT @X, @info //
+------+-----------------+
| @X   | @info           |
+------+-----------------+
|    3 | 重复key继续执行 |
+------+-----------------+
1 row in set (0.00 sec)

mysql> _
```

图 7-43　CONTINUE HANDLER 异常处理应用

说明：从运行结果来看，当第二次添加重复主键时，存储过程继续执行后面的语句，执行 SET @X=3，使得@X 的值为 3。

第三步，建立 EXIT HANDLER 异常处理的存储过程并进行测试，执行语句如下：

```
mysql> CREATE PROCEDURE handlerdemo_exit()
      BEGIN
      DECLARE EXIT HANDLER FOR SQLSTATE '23000 'SET @info= '重复 key 退出 ';
         SET @X=1;
         INSERT INTO t_handler VALUES (1);
         SET @X=2;
```

```
            INSERT INTO t_handler VALUES (1);
            SET @X=3;
        END //
mysql>CALL handlerdemo_exit()   //
mysql>SELECT @X, @info //
```

运行结果如图 7-44 所示。

```
mysql> CREATE PROCEDURE handlerdemo_exit()
    -> BEGIN
    -> DECLARE EXIT HANDLER FOR SQLSTATE '23000' SET @info='重复key退出';
    -> SET @X=1;
    -> INSERT INTO t_handler VALUES (1);
    -> SET @X=2;
    -> INSERT INTO t_handler VALUES (1);
    -> SET @X=3;
    -> END //
Query OK, 0 rows affected (0.02 sec)

mysql> CALL  handlerdemo_exit() //
Query OK, 0 rows affected (0.00 sec)

mysql>  SELECT @X, @info //
+------+-------------+
| @X   | @info       |
+------+-------------+
|    1 | 重复key退出 |
+------+-------------+
1 row in set (0.00 sec)

mysql> _
```

图 7-44　EXIT HANDLER 异常处理应用

说明：从运行结果可以看到，在前一步的基础上再添加重复主键，@X 的值为 1，即存储过程的异常处理方式是退出，不再执行后面的语句。

4. 自定义异常

除了 MySQL 系统定义的异常以外，用户可以通过 DECLARE CONDITION 语句定义异常。在“mysql>”提示符下执行 HELP DECLARE CONDITION，可以获得应用说明文档和官网文档的访问地址。

语法：

```
DECLARE condition  name CONDITION FOR condition_value
condition_value: {
  mysql_error_code
  | SQLSTATE [VALUE] sqlstate_value
}
```

调用异常名称进行异常处理语法：

```
DECLARE handler_action HANDLER
    FOR condition_name
   Statement
```

下面定义一个异常，代替“DECLARE EXIT HANDLER FOR 1062”异常处理语句：

```
DECLARE DUP_key CONDITION FOR 1062;   --定义异常
DECLARE EXIT HANDLER FOR DUP_key   SET @info='重复 key 退出';   --调用异常
```

5. 抛出异常

在 MySQL 中，我们可以在存储过程或函数中使用 SIGNA 语句抛出异常。在“mysql>”提示符下执行 HELP SIGNAL，可以获得应用说明文档和官网文档的访问地址。

语法：

```
SIGNAL SQLSTATE | condition_name;
SET condition_information_item_name_1 = value_1,
    condition_information_item_name_1 = value_2, etc;
```

【实例 7-40】 在 db_shop 数据库中建立一个存储过程，用于在添加订单号时用到的检查详细订单表是否已经存在该订单号，存在则抛出异常。执行语句如下：

```
mysql> USE db_shop;
mysql> DELIMITER $$
mysql>CREATE PROCEDURE AddOrderItem(in ordersNo int )
      BEGIN
      DECLARE   n   INT;
      SELECT COUNT(*) INTO n
      FROM item
      WHERE order_id = ordersNo;
                -- 检查是否存在订单的详细商品
      IF(n <>0) THEN
      SIGNAL SQLSTATE   '45000'
      SET MESSAGE_TEXT = 'item 表已经有这样的订单编号';
      END IF;
      SELECT   n ; -- 显示订单的条目数量
END $$
mysql>DELIMITER ;
mysql>CALL AddOrderItem(12);
mysql>CALL AddOrderItem(1);
```

运行结果如图 7-45 所示。

```
mysql> USE db_shop;
Database changed
mysql> DELIMITER $$
mysql> CREATE PROCEDURE AddOrderItem(in ordersNo int )
    -> BEGIN
    -> DECLARE  n  INT;
    -> SELECT COUNT(*) INTO n
    -> FROM item
    -> WHERE order_id = ordersNo;
    ->   -- 检查是否存在订单的详细商品
    -> IF(n <> 0) THEN
    -> SIGNAL SQLSTATE '45000'
    -> SET MESSAGE_TEXT = 'item 表已经有这样的订单编号';
    -> END IF;
    -> SELECT  n ; -- 显示订单的条目数量。
    -> END $$
Query OK, 0 rows affected (0.01 sec)

mysql> DELIMITER ;
mysql> CALL AddOrderItem(1);
ERROR 1644 (45000): item 表已经有这样的订单编号
mysql> _
```

图 7-45　抛出异常应用

九、游标

在存储过程和函数中，查询语句可能返回多条记录，使用游标可以实现逐条读取结果集中的记录。

游标的使用分为四个步骤：声明游标、打开游标、使用游标和关闭游标。在“mysql>”提示符下执行 HELP DECLARE CURSOR，可以获得应用说明文档和官网文档的访问地址。

(1) 声明游标。

语法：

```
DECLARE cursor_name CURSOR FOR select_statement
```

(2) 打开游标。

语法：

```
OPEN    cursor_name;
```

(3) 使用游标。

语法：

```
FETCH [[NEXT] FROM] cursor_name INTO var_name [, var_name]…
```

说明：FETCH 用来读取数据。

(4) 关闭游标。

语法：

```
CLOSE cursor_name;
```

【实例 7-41】在 db_shop 中建立一个应用游标的存储过程，用于读取表中所需的记录存入内存变量，并显示内存变量。执行语句如下：

```
mysql>USE db_shop;
mysql> DELIMITER //
mysql>DROP PROCEDURE IF EXISTS staff_cursor //
#建立 存储过程 create
mysql>CREATE PROCEDURE staff_cursor()
    BEGIN
    #局部变量的定义 declare
    DECLARE tmpName VARCHAR(20) DEFAULT '' ;
    DECLARE    tmpid VARCHAR(20) DEFAULT '' ;
    DECLARE    allName VARCHAR(255) DEFAULT '' ;
    DECLARE    cur1 CURSOR FOR SELECT id, staff_name FROM staffer ;
    #MySQL 游标异常后捕捉
    #并设置循环使用变量 tmpname 为 null 跳出循环
    declare CONTINUE HANDLER FOR SQLSTATE '02000' SET tmpname = null;
    #开游标
    OPEN cur1;
    #游标向下走一步
```

```
        FETCH NEXT FROM cur1 INTO tmpid,tmpName;
        SELECT   tmpid,tmpName;
        WHILE tmpname IS NOT NULL   DO
            SELECT   tmpid,tmpName;
            FETCH NEXT FROM cur1 INTO tmpid,tmpName;
            #或 FETCH cur1 INTO tmpid,tmpName;
        END WHILE;
        #关闭游标
        CLOSE cur1;
        END //
mysql>DELIMITER ;
mysql>CALL staff_cursor();
```

运行结果如图 7-46 所示。

```
mysql> DELIMITER //
mysql> DROP PROCEDURE IF EXISTS staff_cursor //
Query OK, 0 rows affected (0.01 sec)

mysql> #建立 存储过程 create
mysql> CREATE PROCEDURE staff_cursor()
    -> BEGIN
    -> #局部变量的定义 declare
    -> DECLARE tmpName VARCHAR(20) DEFAULT '' ;
    -> DECLARE  tmpid VARCHAR(20) DEFAULT '' ;
    -> DECLARE  allName VARCHAR(255) DEFAULT '' ;
    -> DECLARE  cur1 CURSOR FOR SELECT id, staff_name FROM staffer ;
    -> #MySQL 游标 异常后 捕捉
    -> #并设置 循环使用 变量 tmpname 为 null 跳出循环。
    -> declare CONTINUE HANDLER FOR SQLSTATE '02000' SET tmpname = null;
    -> #开游标
    -> OPEN cur1;
    -> #游标向下走一步
    -> FETCH NEXT FROM cur1 INTO tmpid, tmpName;
    -> SELECT  tmpid, tmpName;
    -> WHILE tmpname IS NOT NULL  DO
    -> SELECT  tmpid, tmpName;
    -> FETCH NEXT FROM cur1 INTO tmpid, tmpName;
    -> END WHILE;
    -> END //
Query OK, 0 rows affected (0.02 sec)

mysql> DELIMITER ;
mysql> CALL staff_cursor();
+-------+---------+
| tmpid | tmpName |
+-------+---------+
| 4     | 李斌    |
+-------+---------+
1 row in set (0.00 sec)

+-------+---------+
| tmpid | tmpName |
```

图 7-46 游标应用

十、任务实施

按下列操作完成 db_shopping 数据库中带有异常处理和流程控制的模块编写。

(1) 选择 db_shopping 数据库，执行语句如下：

```
mysql>USE db_shopping;
```

(2) 创建带参数的存储过程 p_dept_salary，部门号为参数，求出该部门的平均工资，判断该平均工资高低，平均工资高于 10 000 元的显示“较高”，高于 6000 元的显示“中等”，否则显示“基本”，测试调用该过程并通过。执行语句如下：

```
mysql> DELIMITER  $$
mysql> CREATE PROCEDURE p_dept_salary(IN dname varchar(20))
         BEGIN
          DECLARE avg_sal decimal(8,2);
          SELECT  avg(salary) INTO avg_sal FROM staffer,department
           WHERE staffer.dept_id =department.id AND  dept_name= dname;
          CASE
          WHEN avg_sal >10000 THEN
              SELECT dname, avg_sal, '较高'AS 级别;
          WHEN avg_sal >5000 THEN
               SELECT dname, avg_sal, '中等'AS 级别;
          ELSE
              SELECT dname, avg_sal, '基本'AS 级别;
          END CASE;
         END $$
mysql>  DELIMITER ;
mysql> CALL p_dept_salary('销售部');
mysql>  CALL p_stafer_case2(6);
```

(3) 建立一个函数，实现按姓名作为参数在职员表中查询员工信息，若查找的员工不存在，则抛出一个异常；测试调用函数并通过。执行语句如下：

```
mysql>USE db_shop;
mysql>set global log_bin_trust_function_creators=1;
mysql>DELIMITER $$
mysql>CREATE FUNCTION staffer_search_signal(sname  VARCHAR(10))
RETURNS INT
BEGIN
       DECLARE sid int;
       SELECT id INTO sid FROM staffer WHERE staff_name=sname;
       IF ISNULL(sid)    THEN
             SIGNAL SQLSTATE '45000'
         SET MESSAGE_TEXT = '无此职员';
       ELSE
             RETURN sid;
       END IF;
END $$
mysql>DELIMITER ;
mysql>SET @sid= staffer_search_signal('李斌');
mysql>SELECT   @sid,staffer_search_signal('李斌');
```

小　结

本项目主要以电商购物管理系统为引导案例，介绍了存储过程与函数的作用、查看、创建、修改，调用存储过程和函数的基本语句，以及存储过程模块编写所相关的变量、表达式、函数、分支、循环流程控制和异常处理、游标的应用等编程基本知识；演示了查看、创建和修改删除存储过程和函数的操作技术，应用输入参数、输出参数和返回值，以及编写高复用的存储过程和函数的技术方法和实施过程。学习完本项目，读者应能够根据实际业务需求，熟练创建和修改存储过程和函数，熟练编写含有流程控制和异常处理功能的完善的存储过程，从而能高效应用存储过程实现数据库的模块化设计和性能提升。

课后习题

1. 使用 IF 和 CASE 语句分别完成对 customer 表的余额 menber_balance 进行判断，如果余额大于 5000，则输出“余额高”；如果余额大于 2000，则输出“余额中等”；否则输出“余额偏低”。

2. 建立一个城市表 city(id，city_info)，其中 city_info 为 JSON 类型，并完成如下功能：

(1) 添加 4 个城市的键值对信息，包括名称(cName)、区号(cCode)和所属省份(cProv)，要求对区号加密；

(2) 对城市表 city 进行查询、修改、删除操作，各举出一个例子。

3. 对商品表 goods 分别建立相应的插入、删除、更新存储过程，并调用执行这些存储过程。

4. 对顾客表 customer 分别建立按顾客 id、按出生日期 birthday 查询的存储过程，并调用查询存储过程。

5. 编写存储过程，对商品表建立插入数据存储过程，若商品号输入重复值，则撤销该行数据的插入，并退出程序的执行。要求添加异常处理，以防出现系统错误，并且测试调用存储过程。

6. 编写存储过程，对商品表建立插入数据存储过程，若供应商编号的输入值为非空且未参照供应商表的供应商号，则撤销该行数据的插入，程序继续往下执行。要求添加异常处理，以防出现系统错误，并且测试调用存储过程。

7. 创建带参数的函数，供应商号为参数，求出该供应商供应商品的种类数量，判断该种类数量高低，种类数量高于 10 的显示“交易频繁”，高于 5 的显示“交易往来一般”，否则显示“交易不多”，并且测试调用该函数。

项目八　创建触发器

项目介绍

在数据库应用系统中，除了具有数据完整性的主键和外键根据依赖关系引起数据联动外，还存在业务规则需求的数据联动，比如商品销售量增加，而库存量则相应地减少。像这种非依赖关系引起的复杂业务规则的数据联动，可以通过建立触发器来实现。本项目以实现电商购物管理系统的商品日常销售功能为例，学习触发器的作用、设计和应用，以达成本项目教学目标。本项目主要内容包括查看触发器、创建触发器、修改和删除触发器三个任务。

教学目标

素质目标

◎ 具有分析工作业务对象内在关系的系统思维；

◎ 具有科学探究和创新应用的精神。

知识目标

◎ 了解触发器的用途和类型，熟悉触发器创建语法；

◎ 掌握触发器中的 NEW 和 OLD 的应用。

能力目标

◎ 能熟练查看触发器信息，按需建立和修改触发器；

◎ 能应用触发器解决复杂的业务逻辑关联。

学习重点

◎ 掌握触发器的查看、建立和测试；

◎ 掌握 NEW 和 OLD 的应用。

学习难点

◎ 触发器的级联触发与测试。

任务 1　查看触发器

在信息管理系统中，触发器常用来实现比外键约束更复杂的业务规则，使得表与表之间的数据依赖问题直接在数据库层面得到解决。触发器提供了一种比用户编程执行效率更高的方法。本任务通过 MySQL 系统和电商购物管理系统的触发器应用，学习查看触发器的信息和所需触发器的定义。

一、基本概念

触发器是一种与数据表紧密结合的特殊存储过程，用于保护表中的数据。触发器不是直接由程序调用的，也不是直接手工调用的，而是由数据处理的操作动作来触发调用的。触发器可通过 INSERT、UPDATE 和 DELETE 三个操作来触发表数据的插入、修改、删除，即当数据表有插入、更改或删除事件发生时，相应触发器的内容会自动触发执行。一个触发器可指定一个或多个触发操作，同一个表可使用多个触发器，即使是同一类型的表也可有多个触发器。

二、触发器的作用

(1) 维护数据完整性。当与外键值具有依赖关系的主键发生改变时，通过触发器可保证外键值也相应改变。

触发器的作用

(2) 检查数据变动的一致性。触发器可使数据更新后仍保持变化前后一致。如在销售图书时，为保证图书资料表和销售表上的图书信息变动一致，可在销售表上建立 UPDATE 和 INSERT 触发器。

(3) 自动发出报警日志等一些特殊的数据处理信息。如在销售系统中，通过 UPDATE 触发器检测到库存量小于安全存量时，即可自动发出缺货的日志信息。

三、查看触发器

1. 查看 tringgers 表中的触发器信息

语法：

```
SELECT * FROM information_schema.triggers
[ WHERE trigger_name='tri_name']
```

【实例 8-1】查看当前系统中建立的触发器。执行语句如下：

```
mysql>SELECT * FROM information_schema.triggers\G
```

运行结果如图 8-1 所示。

```
mysql> SELECT * FROM information_schema.triggers\G
*************************** 1. row ***************************
           TRIGGER_CATALOG: def
            TRIGGER_SCHEMA: sys
              TRIGGER_NAME: sys_config_insert_set_user
        EVENT_MANIPULATION: INSERT
      EVENT_OBJECT_CATALOG: def
       EVENT_OBJECT_SCHEMA: sys
        EVENT_OBJECT_TABLE: sys_config
              ACTION_ORDER: 1
          ACTION_CONDITION: NULL
          ACTION_STATEMENT: BEGIN IF @sys.ignore_sys_config_triggers != true AND NEW.set_by IS NULL THEN SET NEW.set_by = USER(); END IF; END
        ACTION_ORIENTATION: ROW
             ACTION_TIMING: BEFORE
ACTION_REFERENCE_OLD_TABLE: NULL
ACTION_REFERENCE_NEW_TABLE: NULL
  ACTION_REFERENCE_OLD_ROW: OLD
  ACTION_REFERENCE_NEW_ROW: NEW
                   CREATED: 2019-02-13 13:48:42.39
                  SQL_MODE: ONLY_FULL_GROUP_BY,STRICT_TRANS_TABLES,NO_ZERO_IN_DATE,NO_ZERO_DATE,ERROR_FOR_DIVISION_BY_ZERO,NO_ENGINE_SUBSTITUTION
                   DEFINER: mysql.sys@localhost
      CHARACTER_SET_CLIENT: utf8mb4
      COLLATION_CONNECTION: utf8mb4_0900_ai_ci
        DATABASE_COLLATION: utf8mb4_0900_ai_ci
*************************** 2. row ***************************
```

图 8-1　查看当前系统中已建立的触发器

2. 查看触发器状态

语法：

SHOW TRIGGERS　[{FROM | IN} db_name]

[LIKE 'pattern'| WHERE expr]

说明：查看当前数据库中的触发器或模式匹配的触发器状态。

【实例 8-2】查看 sys 数据库中的触发器状态。执行语句如下：

```
mysql> USE sys;
mysql>SHOW TRIGGERS\G
```

运行结果如图 8-2 所示。

```
mysql> USE sys;
Database changed
mysql> SHOW TRIGGERS\G
*************************** 1. row ***************************
             Trigger: sys_config_insert_set_user
               Event: INSERT
               Table: sys_config
           Statement: BEGIN IF @sys.ignore_sys_config_triggers != true AND NEW.set_by IS NULL THEN SET NEW.set_by = USER(); END IF; END
              Timing: BEFORE
             Created: 2019-02-13 13:48:42.39
            sql_mode: ONLY_FULL_GROUP_BY,STRICT_TRANS_TABLES,NO_ZERO_IN_DATE,NO_ZERO_DATE,ERROR_FOR_DIVISION_BY_ZERO,NO_ENGINE_SUBSTITUTION
             Definer: mysql.sys@localhost
character_set_client: utf8mb4
collation_connection: utf8mb4_0900_ai_ci
  Database Collation: utf8mb4_0900_ai_ci
*************************** 2. row ***************************
             Trigger: sys_config_update_set_user
               Event: UPDATE
               Table: sys_config
           Statement: BEGIN IF @sys.ignore_sys_config_triggers != true AND NEW.set_by IS NULL THEN SET NEW.set_by = USER(); END IF; END
              Timing: BEFORE
             Created: 2019-02-13 13:48:42.39
            sql_mode: ONLY_FULL_GROUP_BY,STRICT_TRANS_TABLES,NO_ZERO_IN_DATE,NO_ZERO_DATE,ERROR_FOR_DIVISION_BY_ZERO,NO_ENGINE_SUBSTITUTION
             Definer: mysql.sys@localhost
character_set_client: utf8mb4
collation_connection: utf8mb4_0900_ai_ci
  Database Collation: utf8mb4_0900_ai_ci
2 rows in set (0.00 sec)

mysql>
```

图 8-2　查看 sys 数据库的所有触发器状态

3. 查看触发器的定义

语法：

SHOW CREATE TRIGGER trigger_name;

说明：查看指定触发器的定义语句。

【实例 8-3】查看 sys 数据库中 sys_config_insert_set_user 触发器的定义。执行语句如下：

```
mysql>USE sys;
```

```
mysql>SHOW CREATE TRIGGER sys_config_insert_set_user\G;
```

运行结果如图 8-3 所示。

```
mysql> USE sys;
Database changed
mysql> SHOW CREATE TRIGGER  sys_config_insert_set_user\G
*************************** 1. row ***************************
               Trigger: sys_config_insert_set_user
              sql_mode: ONLY_FULL_GROUP_BY,STRICT_TRANS_TABLES,NO_ZERO_IN_DATE,NO_ZERO_DATE,ERROR_FOR_DIVISION_BY_ZERO,NO_ENGINE_SUBSTITUTION
SQL Original Statement: CREATE DEFINER=`mysql.sys`@`localhost` TRIGGER `sys_config_insert_set_user` BEFORE INSERT ON `sys_config` FOR EACH ROW BEGIN IF @sys.
ignore_sys_config_triggers != true AND NEW.set_by IS NULL THEN SET NEW.set_by = USER(); END IF; END
  character_set_client: utf8mb4
  collation_connection: utf8mb4_0900_ai_ci
    Database Collation: utf8mb4_0900_ai_ci
               Created: 2019-02-13 13:48:42.39
1 row in set (0.01 sec)

mysql>
```

图 8-3　查看指定触发器的定义信息

四、任务实施

按下列操作实施完成 db_shop 数据库中的触发器查看，从而了解触发器的作用和定义。

(1) 选择 db_shop 数据库，执行语句如下：

```
mysql>USE db_shop;
```

(2) 查看系统中的所有触发器，执行语句如下：

```
mysql>SELECT * FROM information_schema.triggers\G
```

(3) 查看当前数据库指定触发器的定义语句，执行语句如下：

```
mysql>SHOW CREATE TRIGGER tg_goods_del;
```

任务 2　创建触发器

触发器是特殊的存储过程，它建立在数据库指定的表中。当一张表中建立多个同一处理类型的触发器时，一个处理操作会同时触发多个触发器。本任务通过电商购物管理系统的应用，学习触发器的创建方法和应用。

一、触发器创建语句

触发器是基于增删改的数据处理操作事件引起的一种联动触发机制。CREATE TRIGGER 语句用来创建触发器。

创建触发器

语法：

```
CREATE TRIGGER trigger_name
    { BEFORE | AFTER }   { INSERT | UPDATE | DELETE }
    ON tbl_name FOR EACH ROW
    [{ FOLLOWS | PRECEDES } other_trigger_name]
    trigger_body
```

说明：在指定表的指定数据处理操作上建立触发器，定义触发执行的内容，并指明触发时间是在数据处理操作执行之前还是执行成功后引起触发，执行触发器定义内容。

- trigger_name 表示触发器的定义名称。
- {BEFORE|AFTER}表示触发器只有在触发 SQL 语句中指定的所有操作执行之前或成功执行后才触发。BEFORE 表示触发器在检查约束前触发，AFTER 表示触发器在检查约束成功完成后触发。
- { [DELETE] [,] [INSERT] [,] [UPDATE] }指定在表或视图上执行哪些数据处理语句时将激活触发器，必须至少指定一个选项。
- ON tbl_name 指定表上建立的触发器。
- FOR EACH ROW 表示当触发器影响多行时，每行都受影响，均激活一次触发器，也叫行级触发器。
- trigger_body 表示触发执行的 SQL 语句，可由一个或多个 SQL 语句组成。

二、关键字 NEW 和 OLD

触发器中的 NEW 和 OLD 关键字用来表示触发器正在触发操作的一行记录数据。

语法：

```
NEW.col_name | OLD.col_name
```

说明：

- OLD 是只读的，而 NEW 则可以在触发器中使用 SET 赋值，这样不会再次引起触发器触发，以免造成循环调用。
- INSERT 型触发器中，NEW 表示将要(BEFORE)或已经(AFTER)插入的新记录数据。
- UPDATE 型触发器中，OLD 表示将要或已经被修改的原记录数据，NEW 表示将要或已经修改的新记录数据。
- DELETE 型触发器中，OLD 表示将要或已经被删除的原记录数据。

三、建立 AFTER 触发器

1. 建立 INSERT 触发器

【实例 8-4】在 db_shop 数据库中建立一个 item 表的插入触发器，使得 item 表增加的数量与 goods 表减少的数量保持一致。操作步骤如下：

第一步，建立触发器，为了调试方便，若同名触发器存在则先删除。执行语句如下：

创建 INSERT 事件触发器

```
mysql> USE db_shop;
mysql>DROP TRIGGER IF EXISTS tg_goods_ins;
mysql>delimiter //
mysql>CREATE TRIGGER tg_goods_ins
        AFTER INSERT ON item
        FOR EACH ROW
        BEGIN
        UPDATE goods
```

```
            SET    amount =amount - NEW.quantity
            WHERE id=NEW.goods_id;
        END //
    mysql>delimiter ;
```

运行语句如图 8-4 所示。

```
mysql> USE db_shop;
Database changed
mysql> DROP TRIGGER IF EXISTS tg_goods_ins;
Query OK, 0 rows affected (0.02 sec)

mysql> delimiter //
mysql> CREATE TRIGGER tg_goods_ins
    -> AFTER INSERT ON item
    -> FOR EACH ROW
    -> BEGIN
    ->        UPDATE goods
    ->        SET  amount =amount - NEW.quantity
    ->       WHERE id=NEW.goods_id;
    -> END  //
Query OK, 0 rows affected (0.02 sec)

mysql>  delimiter ;
mysql> _
```

图 8-4　建立插入触发器

第二步，通过触发器表的插入记录操作，激发触发器进行测试，观测触发前后数据。执行语句如下：

```
    mysql>SELECT * FROM item;
    mysql>SELECT * FROM goods WHERE id=2;    -- 查看修改前商品数量
    mysql>INSERT    INTO item(order_id,goods_id,supplier_id,quantity)
            VALUES(2,2,1,10);    #测试插入数据，激发触发器
    mysql>SELECT * FROM item ORDER BY id DESC LIMIT 1;
    mysql>SELECT * FROM goods WHERE id=2;
```

运行结果如图 8-5 所示。

```
mysql> INSERT  INTO item(order_id,goods_id,supplier_id,quantity)  VALUES(3,2,1,20);
Query OK, 1 row affected (0.02 sec)

mysql> SELECT * FROM item ORDER BY id DESC LIMIT 1;
+----+----------+----------+-------------+----------+-------------+
| id | order_id | goods_id | supplier_id | quantity | total_price |
+----+----------+----------+-------------+----------+-------------+
| 11 |        3 |        2 |           1 |       20 |        0.00 |
+----+----------+----------+-------------+----------+-------------+
1 row in set (0.00 sec)

mysql> SELECT * FROM goods WHERE id=2;
+----+------------+-------------+------------+--------+-----------+------------+--------+------------+
| id | goods_name | supplier_id | goods_type | banner | introduce | unit_price | amount | goods_memo |
+----+------------+-------------+------------+--------+-----------+------------+--------+------------+
|  2 | 顶级酱油   |           1 | 酱油       | NULL   | NULL      |      22.30 |     80 | NULL       |
+----+------------+-------------+------------+--------+-----------+------------+--------+------------+
1 row in set (0.00 sec)

mysql> _
```

图 8-5　插入记录测试触发器

说明：从图 8-5 可以看到 goods 表的 2 号商品的数量减少了 20 件，item 表的 2 号商品相应销售了 20 件。

2. 建立 UPDATE 触发器

【实例 8-5】建立一个 item 表的修改触发器，使得 item 表修改的数量与 goods 表的增减数量保持一致。操作步骤如下：

第一步，建立 item 表的修改触发器，为调试方便，若同名触发器已存在则先将

其删除。执行语句如下：

创建 UPDATE 事件触发器

```
mysql> USE db_shop;
mysql>DROP TRIGGER IF EXISTS tg_goods_mod;
mysql>delimiter //
mysql>CREATE TRIGGER tg_goods_mod
      AFTER UPDATE ON item
       FOR EACH ROW
      BEGIN
          UPDATE goods
          SET    amount =amount +(OLD.quantity - NEW.quantity)
          WHERE id=NEW.goods_id;
      END    //
mysql>delimiter ;
```

运行结果如图 8-6 所示。

```
mysql> USE db_shop;
Database changed
mysql> DROP TRIGGER IF EXISTS tg_goods_mod;
Query OK, 0 rows affected (0.02 sec)

mysql> delimiter //
mysql> CREATE TRIGGER tg_goods_mod
    ->    AFTER UPDATE ON item
    -> FOR EACH ROW
    -> BEGIN
    -> UPDATE goods
    -> SET   amount =amount +(OLD.quantity - NEW.quantity)
    -> WHERE id=NEW.goods_id;
    -> END   //
Query OK, 0 rows affected (0.02 sec)

mysql> delimiter ;
```

图 8-6　建立修改触发器

第二步，对 item 表修改前一题添加记录的数量，激发触发器进行测试，查看触发前后的记录数据。执行语句如下：

```
mysql>UPDATE item
      SET quantity=quantity-5   -- 测试修改触发器
      WHERE id=11 ;
mysql>SELECT * FROM item WHERE id= 11;
mysql>SELECT * FROM goods WHERE id =2;
```

运行结果如图 8-7 所示。

```
mysql> UPDATE item
    -> SET quantity=quantity-5 # 测试修改触发器
    -> WHERE id=11 ;
Query OK, 1 row affected (0.01 sec)
Rows matched: 1  Changed: 1  Warnings: 0

mysql> SELECT * FROM item WHERE  id=11;
+----+----------+----------+-------------+----------+-------------+
| id | order_id | goods_id | supplier_id | quantity | total_price |
+----+----------+----------+-------------+----------+-------------+
| 11 |        3 |        2 |           1 |       15 |        0.00 |
+----+----------+----------+-------------+----------+-------------+
1 row in set (0.00 sec)

mysql> SELECT * FROM goods WHERE id=2;
+----+------------+-------------+------------+--------+-----------+------------+--------+------------+
| id | goods_name | supplier_id | goods_type | banner | introduce | unit_price | amount | goods_memo |
+----+------------+-------------+------------+--------+-----------+------------+--------+------------+
|  2 | 顶级酱油   |           1 | 酱油       | NULL   | NULL      |      22.30 |     85 | NULL       |
+----+------------+-------------+------------+--------+-----------+------------+--------+------------+
1 row in set (0.00 sec)

mysql> _
```

图 8-7　修改记录测试触发器

3. 建立 DELETE 触发器

【实例 8-6】建立一个 item 表的删除触发器，使得 item 表减少的数量与 goods 商品表增加的数量保持一致。操作步骤如下：

第一步，建立 item 表的删除触发器，为调试方便，若同名触发器存在则先删除。执行语句如下：

```
mysql> USE db_shop;
mysql>DROP TRIGGER IF EXISTS tg_goods_del;
mysql>delimiter //
mysql>CREATE TRIGGER tg_goods_del
        AFTER DELETE ON item
        FOR EACH ROW
        BEGIN
        UPDATE goods
        SET    amount =amount +old.quantity
        WHERE   id=old.goods_id;
        END    //
mysql>delimiter ;
```

创建 DELETE 事件触发器

运行结果如图 8-8 所示。

```
mysql> USE db_shop;
Database changed
mysql> DROP TRIGGER IF EXISTS tg_goods_del;
Query OK, 0 rows affected (0.02 sec)

mysql> delimiter //
mysql> CREATE TRIGGER tg_goods_del
    -> AFTER DELETE ON item
    -> FOR EACH ROW
    -> BEGIN
    -> UPDATE goods
    -> SET  amount =amount +old.quantity
    -> WHERE id=old.goods_id;
    -> END  //
Query OK, 0 rows affected (0.01 sec)

mysql> delimiter ;
mysql>
```

图 8-8　建立删除触发器

第二步，对 item 表做删除操作，激发触发器进行测试，查看触发前后的记录数据。执行语句如下：

```
mysql>DELETE FROM item    WHERE id=11;
mysql>SELECT * FROM item WHERE id= 11;
mysql>SELECT * FROM goods WHERE id =2;
```

运行结果如图 8-9 所示。

```
mysql> DELETE FROM item  WHERE id=11;
Query OK, 1 row affected (0.02 sec)

mysql> SELECT * FROM item WHERE id= 11;
Empty set (0.00 sec)

mysql> SELECT * FROM goods WHERE id =2;
+----+------------+-------------+------------+--------+-----------+------------+--------+------------+
| id | goods_name | supplier_id | goods_type | banner | introduce | unit_price | amount | goods_memo |
+----+------------+-------------+------------+--------+-----------+------------+--------+------------+
|  2 | 顶级酱油   |           1 | 酱油       | NULL   | NULL      |      22.30 |    100 | NULL       |
+----+------------+-------------+------------+--------+-----------+------------+--------+------------+
1 row in set (0.01 sec)

mysql>
```

图 8-9　测试删除触发器

四、建立 BEFORE 触发器

【实例 8-7】建立一个 item 表的 BEFORE 触发器，若详细订单数量额超过商品库存数量，则抛出异常信息“库存不足”；若低于商品库存数量，则修改相应的商品库存数量。操作步骤如下：

介绍 BEFORE 触发器

第一步，建立 BEFORE 触发器。执行语句如下：

创建 BEFORE 触发器

```
mysql> USE db_shop;
mysql>USE db_shop;
mysql>DROP TRIGGER IF EXISTS tg_goods_ins2;
mysql>delimiter //
    mysql>CREATE TRIGGER tg_goods_ins2
      BEFORE INSERT ON item
      FOR EACH ROW
      BEGIN
          IF NOT EXISTS (SELECT * FROM goods WHERE id=NEW.goods_id AND
amount >NEW.quantity) THEN
              BEGIN
          SIGNAL SQLSTATE 'H1001'SET MESSAGE_TEXT ='库存不足';
          END;
      ELSE
          UPDATE goods
          SET   amount =amount - NEW.quantity
          WHERE id=NEW.goods_id;
      END IF;
      END //
mysql>delimiter ;
```

运行结果如图 8-10 所示。

```
mysql> delimiter //
mysql> CREATE TRIGGER tg_goods_ins
    -> BEFORE INSERT ON item
    -> FOR EACH ROW
    -> BEGIN
    ->   IF NOT EXISTS (SELECT * FROM goods WHERE id=NEW.goods_id AND amount >NEW.quantity) THEN
    ->
    ->    BEGIN
    ->         SIGNAL SQLSTATE 'H1001' SET MESSAGE_TEXT ='库存不足';
    ->    END;
    ->  ELSE
    ->    UPDATE goods
    ->     SET  amount =amount - NEW.quantity
    ->    WHERE id=NEW.goods_id;
    ->  END IF;
    -> END //
Query OK, 0 rows affected (0.03 sec)

mysql>
```

图 8-10　建立 BEFORE 的插入触发器

第二步，对 item 表做插入操作，分别插入一个超额和不超额的订单数量，激发触发器进行测试，查看触发信息和记录数据。执行语句如下：

```
mysql>SELECT * FROM goods;
#测试超额数量
mysql>INSERT INTO item(order_id,goods_id,supplier_id,quantity) VALUES(2,2,1,150);
#测试不超数量
mysql>  INSERT INTO item(order_id,goods_id,supplier_id,quantity) VALUES(2,2,1,50);
mysql>SELECT * FROM item;
```

运行结果如图 8-11 所示。

```
mysql> SELECT * FROM goods;
+----+--------------+-------------+------------+--------+-----------+------------+--------+------------+
| id | goods_name   | supplier_id | goods_type | banner | introduce | unit_price | amount | goods_memo |
+----+--------------+-------------+------------+--------+-----------+------------+--------+------------+
|  1 | 普通酱油     |           1 | 酱油       | NULL   | NULL      |      12.30 |    100 | NULL       |
|  2 | 顶级酱油     |           1 | 酱油       | NULL   | NULL      |      22.30 |    100 | NULL       |
|  3 | 顶级生抽     |           4 | 酱油       | NULL   | NULL      |      21.00 |    100 | NULL       |
|  4 | 精品老抽     |           4 | 酱油       | NULL   | NULL      |      12.10 |    100 | NULL       |
|  5 | 100mL矿泉水  |           2 | 饮用水     | NULL   | NULL      |       2.30 |    100 | NULL       |
|  6 | 100ml纯真水  |           3 | 饮用水     | NULL   | NULL      |       1.50 |    100 | NULL       |
|  7 | 动力水       |           2 | 饮用水     | NULL   | NULL      |       6.50 |    100 | NULL       |
+----+--------------+-------------+------------+--------+-----------+------------+--------+------------+
7 rows in set (0.00 sec)

mysql> INSERT INTO item(order_id,goods_id,supplier_id,quantity) VALUES(2,2,1,150);
ERROR 1644 (H1001): 库存不足
mysql>  INSERT INTO item(order_id,goods_id,supplier_id,quantity) VALUES(2,2,1,50);
Query OK, 1 row affected (0.01 sec)

mysql> SELECT * FROM goods;
+----+--------------+-------------+------------+--------+-----------+------------+--------+------------+
| id | goods_name   | supplier_id | goods_type | banner | introduce | unit_price | amount | goods_memo |
+----+--------------+-------------+------------+--------+-----------+------------+--------+------------+
|  1 | 普通酱油     |           1 | 酱油       | NULL   | NULL      |      12.30 |    100 | NULL       |
|  2 | 顶级酱油     |           1 | 酱油       | NULL   | NULL      |      22.30 |     50 | NULL       |
|  3 | 顶级生抽     |           4 | 酱油       | NULL   | NULL      |      21.00 |    100 | NULL       |
|  4 | 精品老抽     |           4 | 酱油       | NULL   | NULL      |      12.10 |    100 | NULL       |
|  5 | 100mL矿泉水  |           2 | 饮用水     | NULL   | NULL      |       2.30 |    100 | NULL       |
|  6 | 100ml纯真水  |           3 | 饮用水     | NULL   | NULL      |       1.50 |    100 | NULL       |
|  7 | 动力水       |           2 | 饮用水     | NULL   | NULL      |       6.50 |    100 | NULL       |
+----+--------------+-------------+------------+--------+-----------+------------+--------+------------+
7 rows in set (0.00 sec)

mysql> _
```

图 8-11　测试 BEFORE 触发器

五、任务实施

按下列操作步骤完成 db_shop 数据库触发器的建立和测试。

(1) 选择 db_shop 数据库，执行语句如下：

```
mysql>USE db_shop;
```

(2) 建立触发器 tg_customer，当在订购表中修改一条订单时，若订购额大于 0，则自动返还订购增加金额整除 100 的金额数到会员的余额中，执行语句如下：

```
mysql>delimiter //
mysql>CREATE   TRIGGer tg_customer
        AFTER UPDATE ON orders
        FOR EACH ROW
        BEGIN
            DECLARE Nm decimal(11,2);
            DECLARE Om decimal(11,2);
            SET Nm=NEW.amount;
            SET Om =OLD.amount;
```

```
            IF Nm-Om>0 THEN
               UPDATE customer
               SET menber_balance=menber_balance+(Nm-Om)/100
               WHERE id =NEW.customer_id;
            END IF;
        END  //
    mysql>delimiter ;
```

(3) 测试触发器，执行语句如下：

```
    mysql>UPDATE orders
        SET amount=(SELECT SUM(total_price) FROM item WHERE order_id=4)
        WHERE id=4;
```

任务 3　修改和删除触发器

建立触发器以后，在任务实施中可能需要对现有的触发器进行修改或删除操作。在 MySQL 中修改触发器是通过删除触发器后再创建触发器的方法来实现的。本任务通过商品购物管理系统中触发器的修改和删除操作，学习根据业务需要管理触发器。

一、删除触发器语句

删除触发器是通过 DROP TRIGGER 语句实现的。

语法：

```
DROP TRIGGER [IF EXISTS] [schema_name.]trigger_name
```

说明：删除指定名称的触发器。

二、修改和删除触发器语句

目前 MySQL 没有专门的修改触发器的语句。触发器的修改是通过先删除触发器再创建触发器的方法实现的。

【实例 8-8】　将前面建立的 item 表的修改触发器 tg_goods_mod 修改为 BEFORE 触发器。

分析：在目前版本的 MySQL 中，通过先删除 item 表修改触发器，再建立同名触发器的方法来实现触发器的修改。操作步骤如下：

第一步，先删除触发器，再建立触发器。执行语句如下：

```
    mysql> USE db_shop;
    mysql>DROP TRIGGER IF EXISTS tg_goods_mod;
    mysql>delimiter //
    mysql>CREATE TRIGGER tg_goods_mod
        BEFORE UPDATE ON item
```

```
        FOR EACH ROW
        BEGIN
        IF NOT EXISTS (SELECT * FROM goods WHERE goods_id=NEW.goods_id
            AND amount >(NEW.quantity-OLD.quantity)) THEN
        BEGIN
            SIGNAL SQLSTATE 'H1001' SET MESSAGE_TEXT ='库存不足';
        END;
        ELSE
            UPDATE goods
            SET    amount =amount +(OLD.quantity - NEW.quantity)
            WHERE id=NEW.goods_id;
        END IF;
    END   //
    mysql>delimiter ;
```

运行结果如图 8-12 所示。

```
mysql> USE db_shop;
Database changed
mysql> DROP TRIGGER IF EXISTS tg_goods_mod;
Query OK, 0 rows affected (0.04 sec)

mysql> delimiter //
mysql> CREATE TRIGGER tg_goods_mod
    -> BEFORE UPDATE ON item
    -> FOR EACH ROW
    -> BEGIN
    -> IF NOT EXISTS (SELECT * FROM goods WHERE id=NEW.goods_id
    -> AND amount >(NEW.quantity-OLD.quantity)) THEN
    -> BEGIN
    ->   SIGNAL SQLSTATE 'H1001' SET MESSAGE_TEXT ='库存不足';
    -> END;
    -> ELSE
    ->  UPDATE goods
    ->  SET   amount =amount +(OLD.quantity - NEW.quantity)
    ->  WHERE id=NEW.goods_id;
    -> END IF;
    -> END  //
Query OK, 0 rows affected (0.02 sec)

mysql> delimiter ;
mysql>
```

图 8-12　删除和修改触发器

第二步，通过修改 item 表的订单数量，测试触发器，观测数据触发前后的变化。执行语句如下：

```
    mysql> UPDATE item
        SET quantity = 200
        WHERE id = 13 ;
    mysql> SELECT * FROM item WHERE id =13;
    mysql> SELECT * FROM goods WHERE id =2;
    mysql> UPDATE item
        SET quantity = 80
        WHERE id = 13 ;
```

说明：分别修改超过商品库存量和低于库存量的订单数量。

运行结果如图 8-13 所示。

```
mysql> UPDATE item
    -> SET quantity = 200
    -> WHERE id = 13 ;
ERROR 1644 (H1001): 库存不足
mysql> SELECT * FROM item WHERE id =13;
+----+----------+----------+-------------+----------+-------------+
| id | order_id | goods_id | supplier_id | quantity | total_price |
+----+----------+----------+-------------+----------+-------------+
| 13 |        2 |        2 |           1 |       50 |        0.00 |
+----+----------+----------+-------------+----------+-------------+
1 row in set (0.00 sec)

mysql> SELECT * FROM goods WHERE id =2;
+----+------------+-------------+------------+--------+-----------+------------+--------+------------+
| id | goods_name | supplier_id | goods_type | banner | introduce | unit_price | amount | goods_memo |
+----+------------+-------------+------------+--------+-----------+------------+--------+------------+
|  2 | 顶级酱油   |           1 | 酱油       | NULL   | NULL      |      22.30 |     50 | NULL       |
+----+------------+-------------+------------+--------+-----------+------------+--------+------------+
1 row in set (0.01 sec)

mysql> UPDATE item
    -> SET quantity = 80
    -> WHERE id = 13 ;
Query OK, 1 row affected (0.01 sec)
Rows matched: 1  Changed: 1  Warnings: 0

mysql> SELECT * FROM goods WHERE id =2;
+----+------------+-------------+------------+--------+-----------+------------+--------+------------+
| id | goods_name | supplier_id | goods_type | banner | introduce | unit_price | amount | goods_memo |
+----+------------+-------------+------------+--------+-----------+------------+--------+------------+
|  2 | 顶级酱油   |           1 | 酱油       | NULL   | NULL      |      22.30 |     20 | NULL       |
+----+------------+-------------+------------+--------+-----------+------------+--------+------------+
```

图 8-13　测试删除和修改触发器

三、任务实施

按下列操作完成 db_shopping 数据库触发器的删除修改。

(1) 选择 db_shopping 数据库，执行语句如下：

```
mysql>USE db_shopping;
```

(2) 修改前面建立的 tg_customer，当在订购表中修改一条订单时，按增减金额整除 300 的金额数更新到会员的余额，执行语句如下：

```
mysql>delimiter //
mysql>DROP TRIGGER IF EXISTS tg_customer;
mysql>CREATE  TRIGGER tg_customer
    AFTER UPDATE ON orders
    FOR EACH ROW
    BEGIN
      DECLARE Nm decimal(11,2);
      DECLARE Om decimal(11,2);
      SET Nm=NEW.amount;
      SET Om =OLD.amount;
      UPDATE customer
      SET menber_balance=menber_balance+(Nm-Om)/300
      WHERE id =NEW.customer_id;
  END  //
```

```
mysql>delimiter ;
```

(3) 测试触发器，执行语句如下：

```
mysql>UPDATE orders
        SET amount=(SELECT SUM(total_price) FROM item WHERE order_id=4)
        WHERE id=4;
```

小　结

本项目主要以电商购物管理系统为引导案例，介绍了触发器的作用、类型和查看、创建、管理触发器的基本语句，以及触发器中 OLD、NEW 关键字的用途等基本知识；演示了查看触发器以及创建、修改、删除 AFTER、BEFOR 触发器的操作方法和实施过程。学习完本项目，读者应能够根据实际业务需求，熟练应用触发器中的 NEW、OLD 关键字，完成复杂业务关联数据的触发器创建和管理，并能熟练应用触发器处理复杂业务逻辑的关联数据问题。

课后习题

1. 对 staffer 表建立一个插入触发器 tr_stafferInsert，实现：当向职员表插入数据时，触发该触发器，提示“某某的信息添加成功!”。例如，当插入一个叫“李丽”的职员信息时，会触发提示“李丽的信息添加成功!”。

2. 对 item 表建立一个插入触发器 tr_itemInsert，可以联动修改 orders 表中的信息。执行插入数据到 item 表前，先检查 order 表中有没有该订单信息，当 orders 表中还没有对应的订单信息时，先添加一条对应的订单信息，当已有订单信息时，更新订单对应的应付金额。

3. 对 item 表建立一个修改触发器 tr_itemUpdate，当修改 item 表中的订单数量时，可以联动修改 orders 表中的订单应付金额。

4. 对 item 表建立一个删除触发器 tr_itemDelete，当删除 item 表中的记录时，可以联动修改 orders 表中的订单应付金额。

项目九　索引和事务

项目介绍

在信息化管理过程中，除了前面学习的基本数据处理外，还会遇到检索性能和多操作流程带来的数据一致性问题。数据库中存储的数据量会随着时间逐渐增大，当达到一定量时，数据检索性能急剧下降。当数据库数据量很大时，通过创建索引能够有效提高和优化检索性能。同时在数据处理流程中，多步骤的数据处理构成了一个完整操作流程，具有要么执行、要么都不执行的特点。这就需要数据库的事务机制来保证。本项目以建立索引和事务为对象，学习如何提高数据库的检索性能和保证事务的完整性，以达成本项目教学目标。本项目主要内容包括创建和查看索引、处理事务两个任务。

教学目标

素质目标

◎ 具有优化检索，提高信息检索效率的数字服务意识；

◎ 具有工作事务执行的完整性和系统性思维。

知识目标

◎ 了解索引作用，掌握建立和查看管理索引的语法应用；

◎ 了解事务特性，掌握事务处理操作语句的应用。

能力目标

◎ 能应用索引有效提高数据检索性能；

◎ 能使用事务机制实现数据的一致性。

学习重点

◎ 索引的建立与查看；

◎ 事务的提交与回滚，保证数据的一致性。

学习难点

◎ 编写合适的事务保证数据的一致性。

任务 1　创建和查看索引

数据库在未建立索引的情况下，通过检索语句对数据表进行逐行扫描，找到所需的数据，即完成数据查询。这种检索在数据量巨大时会很耗时。数据库中的索引类似于书的目录，可存放表中数据和相应存储位置的列表。查询索引能从索引文件中直接定位到所需的存储位置，进而找到表中的数据，而不必扫描整个数据表，大大提高数据检索性能。本任务以电商购物管理系统为案例，学习建立索引文件的方法，从而实现数据的快速查询。

一、基本概念

索引是为了加速检索而创建的一种存储结构，是针对一个表而建立的。它由除存放表的数据页面以外的索引页面组成，每个索引页面中的行都包含逻辑指针，指针指向存储在表中指定列的数据值，这些指针根据指定的索引字段值依次排列。通过该指针可以直接检索到数据，从而加快数据的检索速度。

通常情况下，只有查询频繁使用的字段才需要在表上创建索引。索引会占用存储空间，并降低了添加、删除和更新行的速度，所以索引也不是建立得越多越好，而是根据实际应用的需要建立，才能有效提高检索速度。

二、索引类型

MySQL 的索引类型分为以下几类。

1. 普通索引

普通索引是 MySQL 中最基本的索引类型，允许索引列有重复值。可以在条件查询频繁的字段或排序字段上建立普通索引。

2. 唯一索引

唯一索引要求组成该索引的字段或字段组合不能存在重复值，要求具有唯一性，允许空值。通常在不允许重复的字段上建立唯一索引，以避免重复值的录入。

3. 主键索引

主键索引是在创建主键时自动建立的，是唯一索引的特殊类型。主键索引字段不允许空值。

4. 复合索引

使用一个以上的字段组合建立索引，这种索引称为复合索引。

5. 全文索引

全文索引的索引类型为 FULLTEXT,可以在 CHAR、VARCHAR 或 TEXT 类型的列上创建，主要用于文章等大量文本文字中检索字符串信息。

6. 空间索引

空间索引是在空间数据类型的字段上建立索引，如 POINT 等，索引字段不允许空值。空间索引只能在 MyISAM 存储引擎的表中创建。

三、查看索引

语法：

```
SHOW  INDEX  FROM  tbl_name
```

说明：查看指定表的索引文件信息。

【实例 9-1】 查看 db_shop 数据库中 goods 表中的索引文件。执行语句如下：

```
mysql> USE db_shop;
mysql> SHOW INDEX FROM goods\G
```

运行结果如图 9-1 所示(截取部分图)。

```
mysql> USE db_shop;
Database changed
mysql> SHOW INDEX FROM goods\G
*************************** 1. row ***************************
        Table: goods
   Non_unique: 0
     Key_name: PRIMARY
 Seq_in_index: 1
  Column_name: id
    Collation: A
  Cardinality: 7
     Sub_part: NULL
       Packed: NULL
         Null:
   Index_type: BTREE
      Comment:
Index_comment:
      Visible: YES
   Expression: NULL
*************************** 2. row ***************************
```

图 9-1 查看 goods 的索引文件

四、创建索引

MySQL 中使用 CREATE INDEX 语句来创建索引。

语法：

```
CREATE [UNIQUE | FULLTEXT | SPATIAL] INDEX index_name
ON tbl_name ({col_name [(length)] | (expr)} [ASC | DESC])
```

说明：

• UNIQUE | FULLTEXT | SPATIAL 分别表示唯一索引、全文索引和空间索引，省略默认是普通索引；

• index_name 表示定义的索引名；

• tbl_name 表示建立索引的表；

• col_name 表示要建立索引的字段。

1. 创建普通索引

语法：

```
CREATE  INDEX 索引名 ON tbl_name (索引字段列表)
```

说明：在指定表的指定字段上建立普通索引。

【实例 9-2】 在商品表的数量字段建立普通索引。执行语法如下：

```
mysql> CREATE INDEX ix_amount ON goods(amount);
```

运行结果如图 9-2 所示。

```
mysql> CREATE INDEX ix_amount ON goods(amount);
Query OK, 0 rows affected (0.12 sec)
Records: 0  Duplicates: 0  Warnings: 0
```

图 9-2 建立普通索引

说明：可以使用索引查看语句查看到该索引文件信息。执行语句如下：

```
mysql> SHOW INDEX FROM goods\G
```

2. 创建唯一索引

唯一索引可以在建立表时通过添加 UNIQUE 约束时建立，也可使用 CRAETE UNIQUE INDEX 语句建立。第一种方法前面创建表时已经使用过，这里主要使用第二种方法。

语法：

```
CREATE UNIQUE INDEX  索引名 ON tbl_name (索引字段列表)
```

说明：关键字 UNIQUE 表示当前建立的是唯一索引。

【实例 9-3】 为 staffer_rec_bak 表的用户名建立一个唯一索引。执行语句如下：

```
mysql> USE db_shop;
mysql> CREATE UNIQUE INDEX staffer_rec_ix ON staffer_rec_bak(username);
```

运行结果如图 9-3 所示。

```
mysql> USE db_shop;
Database changed
mysql> CREATE UNIQUE INDEX staffer_rec_ix ON staffer_rec_bak(username);
Query OK, 9 rows affected (0.04 sec)
Records: 9  Duplicates: 0  Warnings: 0
```

图 9-3 建立唯一索引

3. 创建复合索引

创建复合索引是指定多个字段作为索引列。

【实例 9-4】在职员表建立性别和出生日期(降序)的索引。执行语句如下。

```
mysql> USE db_shop;
mysql> CREATE INDEX ix_staffer ON staffer(sex , birthday DESC);
```

运行结果如图 9-4 所示。

```
mysql> CREATE INDEX ix_staffer ON staffer(sex , birthday DESC);
Query OK, 0 rows affected (0.05 sec)
Records: 0  Duplicates: 0  Warnings: 0
```

图 9-4 建立复合索引

说明：可以查看按索引字段显示的效果，观测是否先按性别再按出生日期降序进行索引。执行语句如下：

```
mysql> SELECT id,sex,birthday FROM staffer;
```

五、删除索引

MySQL 中可以使用 ALTER TABLE 或 DROP INDEX 语句来删除索引。前一种方法在修改表结构时已经使用过，这里演示后一种方法。

语法：

```
DROP INDEX 索引名 ON 表名
```

说明：在指定表中删除已经存在的索引。

【实例 9-5】 删除 staffer 表中的 ix_staffer 索引，执行语句如下：

```
mysql> DROP INDEX ix_staffer ON staffer;
```

运行结果如图 9-5 所示。

```
mysql> DROP INDEX ix_staffer ON staffer;
Query OK, 0 rows affected (0.03 sec)
Records: 0  Duplicates: 0  Warnings: 0
```

图 9-5　删除索引

说明：可以使用索引查看语句查看该索引文件是否已经删除。执行语句如下：

```
mysql> SHOW INDEX FROM staffer\G
```

六、任务实施

按下列操作实施完成 db_shopping 数据库索引的建立和查看。

(1) 复制商品表和记录，复制的表名为 goods_rec_bak，执行语句如下：

```
mysql> CREATE TABLE goods_rec_bak   AS SELECT * FROM goods;
```

(2) 为 goods_rec_bak 表建立商品类型的普通索引 ix_goods_type，执行语句如下：

```
mysql> CREATE INDEX ix_goods_type ON goods_rec_bak(goods_type);
```

(3) 为 goods_rec_baka 表建立商品名称的唯一索引 iq_goods_name，执行语句如下：

```
mysql> CREATE UNIQUE INDEX iq_goods_name   ON goods_rec_baka(goods_name);
```

(4) 为 goods_rec_baka 表建立供应商编号(升序)和商品数量(降序)的索引 ix_sup_id_amount，执行语句如下：

```
mysql> CREATE INDEX ix_sup_id_amount ON goods_rec_baka(supplier_id ASC,amount
       DESC);
```

(5) 查看 goods_rec_baka 表建立的索引文件信息，观察 iq_goods_name 索引参数，执行语句如下：

```
mysql> SHOW INDEX FROM goods_rec_baka \G
```

任务2　处 理 事 务

在数据库应用系统中，一个事务经常是由多个操作构成的，如订单的销售与库存的更新就至少由 2 个操作构成。简单的关联任务可以使用前面学过的触发器完成，也可以使用事务的提交与回滚技术完成。本任务以电商购物管理系统为案例，学习

订单事务处理。

一、基本概念

事务(Transaction)是将一个数据处理操作序列作为一个整体来执行的一种机制。这些操作是一个不可分割的逻辑工作单元，事务更新操作要么都执行，要么都不执行。通过事务的整体性可以保证数据的一致性。

二、事务的特性

事务是作为并发控制的最小控制单元，具备以下四个特性：

(1) 原子性(Atomicity)。事务是一个完整的操作，具有原子特性，不可分割。事务的所有操作作为一个整体提交或回滚，要么全部完成，要么全部不完成。事务不会结束在中间某个环节。事务在执行过程中一旦发生错误，会被回滚(Rollback)到事务开始前的状态，就像这个事务从来没有执行过一样。

(2) 一致性(Consistency)。事务完成后，数据库数据总是从一个一致的状态转换到另一个一致的状态，不允许中间状态的存在。

(3) 隔离性(Isolation)。数据库允许多个并发事务同时对其数据进行读写和修改，但所有并发事务是彼此隔离的。一个事务看到的数据要么是其他事务修改前的状态，要么是其他事务修改完成的状态，这个事务不能看到其他事务正在修改的数据。

(4) 持久性(Durability)。事务处理结束后，对数据的修改就是永久性的，一旦事务被提交，更改的数据就永久地保持在数据库中，不能被回滚。即便系统发生故障重新启动服务，也不会造成数据丢失，数据已经存入到磁盘上。

事务的以上四个特征按开头字母统称为事务的 ACID 特性。

三、事务的类型

MySQL 的事务可分为两种类型：一种是系统提供的自动提交事务，另一种是用户定义的显式事务。

1. 自动提交事务

在 MySQL 命令行的默认设置下，事务都是自动提交的，一条语句就构成了一个事务，即执行 SQL 语句后要么被提交、要么回滚。例如 CREATE TABLE、ALTER TABLE、SELECT、INSERT、UPDATE、DELETE、DROP、TRUNCATE TABLE、GRANT、REVOKE 等语句的执行都是自动提交事务。

2. 显式事务

显式事务是用户显式定义事务的启动和结束。MySQL 默认是自动提交事务，每句 SQL 语句就是一个事务。显示事务可以使用 2 种方法开启：

方法一：使用 BEGIN 或 START TRANSACTION 开启一个事务，同时用事务提交或事务回滚来结束事务。

方法二：执行命令 SET AUTOCOMMIT=0 来禁止当前会话的自动提交，用 SET

AUTOCOMMIT=1 来恢复当前会话自动提交；可用 SHOW VARIABLES LIKE 'autocommit'语句查看提交状态值。

```
mysql> SHOW VARIABLES LIKE 'autocommit';          -- 查看事务提交模式
mysql> SET AUTOCOMMIT=0;          -- 开启事务显式模式
```

四、事务处理操作

在 MySQL 中定义事务处理的语句主要有下面 3 个处理语句。

(1) 语法：

BEGIN 或 START TRANSACTION

说明：开启事务。需要注意的是 MySQL 中是不允许事务嵌套的，开启一个新的事务后，前面的事务会自动提交。

(2) 语法：

COMMIT

说明：提交事务。提交事务使得事务中对数据库进行的所有修改永久存入磁盘，同时结束当前会话事务，释放连接时占用的资源。

(3) 语法：

ROLLBACK

说明：回滚事务。撤销正在进行的所有未提交的操作，数据状态回滚到事务开始前，同时结束当前会话事务，并释放事务占用的资源。

【实例 9-6】 向 db_shop 数据库的部门信息表 Department 中插入 3 条记录：一条用 START TRANSACTION 开启事务，添加后用 COMMIT 提交结束事务；第二条为自动提交事务；第三条用 SET AUTOCOMMIT=0 关闭自动提交事务，启动显式事务提交模式，添加后使用 ROLLBACK 回滚结束事务。执行语句如下(观察数据变化)：

```
mysql> USE db_shop;
mysql> START TRANSACTION;   -- 开启事务
mysql> INSERT INTO db_shop.department values(100, '技术部 2', '38490123', '技术业务');
mysql> COMMIT;   -- 结束事务
mysql>   INSERT INTO db_shop.department values(101, '技术部 3', '38490123', '技术业务');-- 在默认的自动提交事务模式下
mysql> SET AUTOCOMMIT=0;   -- 启动显式事务，之后为事务的开始
mysql> INSERT INTO db_shop.department values(101, '促销部', '38490125', '促销业务');
mysql> ROLLBACK;   -- 结束事务
mysql> SELECT * FROM db_shop.department;
mysql> SET AUTOCOMMIT=1;   -- 恢复事务自动提交模式
```

说明：可以看到 COMMIT 的记录永久保存，不是显式事务的记录将自动提交且不能回滚；显示事务的记录可以回滚，回滚的记录没有添加数据库。

在 MySQL 开启一个事务的过程中，还可以建立事务保存点(SAVEPOINT)，事务可以回滚到事务保存点而不影响事务保存点前的操作，不会放弃整个事务。保存

点具有创建、回滚、删除三个相关操作。

(1) 事务中创建一个保存点。

语法：

```
SAVEPOINT savepoint_name
```

说明：savepoint_name 为事务保存点名称。一个事务中可以有多个事务保存点。

(2) 事务回滚到某个事务保存点。

语法：

```
ROLLBACK TO savepoint_name
```

说明：回滚到保存点并不结束事务，仍然需要 COMMIT 或者 ROLLBACK 语句来结束事务。

(3) 删除一个事务的保存点。

语法：

```
RELEASE SAVEPOINT savepoint_name
```

【实例 9-7】创建一个事务，向 do_shop 数据库的部门信息表 Department 中插入一行记录，设置保存点，然后在事务中修改该记录，回滚事务到保存点(记录回到保存点前的状态)，最后执行 COMMIT。执行以下语句(观察数据变化)：

```
mysql> USE db_shop;
mysql> START TRANSACTION;
mysql> INSERT INTO department values(101, '技术部 3', 'S0000002', '技术总监');
mysql> SAVEPOINT point1;
mysql> UPDATE department SET dept_phone=′ S0000001′  WHERE id=101;
mysql> SELECT * FROM db_shop.department;
mysql> ROLLBACK TO SAVEPOINT point1;
mysql> SELECT * FROM db_shop.department;
mysql> COMMIT;
mysql> SELECT * FROM db_shop.department;
```

说明：可以看到保存点后的操作回滚，保存点前的操作提交永久保存。

五、任务实施

按下列操作完成 db_shopping 数据库的事务应用。

(1) 为避免前面创建的触发器影响，复制一份商品表，名为 goods_rec_bak，执行语句如下：

```
mysql>CREATE TABLE IF NOT EXISTS goods_rec_bak  AS SELECT * FROM goods;
```

(2) 为避免前面创建的触发器影响，复制一份详细订单，表名为 item_rec_bak，执行语句如下：

```
mysql> CREATE TABLE IF NOT EXISTS item_rec_bak  AS SELECT * FROM item;
```

(3) 开启事务，在 item_rec_bak 表添加一条记录，并在 goods_rec_bak 中修改相应的商品数量，执行语句如下：

```
mysql> BEGIN;
mysql> INSERT INTO    item_rec_bak(order_id, goods_id,supplier_id,quantity)
      VALUES(1,2,1,7);
mysql> UPDATE goods_rec_bak    SET amount=amount+7    WHERE id=2;
```

(4) 提交事务，并查看数据是否变化，执行语句如下：

```
mysql> COMMIT;
mysql> SELECT * FROM item_rec_bak;
mysql> SELECT * FROM goods_rec_bak;
```

(5) 开启事务，在 item_rec_bak 中插入 2 条记录并回滚，查看数据是否变化，执行语句如下：

```
mysql> START TRANSACTION;
mysql> INSERT INTO    item_rec_bak(order_id, goods_id,supplier_id,quantity)
      VALUES(1,2,1,8);
mysql> INSERT INTO    item_rec_bak(order_id, goods_id,supplier_id,quantity)
      VALUES(1,2,1,9);
mysql> ROLLBACK;   -- 结束事务
mysql> SELECT * FROM item_rec_bak;
```

小　　结

本项目主要以电商购物管理系统为引导案例，演示了索引对数据处理的性能提升和事务的完整性保障技术方法，学习了索引的概念、作用、类型和创建及查看方法，以及事务的概念、ACID 特性和事务处理的操作方法和实施过程。学习完本项目，读者应能够根据实际业务需求，熟练应用索引和事务处理机制有效提高数据处理和检索的性能，并通过编写合适的事务来解决数据操作的完整性问题。

课 后 习 题

1. 简述 MySQL 数据库的索引类型和应用场景。
2. 列举各类索引的创建语句。
3. 列举索引文件信息的查看语句和索引效果的查看方法。
4. 简述事务的 ACID 特性。
5. 写出事务开启的方法语句。
6. 写出事务结束的方法语句。

项目十　数据库安全与备份恢复管理

项目介绍

数据安全是发展的保障，数据已经作为新型生产要素，涉及国家主权、国家安全、社会安全和人民安全，我们必须高度重视并自觉维护国家和社会数据安全。为了保证数据库的安全，需要建立安全并且定期备份数据。当服务器遇到意外情况时，可以通过日志文件查找原因和恢复数据。本项目以电商购物管理系统为案例，通过安全账户的创建和应用、日志的查看、数据的备份与恢复、数据的安全管理实施过程，学习建立安全账户、建立日常备份、查看日志，以及在服务器遇到意外情况时熟练恢复数据，以达成本项目教学目标。本项目主要内容包括用户与权限管理和数据库备份与恢复两个任务。

教学目标

素质目标

◎ 具有数据安全的相关法律法规常识和高度的总体国家安全观。

◎ 具有日常数据管理日志记录备份的良好习惯和安全意识。

知识目标

◎ 掌握创建和管理用户权限语法的应用；

◎ 掌握日志管理和数据恢复的方法。

能力目标

◎ 能够合理分配用户权限，有效应用和管理日志；

◎ 能够做好日常数据备份，服务器遇到意外情况时能熟练恢复数据。

学习重点

◎ 用户权限分配；

◎ 日志管理和数据恢复。

学习难点

◎ 日志管理和数据恢复。

任务 1　用户与权限管理

在企业信息化管理中，数据库包含各类数据，出于商业秘密和安全角度，有些数据并不一定对所有用户都开放，这就需要建立各类权限的用户，合理分配用户权限。本任务通过电商购物管理系统的用户权限管理，学习根据业务需要创建用户，并对用户权限进行有效管理。

一、基本概念

1. 用户权限

用户权限是在用户账号创建以后，由管理员赋予的连接服务和访问数据库的权限。MySQL 规定所有用户只能在他们所授予的权限范围内对数据库进行操作。用户权限主要包括：

(1) 用户可以用来登录 MySQL 服务的 IP 地址范围；

(2) 用户可以访问的数据库和数据表；

(3) 用户对哪些表可以执行 SELECT、CREATE、DELETE、DELETE、ALTER 等操作，更多的权限可以访问官网的权限说明文档；

(4) 用户自己的权限是否可以授权给其他用户。

2. 系统权限表

MySQL 用户建立以后，其权限都存储在 MySQL 系统数据库的 5 个控制权限的数据表中，分别为 user 表、db 表、tables_priv 表、columns_priv 表和 procs_priv 表。MySQL 服务启动后，这 5 个表自动加载到内存中，实现对访问用户的权限控制。

3. 权限认证过程

用户对 MySQL 数据库的访问权限由权限表规定的内容来控制，当用户进行操作时，MySQL 会根据这些表中的数据规定进行相应的权限控制。

MySQL 权限系统的工作过程分为两个认证阶段：身份认证和权限认证。

(1) 身份认证。用户试图连接 MySQL 服务器时，服务器基于用户提供的信息来验证用户身份，先从 user 表中的 Host、User、Password 这 3 个字段中判断请求连接的主机、用户名、密码是否存在，存在则通过第一步身份认证。

(2) 权限认证。身份认证通过后，服务器进入权限认证阶段，按照权限级别从高到低的顺序依次对 user 表、db 表、tables_priv 表、columns_priv 表进行认证，如果高级别的权限认证通过，则不再对低级别的权限进行认证；否则，继续进行下一级别的认证。即先检查全局权限表 user，如果 user 表中对应的权限为 Y，则此用户对所有数据库的权限都为 Y，将不再检查其余表；如果为 N，则到 db 表中检查此用户对具体数据库的操作权限，如果对应的权限为 Y 则通过认证，不再检查；

如果 db 表中对应的权限为 N，则继续检查 tables_priv 表，以此类推，直至请求被通过或者认证不通过。

二、用户管理

1. 查看用户信息

用户创建后的信息将保存在 user 表中，可以执行下列语句查看用户的主要信息。

语法：

```
SELECT user,authentication_string,Host[,priv_type,priv_type,...] FROM user;
```

说明：priv_type 表示权限类型，如 Select_priv 等。

MySQL 系统数据库的 user 表用来查看用户信息和权限信息，可以使用 DESC user 查看其字段内容:

```
mysql> USE mysql;
mysql> DESC user;
```

【实例 10-1】 查看当前服务器的用户信息。执行语句如下：

```
mysql> USE mysql;
mysql> SELECT user,authentication_string,Host FROM user;
```

运行结果如图 10-1 所示。

```
mysql> USE mysql;
Database changed
mysql> SELECT user,authentication_string,Host FROM user;
+------------------+------------------------------------------------------------------------+-----------+
| user             | authentication_string                                                  | Host      |
+------------------+------------------------------------------------------------------------+-----------+
| mysql.infoschema | $A$005$THISISACOMBINATIONOFINVALIDSALTANDPASSWORDTHATMUSTNEVERBRBEUSED | localhost |
| mysql.session    | $A$005$THISISACOMBINATIONOFINVALIDSALTANDPASSWORDTHATMUSTNEVERBRBEUSED | localhost |
| mysql.sys        | $A$005$THISISACOMBINATIONOFINVALIDSALTANDPASSWORDTHATMUSTNEVERBRBEUSED | localhost |
| root             | *6BB4837EB74329105EE4568DDA7DC67ED2CA2AD9                              | localhost |
+------------------+------------------------------------------------------------------------+-----------+
4 rows in set (0.00 sec)
```

图 10-1　查看用户信息

说明：

- user 表示用户名；
- Host 表示允许用户登录服务所使用的 IP 终端；
- authentication_string 表示密码(密码的 hash 值)。

【实例 10-2】查看当前服务器用户的常用权限信息。

分析：若在当前数据库，希望直接查询另一个数据库的表，则可以直接使用“数据库名.表名”格式访问数据表，这样就不用特意去选择另一个数据库。执行语句如下：

```
mysql> SELECT User,Select_priv,Insert_priv,Update_priv,Delete_priv,
       Create_priv, Drop_priv   FROM mysql.user;
```

运行结果如图 10-2 所示。

```
mysql> SELECT User,Select_priv,Insert_priv,Update_priv,Delete_priv,Create_priv,Drop_priv FROM mysql.user;
+------------------+-------------+-------------+-------------+-------------+-------------+-----------+
| User             | Select_priv | Insert_priv | Update_priv | Delete_priv | Create_priv | Drop_priv |
+------------------+-------------+-------------+-------------+-------------+-------------+-----------+
| mysql.infoschema | Y           | N           | N           | N           | N           | N         |
| mysql.session    | N           | N           | N           | N           | N           | N         |
| mysql.sys        | N           | N           | N           | N           | N           | N         |
| root             | Y           | Y           | Y           | Y           | Y           | Y         |
+------------------+-------------+-------------+-------------+-------------+-------------+-----------+
4 rows in set (0.00 sec)
```

图 10-2　查看用户的常用权限信息

2. 创建用户账号

MySQL 在安装时默认创建了一个 root 用户，该用户是超级管理员，拥有所有权限，一般只提供给服务器最高管理员使用。对于一般管理员、应用开发人员或者用户，应为他们创建另外的账号，分配合理权限，以保证数据的安全访问。

在 MySQL 中可以用 CREATE USER 语句创建用户账号。创建者必须有全局的 CREATE USER 权限。在“mysql>”提示符下执行 HELP CREATE USER，可以获得应用说明文档和官网文档的访问地址。

语法：

```
CREATE USER user_name@host[IDENTIFIED BY 'password ']
```

说明：

• user_name 表示用户账号名称；@host 表示限制登录服务的主机，可以是 IP、IP 段、域名及%，%为省略主机的默认值，表示可以在任何地方远程登录。

• IDENTIFIED BY 'password '用于设置密码，'password '为所设置的密码。

【实例 10-3】 创建新用户 def，允许登录的主机名为 localhost，密码为 123456，查看新建的用户和部分权限信息。执行语句如下：

```
mysql> CREATE USER def@ 'localhost ' IDENTIFIED BY '123456';
mysql> SELECT host,user,select_priv,update_priv FROM mysql.user WHERE user= 'def';
```

运行结果如图 10-3 所示。

```
mysql> CREATE USER def@'localhost' IDENTIFIED BY '123456';
Query OK, 0 rows affected (0.07 sec)

mysql> SELECT host,user,select_priv,update_priv FROM mysql.user WHERE user='def';
+-----------+------+-------------+-------------+
| host      | user | select_priv | update_priv |
+-----------+------+-------------+-------------+
| localhost | def  | N           | N           |
+-----------+------+-------------+-------------+
1 row in set (0.00 sec)

mysql>
```

图 10-3　创建新用户

【实例 10-4】 创建新用户 teacher1，允许登录的主机名为可远程任意 IP 登录，密码为 tea123，查看新建的用户和部分权限信息。执行语句如下：

```
mysql> CREATE USER teacher1 IDENTIFIED BY′ tea123′ ;
mysql> SELECT host,user,select_priv,update_priv FROM mysql.user WHERE user =
' teacher1';
```

运行结果如图 10-4 所示。

```
mysql> CREATE USER teacher1 IDENTIFIED BY 'tea123';
Query OK, 0 rows affected (0.01 sec)

mysql> SELECT host,user,select_priv,update_priv FROM mysql.user WHERE user='teacher1';
+------+----------+-------------+-------------+
| host | user     | select_priv | update_priv |
+------+----------+-------------+-------------+
| %    | teacher1 | N           | N           |
+------+----------+-------------+-------------+
1 row in set (0.00 sec)

mysql> _
```

图 10-4　创建远程登录用户

3. 修改用户密码

MySQL 修改用户密码的方法有很多，下面介绍常用的两种方法。

(1) 使用 SET PASSWORD 语句修改密码。

语法：

SET PASSWORD FOR user_name@host = 'new_password';

说明：

• new_password 为设置的新密码；

• FOR user_name 表示修改密码的用户，如果省略 FOR user_name，则表示修改当前用户密码。

• 这是 MySQL8.0 版本默认使用的新加密方式；若使用的第三方软件不支撑新加密方式，则可使用 ALTER USER 命令指定插件的加密方式来修改密码。

【实例 10-5】修改当前登录用户 root 的密码为 123456，同时修改用户 def 的密码为 tea123456。执行语句如下：

```
mysql> SET PASSWORD =  '123456';   -- 修改当前用户密码
mysql> SET PASSWORD FOR def@localhost ='def123456'; -- 指定用户密码
```

运行结果如图 10-5 所示。

```
mysql> SET PASSWORD = '123456';
Query OK, 0 rows affected (0.01 sec)

mysql> SET PASSWORD FOR def@localhost ='def123456';
Query OK, 0 rows affected (0.01 sec)

mysql>
```

图 10-5　使用 SET PASSWORD 语句修改用户密码

(2) 使用 ALTER USER 语句修改密码。

语法：

ALTER USER　user_name@host IDENTIFIED [WITH auth_plugin|WITH mysql_native_password] BY'new_password';

说明：WITH mysql_native_password 是 MySQL8.0 以前版本的密码认证，当第三方软件不支持最新的密码认证插件时，可以使用旧认证插件方式来修改用户密码。

【实例 10-6】 使用 ALTER USER 语句修改用户 def 的密码为 tea123，使用默认密码认证和指定旧版本密码认证插件这两种方法修改密码。执行语句如下：

```
mysql> ALTER USER def@localhost IDENTIFIED BY 'def123';
mysql> ALTER USER def@localhost IDENTIFIED WITH mysql_native_password BY
       'def123';
```

运行结果如图 10-6 所示。

```
mysql> ALTER USER def@localhost IDENTIFIED BY 'def123';
Query OK, 0 rows affected (0.01 sec)

mysql> ALTER USER def@localhost IDENTIFIED WITH mysql_native_password BY 'def123';
Query OK, 0 rows affected (0.01 sec)

mysql> _
```

图 10-6 使用 ALTER USER 语句修改用户密码

4. 账号重命名

语法：

RENAME USER old_user_name@host TO new_user_name@host

【实例 10-7】 将 teacher1 账号重命名为 teacher2。执行语句如下：

```
mysql> RENAME USER teacher1@ '%' TO teacher2@ '%';
```

运行结果如图 10-7 所示。

```
mysql> RENAME USER teacher1@'%' TO teacher2@'%';
Query OK, 0 rows affected (0.01 sec)

mysql> _
```

图 10-7 账号重命名

5. 删除用户

在 MySQL 中可以使用 DROP USER 语句删除用户。

语法：

DROP USER [IF EXISTS] user@host[, user@host] ...

【实例 10-8】 删除用户名为 def、主机名为 localhost 的用户，并查看用户是否删除。执行语句如下：

```
mysql> DROP USER def@localhost;
mysql> SELECT Host,User FROM mysql.user;
```

运行结果如图 10-8 所示。

```
mysql> DROP USER def@localhost;
Query OK, 0 rows affected (0.01 sec)

mysql> SELECT Host, User FROM mysql.user;
+-----------+------------------+
| Host      | User             |
+-----------+------------------+
| %         | root             |
| %         | teacher2         |
| localhost | mysql.infoschema |
| localhost | mysql.session    |
| localhost | mysql.sys        |
+-----------+------------------+
5 rows in set (0.00 sec)
```

图 10-8 删除用户

三、权限控制

在 MySQL 中，权限控制是系统数据安全的重要保证。

1. 授予权限

使用 GRANT 语句可为已经创建的用户进行授权。使用 GRANT 语句时必须拥有 GRANT 权限。

语法：

```
GRANT priv_type [,priv_type] ON    db_name.tbl_name
TO username@host [WITH GRANT OPTION];
```

说明：

• priv_type 表示权限类型，如 SELECT、UPDATE 等，可用 all privileges 表示所有权限；

• db_name.tbl_name 表示用户权限所作用的数据库的表，*.*表示所有数据库的所有表，db_name.*表示某个数据库的所有表；

• username@host 表示已建立的用户账号名称和主机(MySQL8.0 中的 GRANT 不再有隐式建立账号功能，用户必须先用 CRAETE USER 创建好)；

• [WITH GRANT OPTION]表示对创建的用户赋予 GRANT 权限，即该用户可以将自己拥有的权限授权给别人。

【实例 10-9】 为前面创建好的 teacher2 账号设置对所有数据库表的 SELECT 和 UPDATE 权限，并查看用户权限。执行语句如下：

```
mysql>   GRANT SELECT,UPDATE ON *.* TO teacher2@'%';
mysql>   SELECT host,user,select_priv,update_priv FROM mysql.user WHERE user='teacher2';
```

运行结果如图 10-9 所示。

```
mysql>  GRANT SELECT,UPDATE ON *.* TO teacher2@'%';
Query OK, 0 rows affected (0.01 sec)

mysql> SELECT host,user,select_priv,update_priv FROM mysql.user WHERE user='teacher2';
+------+----------+-------------+-------------+
| host | user     | select_priv | update_priv |
+------+----------+-------------+-------------+
| %    | teacher2 | Y           | Y           |
+------+----------+-------------+-------------+
1 row in set (0.00 sec)

mysql>
```

图 10-9　设置用户权限

2. 查看账户授权信息

使用 SHOW GRANTS 语句可以查看账号的授权信息。

语法：

```
SHOW GRANTS FOR username@host;
```

【实例 10-10】 查看上一例中的 teacher2 账号的授权信息。执行语句如下：

```
mysql> SHOW GRANTS FOR teacher2@'%';
mysql> SHOW GRANTS FOR teacher2;    -- '%'是默认值，可省略
```

运行结果如图 10-10 所示。

```
mysql> SHOW GRANTS FOR teacher2@'%';
+----------------------------------------------+
| Grants for teacher2@%                        |
+----------------------------------------------+
| GRANT SELECT, UPDATE ON *.* TO `teacher2`@`%` |
+----------------------------------------------+
1 row in set (0.00 sec)

mysql> SHOW GRANTS FOR teacher2;
+----------------------------------------------+
| Grants for teacher2@%                        |
+----------------------------------------------+
| GRANT SELECT, UPDATE ON *.* TO `teacher2`@`%` |
+----------------------------------------------+
1 row in set (0.00 sec)

mysql>
```

图 10-10　查看账户授权信息

3. 增加用户权限

在 MySQL 中使用 GRANT 语句可以为用户授权，也可以为用户添加权限。若使用 GRANT 语句给用户添加权限，则权限会自动叠加。

【实例 10-11】 为用户 teacher2 添加对所有数据库表的 INSERT 权限，并查看授权。执行语句如下：

```
mysql> GRANT INSERT ON *.* TO teacher2;
mysql> SHOW GRANTS FOR teacher2;
```

运行结果如图 10-11 所示。

```
mysql> GRANT INSERT ON *.* TO teacher2;
Query OK, 0 rows affected (0.01 sec)

mysql> SHOW GRANTS FOR teacher2;
+------------------------------------------------------+
| Grants for teacher2@%                                |
+------------------------------------------------------+
| GRANT SELECT, INSERT, UPDATE ON *.* TO `teacher2`@`%` |
+------------------------------------------------------+
1 row in set (0.00 sec)

mysql>
```

图 10-11　添加用户权限

4. 回收用户权限

使用 REVOKE 语句可以回收指定用户的数据库权限。

语法：

```
REVOKE priv_type[, priv_type] ... ON db_name.tbl_name
FROM user_name@host;
```

说明：可以使用 all 表示所有权限。

【实例 10-12】 回收前面分配给 teacher2 账号的 SELECT 权限，并查看。执行语句如下：

```
mysql> REVOKE SELECT ON *.* FROM 'teacher2'@'%';
mysql> SHOW GRANTS FOR teacher2;
```

运行结果如图 10-12 所示。

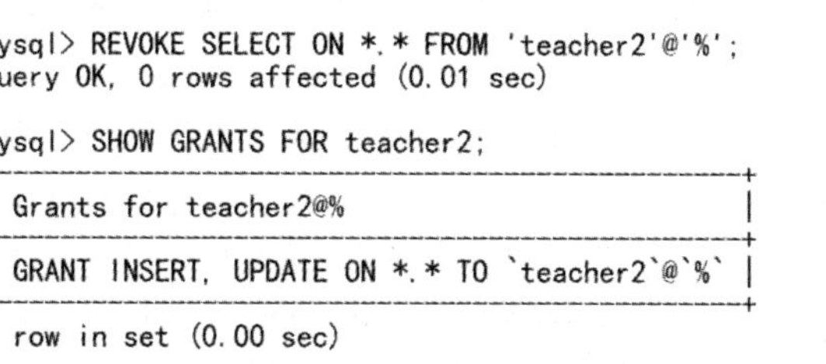
```
mysql> REVOKE SELECT ON *.* FROM 'teacher2'@'%';
Query OK, 0 rows affected (0.01 sec)

mysql> SHOW GRANTS FOR teacher2;
+----------------------------------------------+
| Grants for teacher2@%                        |
+----------------------------------------------+
| GRANT INSERT, UPDATE ON *.* TO `teacher2`@`%` |
+----------------------------------------------+
1 row in set (0.00 sec)

mysql> _
```

图 10-12　回收用户权限

四、任务实施

按下列步骤完成任务，学会创建用户和管理权限。

(1) 进入 mysql 数据库，执行语句如下：

```
mysql> USE mysql;
```

(2) 创建 teacher(192.168.0.1 登录)、student(以 192.118.1.开头的用户登录)和 admin(任何 IP 登录)3 个用户，用户密码都为 123，执行语句如下：

```
mysql> create user 'teacher' @ '192.168.0.1 ' identified by '123';
mysql> create user 'student' @ '192.168.0.% ' identified by '123';
mysql> create user 'admin' @ % 'identified by '123';
```

(3) 对用户 teacher 授权数据库 db_shopping 的所有表进行查询、增加、修改、删除权限，对 student 授予 SELECT 权限，对 admin 授权所有数据库表的所有权限，执行语句如下：

```
mysql> GRANT SELECT,INSERT,UPDATE,DELETE ON db_shopping.* TO 'teacher'@'
192.168.0.1';
mysql> GRANT SELECT ON db_shopping.* TO 'student' @ '192.168.0.% ';
mysql> GRANT all privileges ON *.* TO 'admin' @ '%';
```

(4) 查看用户的权限信息，执行语句如下：

```
mysql> SELECT host,user,select_priv,update_priv,insert_priv,delete_priv FROM mysql.user;
```

(5) 增加用户 teacher 的 CREATE 和 DROP 的权限，并查看其授权，执行语句如下：

```
mysql> GRANT CREATE,DROP ON db_shoping.* TO 'teacher' @ '192.168.0.1';
```

(6) 查看用户 teacher 的授权权限，执行语句如下：

```
mysql> SHOW GRANTS FOR 'teacher' @ '192.168.0.1';
```

(7) 修改用户 student 的密码为 123456，执行语句如下：

```
mysql> SET PASSWORD FOR 'student' @ '192.168.0.% ' = '123456';
```

(8) 删除上面的用户，执行语句如下：

```
mysql> DROP USER 'teacher' @ '192.168.0.1', 'student' @ '192.168.0.% ', admin;
```

任务 2　数据库备份与恢复

在任何数据库环境中，都可能会出现计算机系统软硬件故障、人为误操作、外部攻击破坏等事件，导致数据损坏的情况。为了防止数据丢失，将损失降到最低，数据库管理员定期对数据库进行备份是非常必要的，以便在发生意外情况时能及时恢复数据。本任务通过电商购物管理系统的数据备份与恢复的管理过程，学习根据业务需要管理日志，做好日常备份，并且在需要时应用日志等备份文件对数据进行恢复管理。

一、基本概念

1. 数据库备份

在现代信息化管理过程中，数据安全性问题被提到首要地位。任何引起的数据丢失都可能造成重大损失和严重后果。数据库备份就是为防止数据灾难发生而进行的数据和日志备份操作，一旦数据遭到破坏，需要通过备份的文件来还原数据库。

2. 数据库备份类型

MySQL 数据库备份的方法有很多，主要分为以下几类。

(1) 物理备份：对数据库操作系统的物理文件(如数据文件、日志文件)的备份。物理备份又分为脱机备份(冷备份)和联机备份(热备份)。

(2) 逻辑备份：对数据库逻辑对象(如表)的备份。MySQL 逻辑备份主要采用完全备份和增量备份。

• 完全备份：对整个数据库的备份，包括系统表、用户表及其他数据库对象。完全备份是差异备份和增量备份的基础，备份与恢复操作简单，但备份时间长,会占用大量的备份空间。

• 增量备份：每次的备份只需备份与前一次相比增加或者被修改的数据。增量备份所用时间短，提供多个恢复点，归档文件不会持续增长，但恢复时必须具有完整备份和整个备份链才能恢复到合适点。MySQL 没有提供直接增量备份方法，增量备份是通过二进制日志间接实现的。

3. 日志文件

日志文件是数据库安全管理的重要文件，记录着数据库的各种事务处理。当数据发生意外被破坏时，可以通过日志查看原因及进行数据恢复。

MySQL 日志主要包括错误日志、二进制日志、查询日志和慢查询日志。

二、日志查看与管理

1. 错误日志

错误日志是 MySQL 最重要的日志之一，一般记录着 MySQL 服务器启动、停止以及 MySQL 在运行过程中发生任何严重错误的相关信息。当数据库发生故障而无

法正常使用时，可以查看此日志。

(1) 启动和设置错误日志。在 MySQL 中，错误日志默认是开启的，并且该类型的日志也无法被禁止。

默认情况下，错误日志一般是放在服务器的 data 数据文件夹下，文件名为“主机名+.err”的文件，在这个位置 MySQL 用户必须具备写权限。

通过在配置文件 my.ini 的[mysqld]组下添加内容可以修改参数值，参数如下：

```
[mysqld]
#错误日志文件
log_error = [path/filename]
```

(2) 查看错误日志路径。MySQL 的错误日志文件以文本文件的形式存储，可以使用文本编辑器直接查看。错误日志文件用于监视系统运行状态，便于及时发现和修复故障。使用 SHOW VARIABLES 语句可以查询错误日志的存储路径。

语法：

```
SHOW VARIABLES LIKE ′ log_error′ ;
```

【实例 10-13】 查看当前服务器错误日志的存储路径。执行语句如下：

```
Mysql>SHOW VARIABLES LIKE' log-error';
```

运行结果如图 10-13 所示。

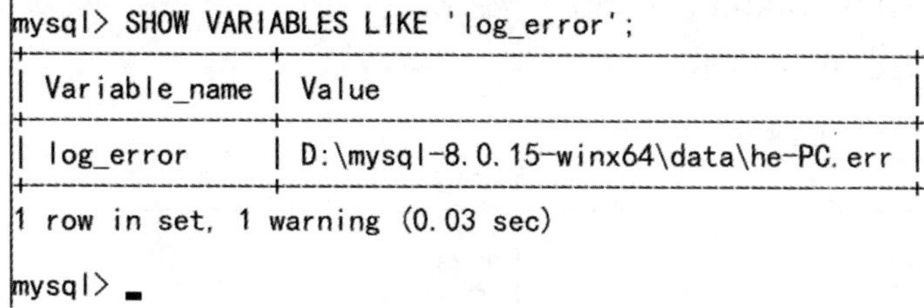

```
mysql> SHOW VARIABLES LIKE 'log_error';
+---------------+--------------------------------------+
| Variable_name | Value                                |
+---------------+--------------------------------------+
| log_error     | D:\mysql-8.0.15-winx64\data\he-PC.err |
+---------------+--------------------------------------+
1 row in set, 1 warning (0.03 sec)

mysql>
```

图 10-13　查看错误日志的存储路径

(3) 删除和刷新错误日志。MySQL 的错误日志文件可以直接删除，删除后重启 MySQL 服务器或执行如下语句即可重新创建错误日志文件：

```
mysql> FLUSH   ERROR   LOGS;
```

2. 二进制日志

二进制日志精确地记录了用户对数据库进行更新记录操作的语句(不包括查询语句)。语句以时间的形式存储，记录了语句发生时间、执行时长、操作的数据等。二进制日志对于数据损坏后的恢复起着至关重要的作用。

(1) 启动和刷新二进制日志。二进制日志默认是关闭的，开启二进制日志可通过配置文件 my.ini 中的[mysqld]组，添加如下内容(按实际需求设置)，再重启 MySQL 服务，来启动二进制日志。

```
#启动二进制日志功能，设置日志路径文件名
log_bin=D:\mysql-8.0.15-winx64\data\gdsdxy-mysql-bin
#设置二进制日志的过期天数，过期删除。默认值 0 为不启动过期删除功能
expire_logs_days=10
```

```
#设置单个二进制文件的最大容量，若超过则系统自动创建新的二进制文件
max_binlog_size=10M
```

说明：

• 二进制日志文件默认位于数据文件夹 data 下；filename 为二进制日志文件名，具体格式为 hostname-bin.number，number 的格式为 000001、000002 等。

• 修改后 MySQL 服务器才生效，并且每次重启动一次，或者二进制日志文件大小超过了 max_binlog_size 设置大小或执行如下 FLUSH LOGS 指令，就会生成新的二进制日志文件。

• 停止二进制日志，可执行如下指令：

```
mysql> set sql_log_bin=0;
```

(2) 刷新日志。使用 FLUSH LOGS 可刷新日志(又称分割日志)，自此刻开始产生一个新编号的 binlog 日志文件。如：

```
mysql> FLUSH LOGS;
```

(3) 查看二进制日志配置参数。

语法：

```
SHOW VARIABLES LIKE '%bin%';
```

【实例 10-14】 查看当前服务器的二进制日志配置信息。执行语句如下：

```
mysql> SHOW VARIABLES LIKE '%bin%';
```

运行结果如图 10-14 所示。

```
mysql> SHOW VARIABLES LIKE '%bin%';
+------------------------------------------------+---------------+
| Variable_name                                  | Value         |
+------------------------------------------------+---------------+
| bind_address                                   | *             |
| binlog_cache_size                              | 32768         |
| binlog_checksum                                | CRC32         |
| binlog_direct_non_transactional_updates        | OFF           |
| binlog_encryption                              | OFF           |
| binlog_error_action                            | ABORT_SERVER  |
| binlog_expire_logs_seconds                     | 0             |
| binlog_format                                  | ROW           |
| binlog_group_commit_sync_delay                 | 0             |
| binlog_group_commit_sync_no_delay_count        | 0             |
| binlog_gtid_simple_recovery                    | ON            |
| binlog_max_flush_queue_time                    | 0             |
| binlog_order_commits                           | ON            |
| binlog_rotate_encryption_master_key_at_startup | OFF           |
| binlog_row_event_max_size                      | 8192          |
| binlog_row_image                               | FULL          |
| binlog_row_metadata                            | MINIMAL       |
| binlog_row_value_options                       |               |
| binlog_rows_query_log_events                   | OFF           |
| binlog_stmt_cache_size                         | 32768         |
| binlog_transaction_dependency_history_size     | 25000         |
| binlog_transaction_dependency_tracking         | COMMIT_ORDER  |
| innodb_api_enable_binlog                       | OFF           |
| log_bin                                        | ON            |
```

图 10-14　查看二进制日志配置参数

说明：由查询结果可以看出，log_bin 的变量值为 ON，表明二进制日志已经打开。在 MySQL 数据库服务器的数据目录下可以看到生成了后缀名为.00001 和.index 的文件。

(4) 查看生成的二进制日志文件名。

语法：

```
SHOW BINARY LOGS
```

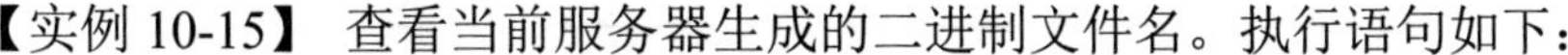

【实例 10-15】 查看当前服务器生成的二进制文件名。执行语句如下：

```
mysql> SHOW BINARY LOGS;
```

运行结果如图 10-15 所示。

```
mysql> SHOW BINARY LOGS;
+--------------------------+-----------+-----------+
| Log_name                 | File_size | Encrypted |
+--------------------------+-----------+-----------+
| gdsdxy-mysql-bin.000001  |       178 | No        |
| gdsdxy-mysql-bin.000002  |       178 | No        |
| gdsdxy-mysql-bin.000003  |       155 | No        |
+--------------------------+-----------+-----------+
3 rows in set (0.00 sec)

mysql> _
```

图 10-15　查看生成的二进制日志文件

(5) 删除二进制日志。二进制日志文件是数据库恢复的重要文件，删除之前应进行二进制日志文件备份和数据库备份。

- 删除所有日志文件。

使用 RESET MASTER 语句可以删除所有二进制日志文件。

语法：

```
RESET MASTER
```

说明：执行该语句后，系统将会删除所有的二进制日志文件，具有不可预测性。新的二进制日志文件的后缀名将重新从“000001”开始编号。

【实例 10-16】 删除服务器所有的二进制日志文件。执行语句如下：

```
mysql> RESET MASTER;
```

- 删除指定日志文件

使用 PURGE BINARY LOGS 语句可以删除指定的日志文件，实际应用中更多使用此方法。

语法：

```
PURGE BINARY LOGS TO {'log_name'|BEFORE 'date'};
```

说明：TO log_name 表示删除比指定文件编号小的日志文件，|BEFORE 'date' 表示删除指定日期之前的日志文件。

【实例 10-17】 查看二进制日志，删除指定二进制日志文件以前的日志文件。执行语句如下：

```
mysql> show binary logs;
mysql> PURGE BINARY LOGS TO 'gdsdxy-mysql-bin.000002';
mysql> show binary logs;
```

运行结果如图 10-16 所示。

```
mysql> show binary logs;
+--------------------------+-----------+-----------+
| Log_name                 | File_size | Encrypted |
+--------------------------+-----------+-----------+
| gdsdxy-mysql-bin.000001  |       178 | No        |
| gdsdxy-mysql-bin.000002  |       178 | No        |
| gdsdxy-mysql-bin.000003  |       155 | No        |
+--------------------------+-----------+-----------+
3 rows in set (0.00 sec)

mysql> PURGE BINARY LOGS TO 'gdsdxy-mysql-bin.000002';
Query OK, 0 rows affected (0.02 sec)

mysql> show binary logs;
+--------------------------+-----------+-----------+
| Log_name                 | File_size | Encrypted |
+--------------------------+-----------+-----------+
| gdsdxy-mysql-bin.000002  |       178 | No        |
| gdsdxy-mysql-bin.000003  |       155 | No        |
+--------------------------+-----------+-----------+
2 rows in set (0.00 sec)

mysql>
```

图 10-16　查看与删除指定二进制日志文件

3. 通用查询日志

通用查询日志又称为常规查询日志，其包含用户连接和用户查询等操作，有利于监视用户在服务器端的活动。这是使用最方便的日志，对故障诊断或调试非常有用，但其系统开销大，一般在跟踪问题时才开启。

(1) 启动通用查询日志。

通用查询日志记录了服务器接收到的每一个指令，不管这些指令是否有返回结果，甚至包含有语法错误的指令。因此，开启通用查询日志会产生很大的系统开销，一般在需要采样分析或者跟踪某些特殊的 SQL 性能问题时才会开启。

默认情况下，通用查询日志是关闭的，可在配置文件 my.ini 中添加参数或者执行下面的语句。

语法：

```
SET GLOBAL general_log = ON|OFF
```

说明：ON 为开通，OFF 为关闭，默认情况下，通用日志文件存放于 data 目录下，文件名为“主机名.log”。

【实例 10-18】 开通当前服务器通用查询日志。执行语句如下：

```
mysql> SET GLOBAL general_log = ON;
```

(2) 查看通用查询日志配置。

语法：

```
SHOW VARIABLES LIKE '%general%'
```

【实例 10-19】 查看当前服务器通用查询日志的配置。执行语句如下：

```
mysql> SHOW VARIABLES LIKE '%general%';
```

运行结果如图 10-17 所示。

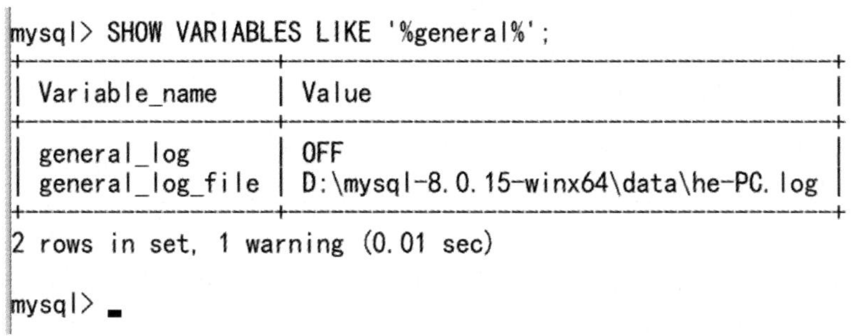

```
mysql> SHOW VARIABLES LIKE '%general%';
+------------------+------------------------------------------+
| Variable_name    | Value                                    |
+------------------+------------------------------------------+
| general_log      | OFF                                      |
| general_log_file | D:\mysql-8.0.15-winx64\data\he-PC.log    |
+------------------+------------------------------------------+
2 rows in set, 1 warning (0.01 sec)

mysql>
```

图 10-17　查看通用查询日志配置

(3) 查看通用查询日志。通用查询日志是以文本文件的形式存储在文件系统中的，用户可以使用文本编辑器直接打开查看。

【实例 10-20】查看当前 MySQL 服务器的通用查询日志文件。

使用文本编辑器打开通用查询日志，可看到用户在各个时间点的操作事件，如图 10-18 所示。

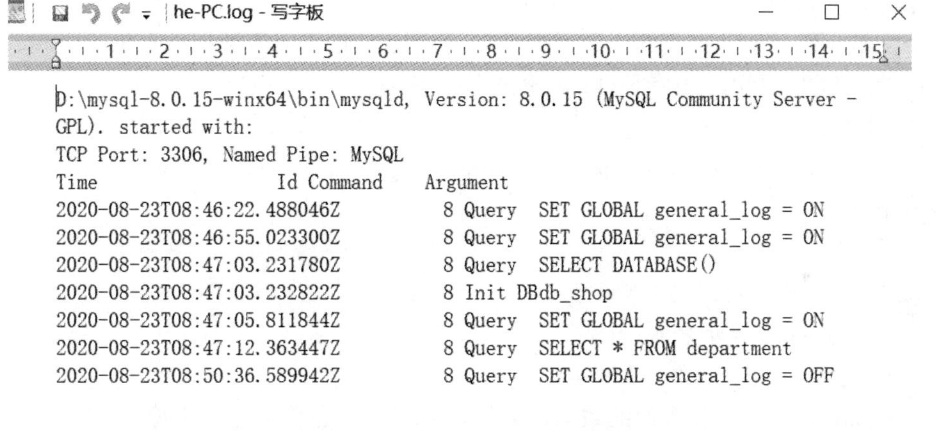

```
he-PC.log - 写字板

D:\mysql-8.0.15-winx64\bin\mysqld, Version: 8.0.15 (MySQL Community Server -
GPL). started with:
TCP Port: 3306, Named Pipe: MySQL
Time                 Id Command    Argument
2020-08-23T08:46:22.488046Z     8 Query    SET GLOBAL general_log = ON
2020-08-23T08:46:55.023300Z     8 Query    SET GLOBAL general_log = ON
2020-08-23T08:47:03.231780Z     8 Query    SELECT DATABASE()
2020-08-23T08:47:03.232822Z     8 Init DBdb_shop
2020-08-23T08:47:05.811844Z     8 Query    SET GLOBAL general_log = ON
2020-08-23T08:47:12.363447Z     8 Query    SELECT * FROM department
2020-08-23T08:50:36.589942Z     8 Query    SET GLOBAL general_log = OFF
```

图 10-18　查看通用查询日志文件内容

(4) 删除和刷新通用查询日志。MySQL 通用查询日志文件可以直接删除。重启 MySQL 服务器或执行如下语句，即可重新创建通用查询日志文件：

```
mysql> FLUSH   GENERAL   LOGS;
```

4. 慢查询日志

慢查询日志用于记录查询时长超过指定时间的日志。通过慢查询日志，可以找出哪些语句的执行时间比较长、执行效率比较低下，以便优化操作。

(1) 启动慢查询日志。MySQL 中慢查询日志默认是关闭的，可以通过在配置文件 my.ini 的[mysqld]组添加以下内容来开启慢查询日志：

```
# 开启慢查询日志
slow_query_log=1
# 关闭慢查询日志
# slow_query_log=0
```

```
# 设定慢查询日志的阈值，查询时长超过的查询将被记录，单位为秒
long_query_time=0.03
#设定慢查询日志的存放路径和文件名
slow_query_log_file[=D:\mysql-8.0.15-winx64\data\gdsdxy-slow.log
```

说明：日志文件默认路径是 MySQL 系统文件中的 data 文件夹，用户可以自行更改设置。

(2) 查看慢查询日志。默认情况下慢查询日志以文本文件的形式存储在文件系统中，可以使用文本编辑器打开直接查看。

(3) 删除和刷新慢查询日志。慢查询日志文件也可以直接删除。重启 MySQL 服务器或执行如下语句，即可重新创建慢查询日志文件：

```
mysql> FLUSH   SLOW   LOGS;
```

三、数据备份

mysqldump 是 MySQL 提供的数据库备份工具，可通过该工具实现数据库的完全备份和部分数据表备份。mysqldump 工具可以将数据库中的表结构和数据备份成一个文本文件，该文本文件中生成表结构的 CREATE 语句等数据库对象定义和表插入记录的 SQL 语句，还原时直接可以按语句恢复。

语法：

mysqldump – u user – p password [options] db_name [tb_name, [tb_nam e, ...]]> [path/] db_name.sql

说明：

- user 表示用户名；
- password 表示登录密码；
- options 表示备份参数；
- db_ame 表示要备份的数据库名称，可以同时备份多个数据库；
- tb_name 表示要备份的表名，省略时表示备份数据库；
- >表示备份的方向；
- path 表示备份文件的路径，如果不指定，文件会默认保存在当前系统用户的目录下。
- db_name.sql 表示备份文件。

【实例 10-21】 使用 mysqldump 备份 db_shop 数据库，并查看备份文件的内容。

操作步骤如下：

第一步，打开 cmd 命令窗口(注意不是 MySQL 命令行)，运行如下命令(C:\>为提示符)：

```
C:\>mysqldump -u root -p db_shop > D:\db_shop_backup.sql
```

运行结果如图 10-19 所示。

```
命令提示符

C:\>mysqldump -u root -p db_shop > D:\dbBAK\db_shop_backup.sql
Enter password: ******
```

图 10-19　使用 mysqldump 工具备份数据库

第二步，使用记事本查看生成的备份文件，可以看到创建数据库和数据表的 SQL 语句，如图 10-20 所示。

```
db_shop_backup - 记事本
文件(F)  编辑(E)  格式(O)  查看(V)  帮助(H)
-- ------------------------------------------------------
-- Server version	5.7.22-log

/*!40101 SET @OLD_CHARACTER_SET_CLIENT=@@CHARACTER_SET_CLIENT */;
/*!40101 SET @OLD_CHARACTER_SET_RESULTS=@@CHARACTER_SET_RESULTS */;
/*!40101 SET @OLD_COLLATION_CONNECTION=@@COLLATION_CONNECTION */;
/*!40101 SET NAMES utf8 */;
/*!40103 SET @OLD_TIME_ZONE=@@TIME_ZONE */;
/*!40103 SET TIME_ZONE='+00:00' */;
/*!40014 SET @OLD_UNIQUE_CHECKS=@@UNIQUE_CHECKS, UNIQUE_CHECKS=0 */;
/*!40014 SET @OLD_FOREIGN_KEY_CHECKS=@@FOREIGN_KEY_CHECKS, FOREIGN_KEY_CHECKS=0 */;
/*!40101 SET @OLD_SQL_MODE=@@SQL_MODE, SQL_MODE='NO_AUTO_VALUE_ON_ZERO' */;
/*!40111 SET @OLD_SQL_NOTES=@@SQL_NOTES, SQL_NOTES=0 */;

--
-- Table structure for table `customer`
--

DROP TABLE IF EXISTS `customer`;
/*!40101 SET @saved_cs_client     = @@character_set_client */;
/*!40101 SET character_set_client = utf8 */;
CREATE TABLE `customer` (
  `id` int(11) NOT NULL AUTO_INCREMENT COMMENT '主键',
  `username` varchar(32) NOT NULL COMMENT '账号',
  `password` varchar(32) NOT NULL COMMENT '密码',
  `customer_name` varchar(10) NOT NULL COMMENT '顾客姓名',
第 1 行，第 1 列    100%    Windows (CRLF)    UTF-8
```

图 10-20　查看数据库备份文件内容

【实例 10-22】 使用 mysqldump 指令备份 db_shop 数据库中的 department 数据表。操作步骤如下：

第一步，打开 cmd 命令窗口(注意不是 MySQL 命令行)，运行如下命令：

```
mysqldump -u root -p db_shop department > D:\dbBAK\db_shop_department.sql
```

运行结果如图 10-21 所示。

```
命令提示符

C:\>mysqldump -u root -p db_shop department > D:\dbBAK\db_shop_department.sql
Enter password: ******

C:\>_
```

图 10-21　mysqldump 备份数据表

第二步，使用记事本查看生成的备份文件内容，可以看到创建表的 SQL 语句，如图 10-22 所示。

```
db_shop_department_bak.sql - 记事本
文件(F) 编辑(E) 格式(O) 查看(V) 帮助(H)
-- MySQL dump 10.13  Distrib 8.0.15, for Win64 (x86_64)
--
-- Host: localhost    Database: db_shop
-- ------------------------------------------------------
-- Server version	8.0.15

/*!40101 SET @OLD_CHARACTER_SET_CLIENT=@@CHARACTER_SET_CLIENT */;
/*!40101 SET @OLD_CHARACTER_SET_RESULTS=@@CHARACTER_SET_RESULTS */;
/*!40101 SET @OLD_COLLATION_CONNECTION=@@COLLATION_CONNECTION */;
 SET NAMES utf8mb4 ;
/*!40103 SET @OLD_TIME_ZONE=@@TIME_ZONE */;
/*!40103 SET TIME_ZONE='+00:00' */;
/*!40014 SET @OLD_UNIQUE_CHECKS=@@UNIQUE_CHECKS, UNIQUE_CHECKS=0 */;
/*!40014 SET @OLD_FOREIGN_KEY_CHECKS=@@FOREIGN_KEY_CHECKS, FOREIGN_KEY_CHECKS=0 */;
/*!40101 SET @OLD_SQL_MODE=@@SQL_MODE, SQL_MODE='NO_AUTO_VALUE_ON_ZERO' */;
/*!40111 SET @OLD_SQL_NOTES=@@SQL_NOTES, SQL_NOTES=0 */;

--
-- Table structure for table `department`
--

DROP TABLE IF EXISTS `department`;
/*!40101 SET @saved_cs_client     = @@character_set_client */;
 SET character_set_client = utf8mb4 ;
CREATE TABLE `department` (
  `id` int(11) NOT NULL AUTO_INCREMENT,
  `dept_name` varchar(20) NOT NULL,
  `dept_phone` char(13) DEFAULT NULL,
  `dept_memo` varchar(100) DEFAULT NULL COMMENT '部门备注',
  PRIMARY KEY (`id`),
  UNIQUE KEY `dept_name` (`dept_name`)
) ENGINE=InnoDB AUTO_INCREMENT=103 DEFAULT CHARSET=utf8mb4 COLLATE=utf8mb4_0900_ai_ci;
/*!40101 SET character_set_client = @saved_cs_client */;

--
-- Dumping data for table `department`
--
```

图 10-22　查看备份的数据表

四、数据恢复

当数据丢失或者遭到意外破坏时，可以通过数据备份来恢复数据，以尽量减少损失。

(1) 使用 mysql 命令恢复数据。

语法：

```
mysql -u user -p password   db_name <  [path/]db_name.sql
```

说明：在执行该语句恢复数据库前，必须在 MySQL 服务器中创建新数据库，如果不保存新数据库，则恢复数据库过程会出错。

【实例 10-23】 使用 MySQL 命令恢复数据库 db_shop，操作步骤如下：

第一步，若服务器中不存在恢复的数据库名，则须重新创建新数据库。执行语句如下：

```
mysql>CREATE DATABASE  IF NOT EXISTS db_shop;
```

第二步，退出 MySQL，打开 cmd 命令窗口，执行 MySQL 命令恢复数据库。执行语句如下：

```
mysql -u root -p   db_shop   <   D:\dbBAK\db_shop_backup.sql
```

运行结果如图 10-23 所示。

```
命令提示符

C:\Users\he>mysql -u root -p  db_shop  <  D:\dbBAK\db_shop_backup.sql
Enter password: ******

C:\Users\he>
```

图 10-23　mysql 命令恢复数据库

第三步，登录 MySQL，选择数据库，查看数据是否恢复。执行语句如下：

```
mysql>USE db_shop;
mysql>SELECT *   FROM   department;
```

(2) 使用二进制日志恢复数据。使用二进制日志进行恢复，是实现 MySQL 增量备份恢复的主要方法。二进制日志对增量备份的意义如下：

• 在 MySQL 服务器启动后开始记录，在文件达到 max_binlog_size 所设置大小或者接收到 flush logs 命令后重新创建新的日志文件，用于保存以后的操作语句日志。

• 只需要定时执行 flush logs 方法重新创建新的日志，自动生成二进制文件序列，并及时把这些日志保存到安全的地方，就完成了一个时间段的增量备份。

开启了二进制日志情况下，可以使用 MySQL 自带的 mysqlbinlog 工具应用二进制日志文件恢复数据。

语法：

```
mysqlbinlog log_name |mysql  －u user  －p password
```

说明：logname 表示二进制日志文件名

【实例 10-24】 开启二进制日志，对表进行修改，再使用二进制日志恢复数据。

操作步骤如下：

第一步，开启二进制日志，重启 MySQL 服务器(参考启动二进制日志单元)。

第二步，登录 MySQL，对 db_shop 数据库的 department 表执行 3 次插入记录的语句，再删除前 2 条增加的记录，在每次执行插入语句和删除语句前运行 flush logs 命令，完成日志的切割，分别生成一个相应的日志文件，以便后面用来恢复数据。执行语句如下：

```
mysql> flush logs;
mysql> INSERT INTO department(id,dept_name,dept_phone)VALUES(101, '测试部',
        '020-38190126');
mysql> flush logs;
mysql> INSERT INTO department(id,dept_name,dept_phone)VALUES(102, '测试部 2',
        '020-38190126');
mysql> flush logs;
mysql> DELETE FROM department WHERE id>=100;
mysql> flush logs;
```

运行结果如图 10-24 所示。

```
mysql> flush logs;
Query OK, 0 rows affected (0.04 sec)

mysql> INSERT INTO department(id,dept_name,dept_phone)VALUES(101,'测试部','020-38190126');
Query OK, 1 row affected (0.01 sec)

mysql> flush logs;
Query OK, 0 rows affected (0.04 sec)

mysql> INSERT INTO department(id,dept_name,dept_phone)VALUES(102,'测试部2','020-38190126');
Query OK, 1 row affected (0.01 sec)

mysql> flush logs;
Query OK, 0 rows affected (0.04 sec)

mysql> DELETE FROM department WHERE id>=100;
Query OK, 2 rows affected (0.01 sec)

mysql> flush logs;
Query OK, 0 rows affected (0.04 sec)

mysql> exit
Bye
```

图 10-24　生成二进制日志文件序列

第三步，退出 MySQL，在 cmd 命令窗口执行 mysqlbinlog 工具指令，进行数据恢复。执行语句如下：

```
mysqlbinlog D:\mysql-8.0.15-winx64\data\gdsdxy-mysql-bin.000001 | mysql -u root -p
```

运行结果如图 10-25 所示。

```
命令提示符 - mysql -uroot -p

C:\Users\he>mysqlbinlog D:\mysql-8.0.15-winx64\data\gdsdxy-mysql-bin.000001 | mysql -u root -p
Enter password: ******
```

图 10-25　使用指定二进制日志恢复数据库

第四步，登录 MySQL，查看 department 表中的内容，可以看到删除的数据恢复了。执行语句如下：

```
mysql> USE db_shop;
mysql> SELECT * FROM department;;
```

同样使用第二个日志恢复第 2 条记录，使用第 3 个日志可以看到又将增加记录删除了。

除了采用上述方式备份与恢复数据库以外，还可以通过复制文件实现数据备份和恢复、表数据与文本文件之间导入导出等，读者可以自行拓展训练。

五、备份策略

一般备份策略要根据企业数据库的实际读写频度和数据重要性考虑。数据更新频繁的要做频繁的备份，重要的数据要在更新时做备份。完全备份(注：完全备份简称为“全备”，增量备份简称为“增备”)一般放到访问压力小的时段。备份的频度与公司规模相关，一般中小型公司可一天一次全备，大公司可每周一次全备，每天进行一次增备，并尽量为企业实现主从复制。

六、导入导出数据

日常工作中经常需要将数据库中的数据导出到外部存储文件中，也需要从外部

存储文件导入数据到 MySQL 数据库中。navicat 图形化工具提供了导入、导出功能，如图 10-26 所示。也可以使用语句导入、导出数据。

导出向导

向导可以让你指定导出数据的细节。你要使用哪一种导出格式？(1/5)

导出格式

- DBase 文件 (*.dbf)
- 文本文件 (*.txt)
- CSV 文件 (*.csv)
- HTML 文件 (*.htm;*.html)
- Excel 数据表 (*.xls)
- Excel 文件（2007 或以上版本）(*.xlsx)
- SQL 脚本文件 (*.sql)
- XML 文件 (*.xml)
- JSON 文件 (*.json)
- MS Access 2007 数据库 (*.accdb)

保存　下一步 >　>>　取消

导入向导

这个向导允许你指定如何导入数据。你要选择哪种数据导入格式？

导入类型

- DBase 文件 (*.dbf)
- Paradox 文件 (*.db)
- 文本文件 (*.txt)
- CSV 文件 (*.csv)
- Excel 文件 (*.xls; *.xlsx)
- XML 文件 (*.xml)
- JSON 文件 (*.json)
- MS Access 数据库 (*.mdb; *.accdb)
- ODBC

下一步 >　>>　取消

图 10-26　navicat 图形化工具提供的导入、导出数据

1. 导出数据

可使用 SELECT … INTO OUTFILE 语句导出数据。其用法可通过 HELP SELECT 查询帮助或访问官网的说明文档。

语法：

```
SELECT <*|fieldlist> FROM   tb_name   [WHERE condition]
INTO OUTFILE 'file_name' [CHARACTER SET charset_name]
```

[FIELDS { <TERMINATED BY| ENCLOSED BY| ESCAPED BY>} characters]
[LINES TERMINATED BY characters]

说明：

• file_name 表示外部存储文件名，该文件被创建到服务器主机上，因此执行账户必须拥有 FILE 权限。输出不能是一个已存在的文件。

• [CHARACTER SET charset_name] 表示导出数据的编码，默认是当前表编码。

• [FIELDS ... characters] 是导出字段数据的指定格式。其中，TERMINATED BY 表示使用 characters 字符作为字段间隔符；ENCLOSED BY 表示括住数据的字符；ESCAPED BY 表示转义字符。

• [LINES TERMINATED BY characters]表示每行结束符，默认为“\n”(换行)。

【实例 10-25】将 db_shop 数据库的 department 的所有记录导出到文本文件中。

分析：MySQL 默认情况下是不允许使用导入、导出语句的，这由 my.ini 文件中的 secure_file_priv 参数值决定，若为 NULL 值则表示不允许，若为空字符则表示可以导出到任务目录，若为/tmp 则表示只能在/tmp 目录导入、导出。可先查看该参数值。操作步骤如下：

第一步，查看 secure_file_priv 参数值。执行语句如下：

```
mysql> SHOW variables LIKE '%secure%';
```

运行效果如图 10-27 所示。图中显示 secure_file_priv 的值为空，表示可以导出到任务文件夹中；若为 NULL，则需要在文件 my.ini 中修改 secure_file_priv 值。

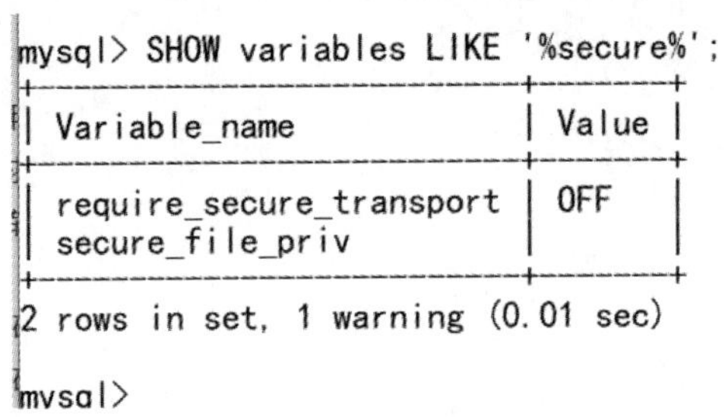

```
mysql> SHOW variables LIKE '%secure%';
+--------------------------+-------+
| Variable_name            | Value |
+--------------------------+-------+
| require_secure_transport | OFF   |
| secure_file_priv         |       |
+--------------------------+-------+
2 rows in set, 1 warning (0.01 sec)

mysql>
```

图 10-27　查看 secure_file_priv 参数值

第二步，导出数据到文件中。执行语句如下：

```
mysql> USE db_shop;
mysql> SELECT * FROM department INTO OUTFILE'D:/dbBAK/department.txt'
    CHARACTERSET UTF8MB4;
```

运行效果如图 10-28 所示。

```
mysql> USE db_shop;
Database changed
mysql> SELECT * FROM department INTO OUTFILE 'D:/dbBAK/department.txt' CHARACTER SET UTF8MB4;
Query OK, 11 rows affected (0.01 sec)

mysql>
```

图 10-28　导出数据到文件

2. 导入数据

LOAD DATA INFILE 是 SELECT ... INTO OUTFILE 的逆操作，可将数据文件读

回数据库中。其用法可通过 HELP LOAD DATA 查询帮助或访问官网的说明文档。

语法：

LOAD DATA INFILE 'file_name' INTO TABLE tbl_name

【实例 10-26】 读取文件 D:\dbBAK\department.txt，将该文件中的数据插入到 db_shop 数据库的 department_bak1 表中。执行语句如下：

```
mysql> USE db_shop;
mysql> DELETE FROM department_bak1;
mysql> LOAD DATA INFILE 'D:/dbBAK/department.txt' INTO TABLE     department_bak1;
mysql> SELECT * FROM department_bak1;
```

运行效果如图 10-29 所示。

```
mysql> USE db_shop;
Database changed
mysql> DELETE FROM department_bak1;
Query OK, 0 rows affected (0.00 sec)

mysql> LOAD DATA INFILE 'D:/dbBAK/department.txt' INTO TABLE  department_bak1;
Query OK, 11 rows affected (0.02 sec)
Records: 11  Deleted: 0  Skipped: 0  Warnings: 0

mysql> SELECT * FROM department_bak1;
+-----+-----------+--------------+-----------+
| id  | dept_name | dept_phone   | dept_memo |
+-----+-----------+--------------+-----------+
|   1 | 技术部    | 020-87993692 | 测试      |
|   2 | 销售部    | 13662312678  | NULL      |
|   3 | 市场部    | 202-87990213 | NULL      |
|   4 | 客服部    | 020-87993095 | NULL      |
|   5 | 采购部    | 020-87993690 | NULL      |
|   6 | 外联部    | 13250897234  | 对外联系  |
|  22 | 财务部    | 87331253     | NULL      |
|  29 | 公关部    | 020-38490126 | NULL      |
|  30 | 机关部    | 13881234567  | NULL      |
| 101 | 测试部    | 020-38190126 | NULL      |
| 102 | 测试部2   | 020-38190126 | NULL      |
+-----+-----------+--------------+-----------+
11 rows in set (0.00 sec)

mysql> _
```

图 10-29　导入数据到数据库表

七、任务实施

为数据库 db_shopping 每周进行完全备份，每天对公司进行增量备份。有 1 天数据操作因误删除而被破坏，须恢复数据。下面按 1 周的操作完成任务，掌握各种数据库的备份与恢复方法。

(1) 每周进行全备。使用 mysqldump 命令对 db_shopping 数据库进行完整备份。操作步骤如下：

打开 cmd 命令窗口，在 Windows 盘提示符(C:\>)下运行如下命令：

```
C:\> mysqldump -u root -p db_shopping > D:\dbBAK\db_shopping_backup.sql
```

(2) 每天进行增量备份。操作步骤如下：

第一步，设置 my.ini 的 mysqld 组，启动二进制日志功能，将二进制日志保存在给定目录：MySQL 安装目录的 data 目录，文件名为 day-mysql-bin。

```
#启动二进制日志功能，设置日志路径文件名
log_bin=D:\mysql-8.0.15-winx64\data\day-mysql-bin
```

```
#设置二进制日志的过期天数，若过期则删除。默认值为 0 即不启动过期删除功能
expire_logs_days=10
#设置单个二进制文件的最大容量，若超过则系统会自动创建新的二进制文件
max_binlog_size=10M
```

第二步，向 db_shop 数据库的 department 表中添加记录，定时刷新日志。执行语句如下：

```
mysql> USE db_shopping;
mysql> flush logs;
mysql> INSERT INTO department(id,dept_name,dept_phone)VALUES(101, '测试部', '020-38190126');
mysql> flush logs;
mysql> INSERT INTO department(id,dept_name,dept_phone)VALUES(102, '测试部 2', '020-38190126');
mysql> flush logs;
```

第三步，删除前面 2 条记录(模拟数据被破坏)。执行语句如下：

```
mysql> DELETE FROM department WHERE id>=100;
```

(3) 恢复数据。操作步骤如下：

第一步，先对二进制日志进行分割处理，然后退出 MySQL，在 cmd 窗口中使用 mysql 命令，使用最近一次的完全备份进行恢复操作。执行语句如下：

```
mysql> flush logs;
mysql> exit;
C:\Users\he>mysql -u root -p  db_shopping  <  D:\dbBAK\db_shopping_backup.sql
```

说明：恢复后，可以登录 MySQL 进行查看，数据库已恢复到完全备份时的状态。

第二步，使用最近完全备份以后的二进制日志文件进行增量恢复操作。

需要注意恢复的顺序是：按日志备份先后顺序时日志文件依次进行恢复。在 cmd 窗口下执行如下操作(在 C:\Users\he>命令提示符下)：

```
C:\Users\he>mysqlbinlog D:\mysql-8.0.15-winx64\data\day-mysql-bin.000001 | mysql -u root -p
C:\Users\he>mysqlbinlog  D:\mysql-8.0.15-winx64\data\day-mysql-bin.000002  |  mysql  -u root -p
```

(4) 查看恢复的数据库。登录 MySQL，执行如下语句：

```
mysql> USE db_shopping;
mysql> SELECT * FROM department;
```

可以查看到数据已经恢复。

小　　结

数据库的数据安全是至关重要的，任何数据丢失或损坏都会带来严重的后果。

必须定期对数据库进行备份，一旦发生故障，便可采取相应的恢复策略对数据库进行恢复，保证数据库数据的安全性。本项目通过商品购物管理案例系统，主要介绍了使用 mysqldump 工具备份，使用 MySQL 命令、二进制命令恢复数据库的操作方法。学习完本项目，读者应能够根据实际业务数据规模和更新频率，建立相应的备份策略进行数据备份，以保护数据的安全性。

课后习题

1. MySQL 系统数据库 mysql 中存在哪些控制权限的表？分别有什么功能？
2. MySQL 授权用户的语法格式是怎样的？
3. 简述错误日志、通用日志、慢日志和二进制日志的作用、查阅和管理。
4. 简述实际应用中有可能导致数据丢失的原因。如何制订相应的数据备份策略？
5. 如何使用 mysqldump 来备份数据库和数据表？
6. 如何使用 mysql 命令来恢复数据库？
7. 如何使用二进制日志来恢复数据库？

项目十一 应用数据库设计

项目概述

企业日常工作中信息系统的核心是数据库，如何将企业信息管理搬到信息系统中，这是一个对信息应用进行数据库设计的过程，细心观察和用心发现，可以设计出数据库众多的创新应用。数据库设计就是为一个给定的应用环境构造最优的数据库模式，能够有效地存储数据，具有最小数据冗余，在事务过程中保持数据的完整性和一致性，从而实现多用户并发访问数据和数据共享，最大限度满足用户的应用需求。本项目以电商购物管理系统的设计为案例，学习数据库模型的设计过程，以达成本项目教学目标。本项目主要内容包括需求分析和模型设计与综合案例两个任务。

教学目标

素质目标

◎ 具有较好的沟通能力、团队协作和创新精神；

◎ 具有项目工程的质量意识和风险防范意识。

知识目标

◎ 熟悉需求分析的步骤和方法；

◎ 掌握规范业务流图、数据流图、ER 图的绘制。

能力目标

◎ 能针对数据库设计项目，做好调研准备和有效采集调研数据；

◎ 能绘制业务流图、数据流图，分析数据并绘制简单的局部 ER 图。

学习重点

◎ 熟悉需求分析方法步骤、调研准备和采集调研数据方法；

◎ 掌握规范业务流图、数据流图、ER 图的绘制方法。

学习难点

◎ 需求分析和全局 ER 图的绘制。

任务1　需 求 分 析

需求分析的目标是通过详细调查用户现实业务要处理的对象和业务规则，充分了解用户业务系统的工作概况，明确用户的各种需求，分析并绘制业务流图、数据流图、组织结构与总体框架图，在此基础上确定应用系统的功能，并编写成作为后期开发依据的需求分析说明书。

本任务围绕电商购物管理系统的设计，学习掌握需求分析的基本技术和方法。

一、数据库设计流程

数据库设计一般包括静态数据的结构特性设计和动态操作的行为特性设计，前者是指数据库总体概念的设计，即应用系统的后台数据管理设计，后者是指实现数据库用户业务活动的应用程序设计，即应用系统的前台应用功能设计，用户是通过前台应用程序来访问和操作后台数据库的。所以，这个设计步骤既是后台数据库设计的过程，也是数据库应用系统的设计过程。设计过程中我们应把数据库的设计与软件系统的功能设计紧密结合起来，相互参照，相互补充。

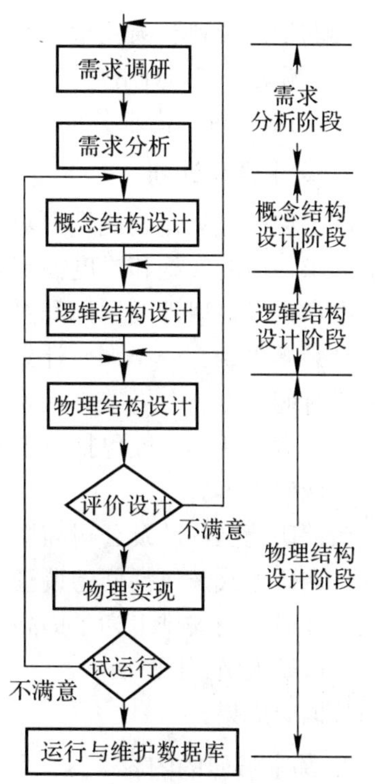

图 11-1　数据库设计流程

数据库设计一般分为以下 4 个阶段：需求分析阶段、概念结构设计阶段、逻辑结构设计阶段和物理结构设计阶段，其中物理结构设计阶段包括物理结构设计、数据库实施、数据库运行与维护，如图 11-1 所示。需求分析和概念结构设计独立于任何的 DBMS 系统，而逻辑结构设计和物理结构设计则与具体的 DBMS 有关。

二、需求调研

需求分析的第一步就是需求调研，它为需求分析提供各种分析数据，调研的充分性、与用户需求的贴切度都直接影响需求分析的质量，也直接影响系统开发的风险。需求调研是需求分析正确性、系统性和完整性等的有力保障。一切分析的数据都必须来源于需求调研，切忌闭门造车、凭空捏造。下面我们来学习需求调研的方法与手段。

1. 需求调研的步骤

需求调研需要清楚做哪些工作，如何开展工作。一般需求调研具有下列几个步骤：

(1) 制订详细周全的需求调研计划。其目的是明确调研对象、内容和进度计划。

(2) 根据计划做好调研准备。对调研的内容事先准备，针对不同管理层次的情况准备好询问用户不同的问题，列出问题清单；将操作层、管理层和决策层的需求既联系又区分开来，使下层满足上层的需求。

(3) 展开调研。前两步做好后，就要确定调研方法和工具以便开展调研。确定需要收集的信息资料和需要绘制的业务流(程)图等。

(4) 调研总结。对用户沟通的情况及时归纳，整理调研结果，找出新的疑点，反复(1)至(3)步，直到需求分析达到清晰。

2. 需求调研计划

需求调研计划是明确调研对象、访谈进度计划以及需要客户配合的工作内容，对于需求调研的实施和进度控制起指导作用。

用户需求调研涉及用户和系统分析人员双方，为了使用户需求调研工作顺利进行，必须事先制订一个调研计划，以便双方有关人员，尤其是用户方面的人员安排好调研时间。

需求调研计划一般包括以下几个方面的信息：

- 调研内容。
- 调研范围，涉及公司高层/主要业务部门/IT 部门等。
- 调研方式，包括问卷调查/电话调研/面谈等。
- 调研时间安排。为了提高整个调研的效率，行程安排务必紧凑、合理。
- 调研人员组织。
- 调研成果。

3. 需求调研的内容

需求调研的内容主要是了解用户的现状与业务活动对象的具体情况与要求，明确用户需求和需求优先级，确定系统边界。

(1) 了解用户组织机构情况。了解用户的公司概况和发展目标，调研用户领域的组织结构、岗位设置和职责定义，从功能上区分有多少个子系统，划分系统的大致范围，明确系统的目标。

(2) 了解用户信息技术应用现状。了解用户目前的硬件现状、软件应用现状和网络应用现状，编写信息技术应用现状报告。

(3) 了解用户各部门业务活动情况和管理现状。

熟悉每个子系统所涉及的业务活动，弄清业务工作流程，明确用户需求；了解数据处理规则：

- 输入信息：输入信息名称；使用目的；搜集方式；发生周期；信息量；编码方式；保存期；相关业务；使用文字；其他。
- 输出信息：输出信息名称；使用单位；使用目的；发行份数；发送方法；使用文字；输出时间；输出方式；其他。
- 信息处理过程：处理内容；处理周期；处理方法；处理时间；处理场所；其他。
- 存储方式：文件名称；保管单位；保存时间；总信息量；保密要求；使用频

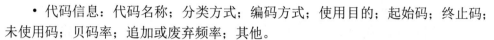

率；删除周期；追加周期；增加、删除比率。

• 代码信息：代码名称；分类方式；编码方式；使用目的；起始码；终止码；未使用码；贝码率；追加或废弃频率；其他。

(4) 收集用户各种原始资料：收集用户在业务处理中用到的其他凭证、单据、报表、账本、档案、计划、合同等资料。

(5) 清楚所用数据的种类、范围、数量以及它们在业务活动中交流的情况，确定用户对数据的使用要求和处理的响应时间、处理方式要求等各种约束条件，为形成用户需求规约。

(6) 了解新系统的人机边界。确定业务处理中哪些处理由计算机完成或准备由计算机完成，哪些活动由人工完成。

(7) 了解用户需求的优先级。了解用户需求的核心，划分出用户需求的优先等级，哪些是整个系统的核心部分，哪些是次要的或者不影响整个业务流程的，这对随后的开发有着重要的意义。

4. 需求调研的方法途径

在调查过程中，根据不同的问题和条件，可采用的调查方法很多，通常有表格调查法、问卷访谈座谈调查法、查阅资料法和现场观察体验法 4 种。无论采用哪种方法，都必须有用户的积极参与和配合。

(1) 表格调查法。对于那些结构性强、指标含义明确并且有具体内容的调查，适合使用表格来调查。一般可利用目标调查表、组织机构调查表、任务调查表、文件类信息调查表、报表数据调查表、计算机资源调查表、计算机应用项目调查表等 7 种表格来配合调查。

(2) 问卷访谈座谈调查法。这是一种通过调查人员与被调查人员面对面的、有目的的谈话获取所需资料的调查方法。一般有按纲问答法和自由畅谈法两种常用座谈方式。

(3) 查阅资料法。通过查阅企业的各种各样的定性和定量的历史文件等档案资料来进行调查。

(4) 现场观察体验法。这是一种深入现场直接对调查对象的情况进行体验、观察记录、取得第一手资料的调查方法，可以提高信息的可靠性。观察可以分为两部分内容：对人的行为的观察和对非行为的客观事物的观察。

三、分析流程图

在需求分析中为了将某些复杂的业务处理流程表达清楚，在与用户交流或与技术开发人员交流中不产生歧义，通常采用流程图的方法来表示复杂的业务处理过程和数据的传递处理。这里介绍普遍使用的业务流程图和数据流程图的分析及表示方法。

1. 业务流程图

业务流程图将业务工作流程以一种直观、易于被用户和软件人员双方都能理解的形式表示出来，能反映各业务部门的信息联系，输入输出和中间信息的关系、各处理环节之间的操作顺序。我们可以用 Axure RP 或 Visio 软件中的基本流程图符号来表达业务流程图，用椭圆表示部门或人员，用矩形表示处理，用一对弧线边的四

边框表示存档文件，用半矩形带一曲线边的框图表示凭证单据，用箭头线表示处理流向，虚线表示人机边界。

电商购物管理系统中，客户进行不合格产品退货时，须将产品退货凭单发到销售部，经销售部审核后，首先登记到退货存档表，并统计应付款，并生成退货应付款单，提交财务处，退款给客户；然后，将退货商品重新入库，并打印退货入库单给库管员，库管员根据退货入库单修改库存台账。业务流程如图 11-2 所示。

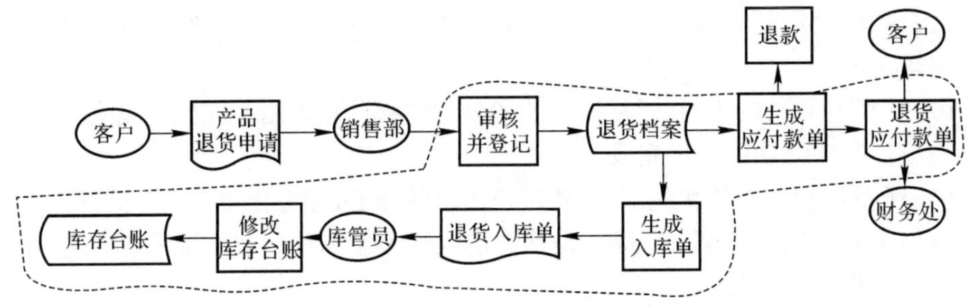

图 11-2　客户退货业务流程

2. 数据流图

数据流图也称为数据流程图(Date Flow Diagram , DFD)，是将业务流程图转化成更适合开发人员理解的逻辑模型图，以图形化的方法描绘数据在系统中的流动和处理的过程。数据流的简单模型如图 11-3 所示。

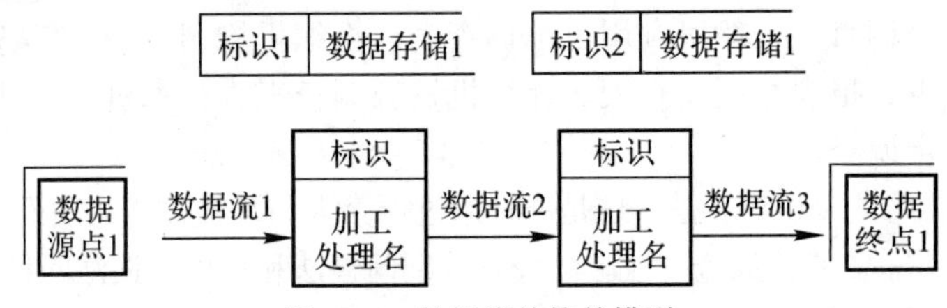

图 11-3　数据流的简单模型

数据流图用四种基本符号组成，如图 11-4 所示。

(1) 数据流。

数据流表示数据的流向，由一组确定的数据项组成。例如“销售单”为一个数据流，它由商品名、编号、单位、单价、数量等数据组成。数据流用带有名字的具有箭头的线段表示，名字称为数据流名，表示流经的数据，箭头表示流向。数据流可以在加工之间、加工与源终点之间、加工与数据存储之间流动。

除了与数据存储之间的数据流不必命名外，每个数据流必须要有一个合适的名字(名词)，以反映该数据流的含义。

(2) 加工(处理)。

加工是指数据流从输入到输出所经的变换或操作，也就是输入数据流经过什么处理后变成了输出数据。每个加工都有一个名字和编号。加工名应能反映处理的功能，不使用“数据处理”或“信息查询”等笼统的词；编号能反映该加工位于分层的数据流图的哪个层次和哪张图中，能够看出它是由哪个加工分解出来的子加工。

(3) 数据存储(文件)。

数据存储表示系统存储的数据，一般是数据库文件。每个数据存储都有一个名字。流入文件的数据流即存入数据，从文件流出的数据即读出或查询数据。

(4) 外部实体。

外部实体是存在于本软件系统之外的人员、组织或其他系统，用于指出数据的来源点或系统所产生数据的归属终点。

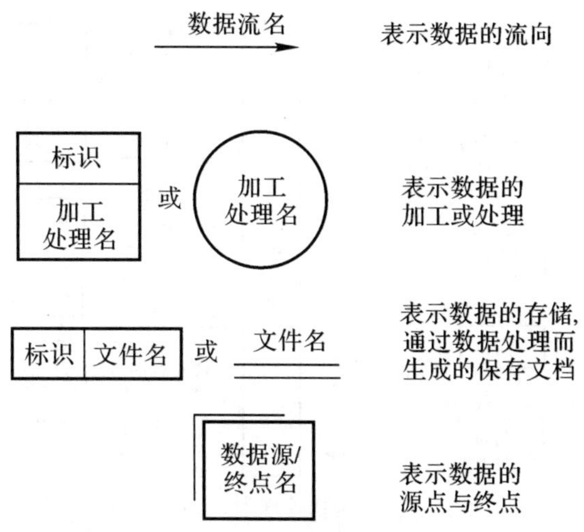

图 11-4　数据流基本符号

3. 数据流图分析

分析数据流图最常用的方法是结构化分析(SA)方法，它采用自顶向下、逐层分解的分析策略。一般把系统视为一个大的加工，然后对加工进一步分解出若干个子加工，照此方法按处理功能逐层分解，直到能清楚表达出操作处理过程为止。

系统分层表示的数据流图可以反映系统功能模块，顶层是最高层次抽象的系统概貌，要反映更详细的内容，可将处理功能分解为若干子功能，每个子功能还可继续分解，直到把系统工作过程表示清楚为止。在处理功能逐步分解的同时，它们所用的数据也逐级分解，形成若干层次的数据流图，如图 11-5 所示。

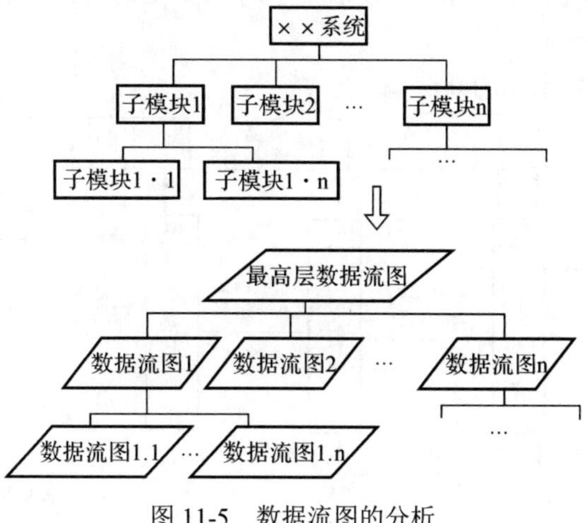

图 11-5　数据流图的分析

一般分析绘制数据流图，可采用如下步骤。

(1) 绘制系统的顶层数据流图。

把整个系统视为一个大的加工，然后根据数据系统从哪些外部实体接收数据流，以及系统发送数据流到哪些外部实体，就可以画出输入输出图。如图 11-6 所示是电商购物管理系统的顶层数据流图。

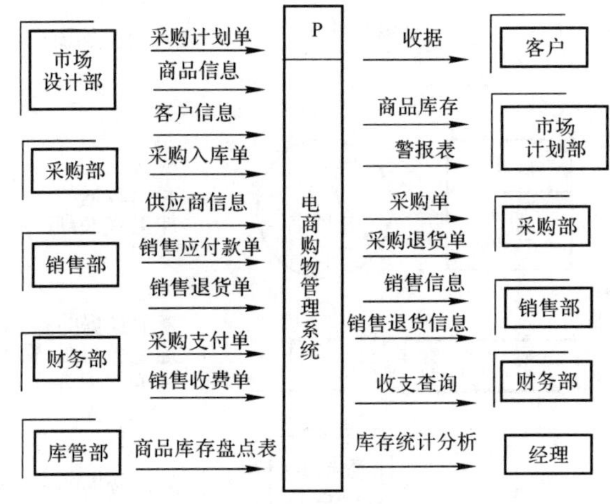

图 11-6　电商购物管理系统的顶层数据流图

(2) 绘制系统的分解图。

绘制系统的分解图即绘制系统的下层数据流图。按系统工作的分组情况，把顶层图的加工分解成若干个子加工，并用数据流将这些加工连接起来，使得顶层图的输入数据经过若干子加工处理后，变成顶层图的输出数据流。这张图称为 0 层图。从一个加工绘制出一序列子处理加工连成的数据流图的过程就是对加工的分解，步骤如下：

① 确定加工的方法：在数据流的组成或值发生变化的地方应该画出一个加工，这个加工的功能就是实现这一变化，也可以根据系统的功能决定加工。

② 确定数据流的方法：用户把若干数据当作一个单位来处理(这些数据一起到达、一起处理)时，可以把这些数据看成一个数据流。

③ 确定数据存储：可以将一些以后某个时间要使用的数据组织成为一个数据存储来表示。

如图 11-7 所示是系统的 0 层图。

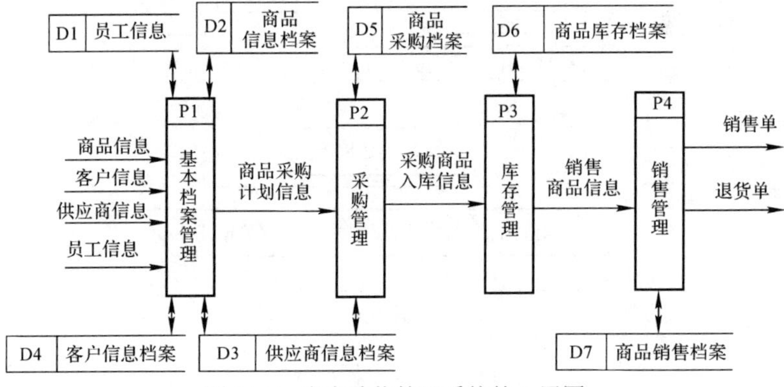

图 11-7　电商购物管理系统的 0 层图

(3) 绘制加工的分解图。

把每个加工看成一个小系统，把加工的输入输出数据流看成小系统的输入输出流。于是可以像画 0 层图一样画出每个小系统的加工的 DFD 图。对分解出的每个加工，只要其内部还存在数据流，则按这步方法继续向下层分解，直到图中尚未分解的加工都是基本加工(即不可再分解的加工)为止。

(4) 绘制数据流图和加工编号。

对于一个软件系统，其数据流图可能有许多层，每一层又有许多张图。为了区分不同的加工和不同的 DFD 子图，应该对每张图进行编号，以便于管理。加工编号的步骤如下：

① 顶层图只有一张，图中的加工也只有一个，所以不必为其编号。

② 从 0 层图开始编号，0 层图中的加工号分别是 1、2、3 等。

③ 子图号就是父图中被分解的加工号。

④ 子图中的加工号由图号、圆点和序号组成，如 1.1、1.2、1.3 等。

例如：电商购物管理系统 0 层 2 号加工进一步分解，得到其 1 层数据流图，如图 11-8 所示。

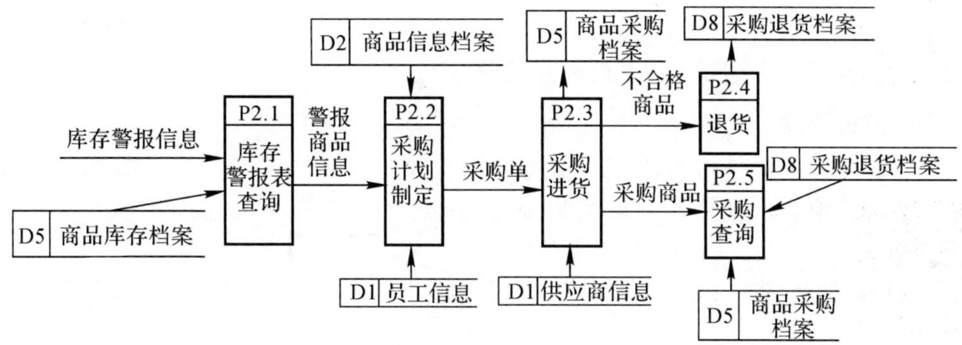

图 11-8　电商购物管理系统的 1 层数据流图

四、数据字典

数据流图描述了业务功能的数据与处理关系，没有对其中的各个成分做详细说明。可以使用另一个描述工具——数据字典来对系统中的各类数据进行详尽的描述。

数据字典则是系统中各类数据描述的集合，也就是对数据流图中包含的所有元素的定义的集合，是进行详细的数据收集和数据分析所获得的主要成果。数据字典中的内容在数据库设计过程中还要不断地修改、充实和完善。

数据字典通常包括数据项、数据结构、数据流、数据存储和处理过程 5 个部分。

1. 数据项

数据项是不可再分的数据单位。

对数据项的描述通常包括以下内容：

数据项描述= {数据项名，数据项含义说明，别名，数据类型，长度，取值范围，

取值含义，与其他数据项的逻辑关系}
其中，“取值范围”和“与其他数据项的逻辑关系”定义了数据的完整性约束条件，是设计数据检验功能的依据。

2. 数据结构

数据结构字典是数据流图中数据块的数据结构说明。

数据结构反映了数据之间的组合关系。一个数据结构可以由若干个数据项组成，也可以由若干个数据结构组成，或由若干个数据项和数据结构混合组成。对数据结构的描述通常包括以下内容：

数据结构描述＝{数据结构名，含义说明，组成：{数据项或数据结构}}

3. 数据流

数据流字典是流图中流线的说明。数据流是数据结构在系统内传输的路径。对数据流的描述通常包括以下内容：

数据流描述＝{数据流名，说明，数据流来源，数据流去向，组成:{数据结构}，平均流量，高峰期流量}
其中，“数据流来源”是说明该数据流来自哪个过程；“数据流去向”是说明该数据流将到哪个过程去；“平均流量”是指在单位时间(每天、每周、每月等)里的传输次数；“高峰期流量”则是指在高峰时期的数据流量。

4. 数据存储

数据存储字典是数据流图中数据块的存储特性说明。数据存储数据结构停留或保存的地方，也是数据流的来源和去向之一。对数据存储的描述通常包括以下内容：

数据存储描述＝{数据存储名，说明，编号，流入的数据流，流出的数据流，组成:

{数据结构}，数据量，存取方式}
其中，“数据量”是指每次存取多少数据，每天(或每小时、每周等)存取几次等信息；“存取方法”包括是批处理还是联机处理、是检索还是更新、是顺序检索还是随机检索等；“流入的数据流”用于指出其来源；“流出的数据流”用于指出其去向。

5. 处理过程

处理过程字典是数据流图中功能块的说明。

数据字典中只需要描述处理过程的说明性信息，通常包括以下内容：

处理过程描述＝{处理过程名，说明，输入:{数据流}，输出:{数据流}，处理:{简要说明}}
其中，“简要说明”主要说明该处理过程的功能及处理要求。功能是指该处理过程用来做什么(而不是怎么做)；处理要求包括处理频度要求，如单位时间里处理多少事务、多少数据量、响应时间要求等，这些处理要求是后面物理设计的输入及性能评价的标准。

表 11-1 是一个数据字典的示例，它描述了采购进货数据流图中商品信息数据项。

表 11-1　数据字典(数据项)

数据项名	数据类型	长　度	取值范围
商品编号	字符型	5	00001~99999
商品名称	字符型	20	任何字符或数字
商品类型	字符型	20	任何字符或数字
商品简介	字符型	100	任何字符或数字
商品品牌	字符型	20	任何字符或数字
厂商名称	字符型	50	任何字符或数字

五、系统功能分析

1. 系统总体功能框架

系统总体功能一般是从使用的角度对管理信息系统进行功能设计的。通常可以从管理职能分类着手，采用自顶向下逐步分解原则，通过对业务过程和数据进行分析，将系统分解为多个子系统，再将子系统分解为功能模块，直到每个下层子功能对应一个窗口界面，完成一个相对独立的业务处理。本案例系统总体功能框架如图 11-9 所示。

这种从上往下进行功能分层的过程就是由抽象到具体、由复杂到简单的过程。这种步骤从上层看，容易把握整个系统的功能，既不会遗漏，也不会冗余，从下层看各功能容易具体实现。

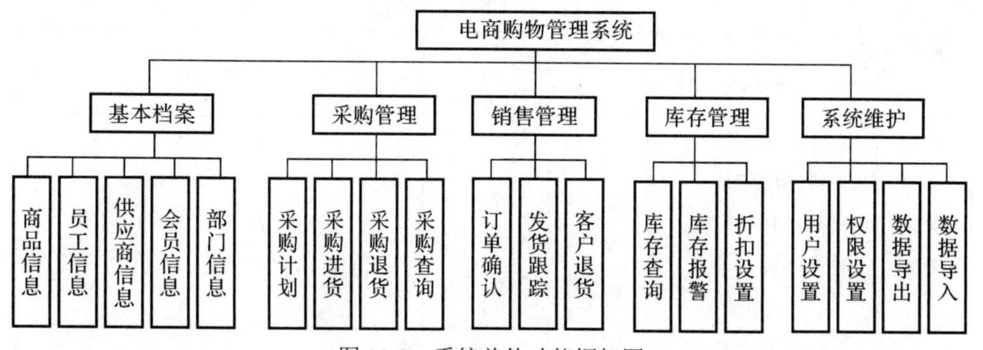

图 11-9　系统总体功能框架图

2. 原型化方法

在某些新系统开发中，很难摸清用户的需求或用户提不出自己的需求的情况下，采用演化模型方法：第一次只是试验开发，其目标只在于探索可行性，弄清软件需求；第二次则在此基础上获得较为满意的软件产品。通常把一次得到的试验性产品称“原型”，这种采用开发方法也称原型化方法。采用这种方法可以减少由于软件需求不明确而给开发带来的风险，一般适合于中小型系统。

六、需求说明书

需求分析最后得出一份分析成果，即需求分析报告(又称需求分析说明书)，需求

分析说明书的编写格式可参照IEEE标准830—1998(IEEE 1998)描述的需求规格说明书模板，再根据项目系统特点进行适当改动。

需求分析报告最终目的是能反映用户的需求，为下一步设计提供依据，所以需反复与用户沟通，不断完善，最终双方意见达成一致，即可开始下一阶段概念设计。

七、任务实施

(1) 按5~6人一个小组，组织一个团队，选出一位组长担任项目经理角色。

(2) 选取下面的一个项目作为小组开发设计项目，完成此项目的需求调研：

① 图书借阅管理系统；

② 教务学生成绩管理系统；

③ 绩效考核系统；

④ 固定资产管理系统。

(3) 根据各小组的选取调研项目，进行需求分析，完成下面内容。

① 制订调研计划，编写调研内容，确定调研方法，准备工具。

项目经理：陈鹏 。

成员：李力勤、周愉(女)、朱小强、王辉。

调研方式：座谈、调查表/卷、资料收集、现场观察。

调研时间：2009年10月16日至29日。

调研计划如表11-2所示。

表11-2　调研计划表

时间安排	调研内容	实施人员	接待部门和人员	调研成果
16日	调研提纲提交客户	李力勤	公司经理	调研提纲
18日下午	总体调研：了解公司发展目标、组织结构、信息技术现状	全体	公司经理及相关部门负责人	(1) 公司概况；(2) 组织结构图；(3) 部门业务职责、人员分工表
20日上午	了解公司进销存管理现状	全体	公司项目经理	公司进销存管理现状报告
20日下午	了解采购部管理业务	李力勤	采购部门负责人	(1) 采购部业务流程图；(2) 采购单；(3) 其他单据资料；(4) 管理重点、存在问题、期望等
27-28日	细化完善各业务图	全体	项目经理/各部门负责人	业务分析报告
⋮	⋮	⋮	⋮	⋮
29日上午	调研报告的鉴定评审	全体	项目经理	提交调研报告

② 做好调研准备。

根据不同的调研方法，准备好相应的调研工具与资料，如调研问卷、调查表、调研问题提纲、记录、摄影工具等。

③ 展开调研，绘制业务流程图。

根据计划，带上必备的准备资料，与调研部门联系落实，组织人员实施调研，收集整理相关单据、凭证资料，绘制计划、采购、销售、库存管理、采购退货、客户退货、利润分析统计等业务流程图，可参照如图 11-10 所示的库存管理业务流程图。

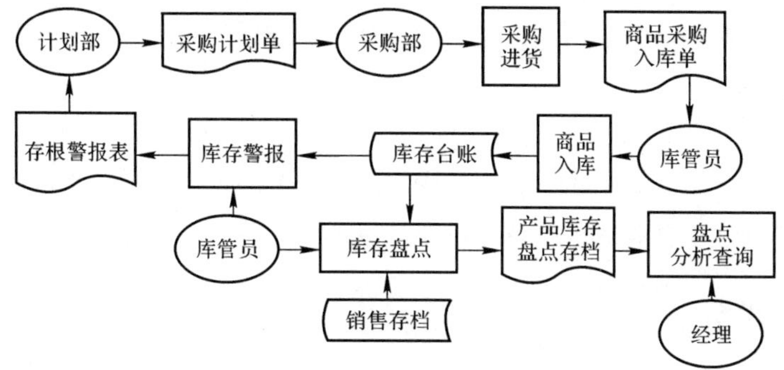

图 11-10　库存管理业务流程图

④ 绘制组织机构图。

分析系统组织机构图，如图 11-11 所示。

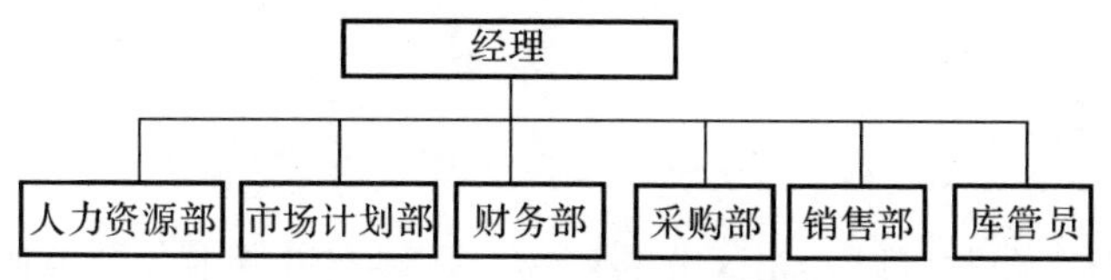

图 11-11　系统组织机构图

⑤ 根据系统业务流程，分析系统的各层数据流图，并建立数据字典(参照表 11-1)

⑥ 分析系统总体功能框架图，并参照图 11-9 进行功能模块界面的原型设计。

⑦ 写出需求分析报告。

任务 2　模型设计与综合案例

通常我们在经过前面的需求分析，确定系统的业务流程，并得到明确的系统功能框架、详细的数据流程图、数据字典和系统分析报告以后，首先利用需求分析成果，归类划分出应用系统数据的描述形式，进入概念模型设计阶段，进行 E-R 图的设计，然后再根据业务需求，将 E-R 图转换成关系模式，即数据模型设计。本任务在电商购物管理系统需求分析的基础上，学习系统的概念模型设计方法，并将 E-R 图转换成关系模式。

一、模型的概念

数据库需求分析阶段结束后，就进入概念模型设计和数据模型设计阶段。概念

模型是面向客观世界的表达形式，数据模型是面向计算机系统的表达形式。

1. 概念模型

概念模型也称信息模型，它是按用户的观点来对数据和信息建模，将现实世界的问题表达为信息世界的问题。它不依赖于任何 DBMS，设计的目的是为了将现实世界的状态以信息结构的形式充分表示，易于理解整个应用系统涉及的实体对象与其相互间的关系。

概念模型是整个组织用户最关心的信息结构，它明确描述了用户业务数据需求与数据之间的各种联系、数据约束，是方便设计人员与用户沟通数据的一种表达方式。

2. 数据模型

数据模型是面向 DBMS 实现的。数据模型主要包括网状模型、层次模型和关系模型等，数据模型设计是按计算机系统的 DBMS 实现进行数据建模。数据模型设计主要是将 E-R 图转换成供企业选定的 DBMS 能实现的关系模型，也称为逻辑结构设计。

二、实体与联系

概念模型设计主要是描述系统实体特性与实体间的联系特性。现实世界中每一个业务系统都是由多种对象组成的，并由于各种事务的处理产生某些关系，如电商购物管理中涉及商品、客户、职工等对象，这些对象由于销售这一事务的处理产生各种联系，如进货关系、采购关系、购买关系等。

1. 实体与属性

(1) 实体。

实体是客观存在并可以互相区分的事物，是现实世界中各种事物的抽象。一般来说，每个实体都相当于数据库中的一个表。

实体也是应用系统中用户经常要检索的对象，可以是具体的人、事、物，也可以是抽象的概念或联系，如商品、员工、客户、销售、订单等。

(2) 属性。

属性是实体所具有的某些特征，实体是通过一些特征被描述和刻画的。

实体由属性组成，一个属性实际上相当于表中的一个列，如员工有编号、姓名、性别、出生日期等属性。

一个实体本身具有许多属性，能够唯一标识实体的属性称为该实体的码(键)，如学生可由学号来唯一标识。

实体对应某属性所具有的值，称为属性值，实体的属性值是数据库中存储的主要数据。如员工的姓名有“张三”“李四”等属性值。

(3) 实体集。

通常用实体名及其属性名集合来描述同类实体，称为实体型。同型实体的集合称为实体集，如所有员工信息是一个实体集，每一个员工的具体信息则称实体值。

2. 实体间联系

在实际业务中，两个或两个以上的实体通过某种业务处理产生联系，这种联系

即为实体之间的联系，如员工销售商品，即实体“员工”与实体“商品”通过销售业务产生了联系。

实体之间的联系分为三类。

(1) 一对一联系。

若两个不同的实体集中任一个实体集中的每个实体，在另一个实体集中最多只有一个实体与之联系，则称这两个实体具有一对一联系(记为 1∶1)。

例如：超市部门只能有一个部门经理，而一个部门经理只能管理一个部门，则部门与部门经理的联系是 1∶1 联系。

(2) 一对多联系。

若两个不同的实体集中实体集 A 中的每个实体，在另一个实体集 B 中有 n 个实体(n≥0)与之联系，反之，对于实体集 B 中的每一个实体，在实体集 A 中至多有一个实体与之联系，则称这两个实体具有一对多联系(记为 1∶n)。

例如：一个员工只能所属在一个部门，而一个部门可以多个员工，则员工与部门的联系是 1∶n 联系。

(3) 多对多联系。

若两个不同的实体集中任一个实体集中每一个实体与另一个实体集的多个实体联系，则称这两个实体具有多对多联系(记为 m：n)。

例如：一种商品可由多个员工销售，一个员工也可销售多种商品，则员工与商品的联系是 m∶n 联系。

三、概念模型设计——E-R 图

1. E-R 图概念

描述概念模型的表示方法有很多，其中最常用、最著名的是实体-联系图(Entity-Relationship Diagram)，简称 E-R 图。

(1) E-R 图的表示。

E-R 图提供了表示实体型、属性和联系的方法。

- 实体型：用矩形表示，矩形框内写明实体名。
- 属性：用椭圆形表示，并用无向边将其与相应的实体连接起来。带下划线的属性表示码。
- 联系：用菱形表示，菱形框内写明联系名，并用无向边分别与有关实体连接起来，同时在无向边旁标上联系的类型。

E-R 图各种元素的图形符号如图 11-12 所示。

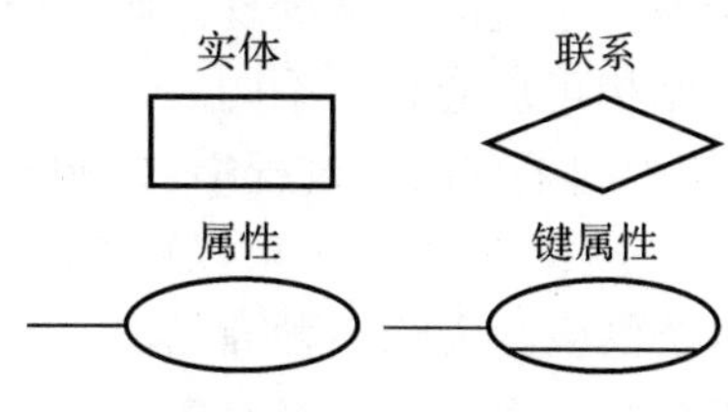

图 11-12　E-R 图元素图形符号

(2) 两实体联系的 E-R 图表示。

两个实体之间存在 1∶1、1∶n、m∶n 联系，则可以使用 E-R 图表示两个不同实体集之间存在三种联系，如图 11-13 图所示。

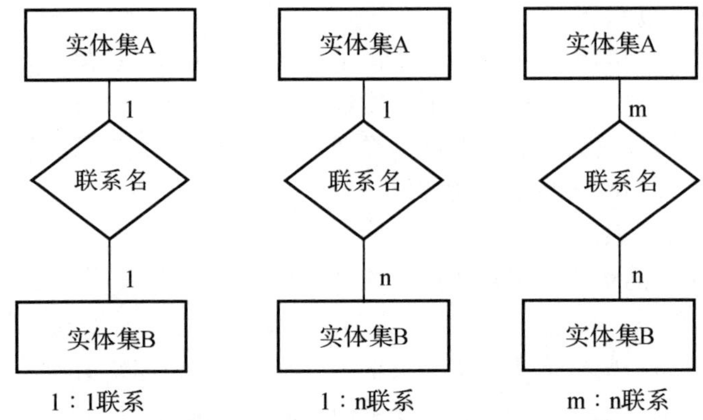

图 11-13　两个实体间的三种联系

(3) 多实体联系的 E-R 图表示。

两个以上不同实体也可能存在各种关系，图 11-14 是三个实体之间存在的联系图。如 1∶n∶m 联系是指实体集 A 与实体集 B 之间是 1∶n 联系，实体集 A 与实体集 C 之间是 1∶m 联系，实体集 B 与实体集 C 之间是 n∶m 联系。

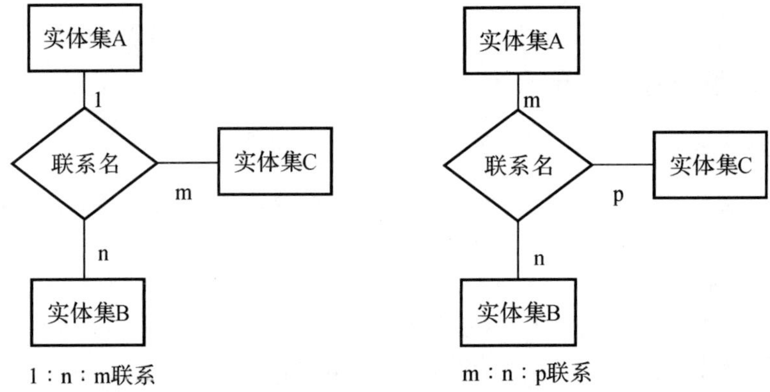

图 11-14　三个实体间的两种联系

2. 设计 E-R 图

概念模型 E-R 图一般可以采用自底向上的分析策略，即先建立各局部应用的 E-R 图，然后再将各局部 E-R 图合成为全局 E-R 图。

E-R 图设计完全依赖于业务系统的业务处理规则，但因为分析人员分析问题的角度不同，绘制出来的 E-R 结构可能会有所不同。

例如：电商购物管理系统中的采购商品过程中，采购人员(员工)隶属于采购部(部门)，部门与员工之间是 1∶n 关系，采购人员可以跟不同供应商采购多件不同商品。由于一个员工可以负责从多个供应商采购多种商品，一个供应商可以向多个电商员工供应多种商品，所以员工与供应商之间是多对多关系，商品与供应商之间是多对

多关系，员工与商品之间也是多对多关系。图 11-15 为局部 E-R 图。

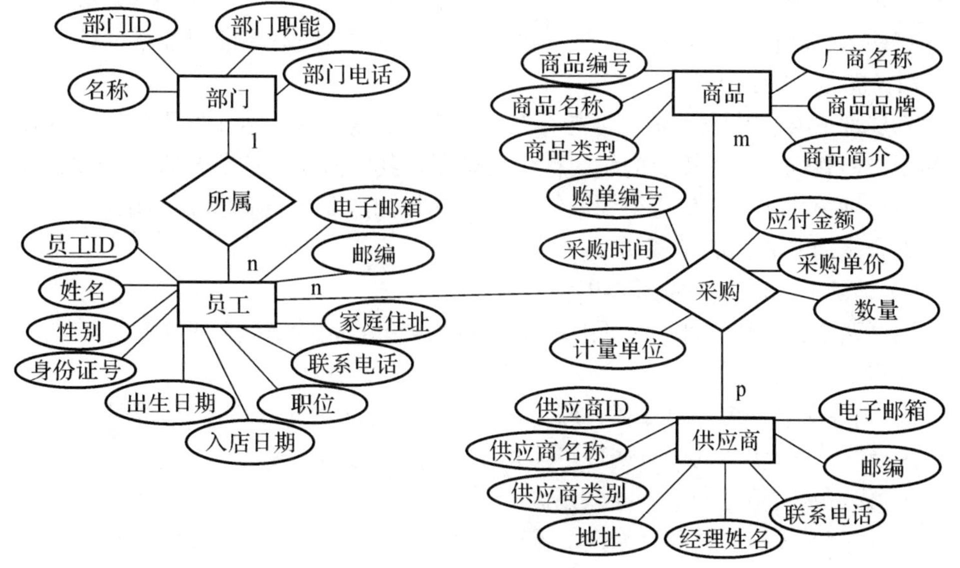

图 11-15　局部 E-R 图

当 E-R 图较复杂时，为了清晰表示出各实体之间的联系，我们也可把各实体的属性单独表示，而在联系中不再表示出属性，使 E-R 图简洁直观，如图 11-16 所示。

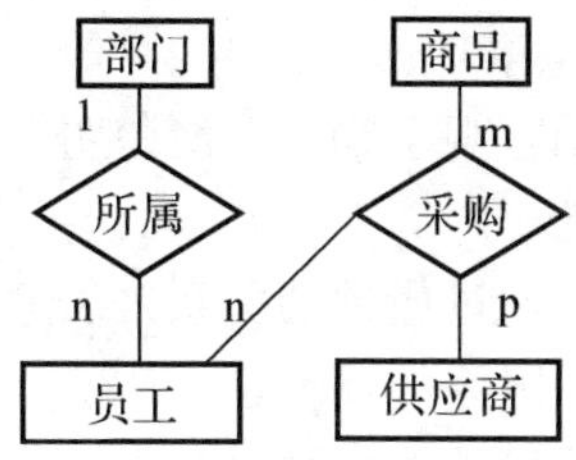

图 11-16　简洁局部 E-R 图

(1) 绘制局部 E-R 图。

绘制 E-R 图采用自底向上的分析策略，先建立每个局部应用的 E-R 图。建立局部 E-R 图时，先确定子系统中的实体与实体所包含的属性，再确定实体之间的联系。

建立局部 E-R 图模型的步骤如下：

① 对需求进行分析，从而确定系统中所包含的实体；

② 分析得出每个实体所具有的属性；

③ 保证每个实体有一个主属性；

④ 确定实体之间的联系。

对需求进行分析时，首先对局部应用出现的信息进行分类，一般实体与属性在需求分析中以名词出现。划分实体与属性没有绝对的标准，一般按现实世界中事物的自然定义来划分，确定出哪些信息是某一实体的自然属性；当实体的某个属性本身又需要进一步描述时，或一个实体的某个属性还存在多个值对应时，这属性应考虑以一个实体来表示。

实体确定好之后，才能确定实体间的联系。注意需求分析中出现的动词，因联系在需求分析中均以动词出现。对于不属于任何实体的信息，需考虑它描述的场合，即在哪些事务动作下才会出现，这些动作产生的数据就是联系的属性。

(2) 整合全局 E-R 图。

各局部 E-R 图中表示信息可能存在表述不一致等冲突，为了给系统提供开发人员和用户能共同理解并接受的统一概念模型图，我们需要对各个局部 E-R 图进行整合，消除冲突与冗余，就可得到系统的全局 E-R 图，即系统概念模型图。

整合全局 E-R 图的步骤如下：

① 消除冲突，合并局部 E-R 图。

用两两合并累加局部 E-R 图的方式，逐步合并，消除重复与冲突部分，生成初步 E-R 图。

- 消除命名冲突。对实体、联系同名异义、异名同义的命名进行清理。
- 综合同一实体的所有属性，实体中的码应确保唯一。
- 保留两实体之间的不同联系。
- 消除实体、属性和联系定义不一致的冲突。

② 消除冗余。

在初步合成的 E-R 图中，可能存在不必要的冗余，为防止破坏数据的完整性，应消除冗余。例如：实体属性数据的冗余，实体联系的冗余，这些冗余都可以从其他实体或联系中导出，不必重复出现，否则容易破坏数据的不一致。

(3) 绘制 E-R 图模型注意事项。

① 应该全面正确地刻画客观事物，要清楚明了、易于理解。

② 实体中的码应确保唯一。

③ 实体之间的联系可以通过属性的关系来表达。

④ 某些属性是实体之间联系的反映。

⑤ 多个实体之间的联系可能有多种。

四、数据模型设计——关系模式

数据模型设计是将 E-R 图转换成关系模式。在 E-R 图向关系模型转换时，一个实体型对应一个关系，有的联系对应一个关系，有的联系只将联系信息加入到其中一个实体型中，具体转换规则如下：

(1) 一个实体型转换为一个关系模式，实体的属性就是关系的属性，实体的码就是关系的关键字。

(2) 若实体间的联系是 1∶1 联系，则可在其中任一个实体的关系模式中加入另一个实体码和联系属性。

(3) 若实体间的联系是 1∶n 联系，则在 n 端实体类型转换成的关系模式中，加入 1 端实体的主码和联系的属性。

(4) 若实体间的联系是 m∶n 联系，则将联系也转换成关系模式，其属性为两端实体类型的主码加上联系的属性，该关系的主码则为两端实体主码的组合。

(5) 若三个以上实体的联系是 m∶n 联系，则将联系也转换成关系模式，主码为各实体的码组成。

(6) 具有相同关键字的关系模式可以合并。

五、关系数据库规范化

为了提高数据的存取效率，对设计出来的关系数据模式需要进一步进行优化调整，通常可以运用函数依赖、范式等关系规范化理论对数据关系进行检查优化。

1. 规范化的目的

关系规范化是为了同防止同一数据在不同关系中重复出现，造成空间的浪费，同时容易造成同一内容在不同关系中存储的信息表达不一致等方面的问题。关系规范化的目的如下：

(1) 避免数据冗余。

(2) 避免数据的不一致性。

(3) 避免删除、插入的不规则。

例如：在超市销售管理中存在一个销售关系，其包含的属性有销售单号、商品编号、商品名称、厂商、数量、售价、销售日期、销售员等，在这个关系中商品基本信息已经包含在里面，所以不再单独设商品表，以销售单号与商品编号为主码，如表 11-3 所示。

表 11-3　商品与销售信息

销售单号	商品编号	商品名称	厂商	售价	数量	销售日期	销售员
1	1	快食面	康师傅	5	5	2009-08-12	李映
2	2	矿泉水	怡宝	3.5	3	2009-08-12	周强
3	3	矿泉水	农夫山泉	4	5	2009-08-16	张小军

虽然查询销售档案很方便，可以在一张表上查询到销售的商品信息与销售信息，很方便地统计各类商品或各类商家的销售情况，但其存在如下问题：

(1) 数据冗余。销售单将商品信息及其销售信息放在一起，当一个商品销售很多次时，商品信息会重复存储，这样不但浪费空间，也容易造成商品信息数据的不一致，这也称为更新异常。

(2) 插入异常。如果某一商品还未销售，则无法记录其销售信息，这称为插入异常。

(3) 删除异常。当某一商品最近的一笔销售信息记录被删除时，容易把此商品的信息也全部删除，这称为删除异常。

2. 函数依赖

为什么关系 S 中会出现异常呢？原因是因为关系 S 中的某些属性之间存在数据依赖，而大多数数据依赖是函数依赖。

定义 1：设 R(U)是属性集 U 上的关系模式，X、Y 是 U 的子集。若对于 R(U)的任意一个可能的关系 r，r 中不可能存在两个元组在 X 上的属性值相等，而在 Y 上

的属性值不等，则称 X 函数确定 Y 或 Y 函数依赖于 X，记作 X→Y。

例如：在商品信息中，商品编号唯一，则不存在商品编号相同而商品名称不同的商品元组(即在此关系中，不会出现商品编号：商品名称为 1∶n)，因此有商品号→商品名称。

函数依赖包括以下三类：

(1) 完全函数依赖。

设 X->Y 是一个函数依赖，并且对于任何 X 中的元素 X'，X'->Y 都不成立,则称 X->Y 是一个完全函数依赖，即 Y 函数依赖于整个 X。

例如：在销售单(销售单号，商品编号，售价，数量，销售日期，销售员)中，(销售单号，商品编号)为主码，由于销售价因进货价的不同、促销时间的不同而有所不同，所以商品编号不能确定售价，销售单号对应多个商品，也不能确定售价，所以(销售单号，商品编号)-> 售价是一个完全函数依赖。

(2) 部分函数依赖。

设 X->Y 是一个函数依赖，但不是完全函数依赖，则称 X->Y 是一个部分函数依赖，即 Y 函数依赖于 X 的某个真子集。

例如：在销售单(销售单号，商品编号，商品名称，厂商，售价，数量，销售日期，销售员)中，主码为(销售单号，商品编号)，因为有商品编号->商品名称，所以(销售单号，商品编号)->商品名称是一个部分函数依赖。

(3) 传递函数依赖。

设 R(U)是一个关系模式，X、Y、Z 是子集，如果 X→Y，Y→Z 成立，则称 Z 传递函数依赖于 X。

3. 范式与规范化

一个好的关系应满足一定的约束条件，此约束形成的规范称为范式(Normal Form，NF)。范式共 5 级，1 级要求最低，5 级要求最严格，满足 1 级范式条件，称为达到 1NF，在满足 1NF 的基础上，达到 2NF 条件，才称为达到 2NF，依此类推。

关系规范化就是将一个较低范式的关系，通过关系的无损分解转换为若干较高级范式关系的集合。通常关系达到第 3 范式以上。

(1) 范式。

• 第 1 范式(1NF)：关系每一个属性的值域只包含原子项，即不可分割的数据项，无重复的属性。

• 第 2 范式(2NF)：符合 1NF，且非主属性不存在部分函数依赖于主码(即非主属性完全函数依赖于主码)，即每个非主属性是由整个主键函数决定的，而不能由主键的部分码来决定。

在销售单(销售单号，商品编号，商品名称，厂商，售价，数量，销售日期，销售员)中，主码为(销售单号，商品编号)，因为有商品编号->商品名称，所以(销售单号，商品编号)->商品名称是一个部分函数依赖，所以该关系不符合 2NF。

• 第 3 范式(3NF)：在符合 2NF 的条件下，要求所有的非主属性都必须依赖于主码，而不包括任何传递依赖，即每个列都与主码有直接关系而不是间接关系。

• BC 范式(BCNF)：在 3NF 的基础上消除主属性对于码的部分函数依赖与传递函数依赖，即 R 中所有非主属性对每一个码都是完全函数依赖；R 中所有主属性对每一个不包含该主属性的码也是完全函数依赖；R 中没有任何属性完全函数依赖于非码的任何一个组合。

(2) 关系的无损分解。

关系的无损分解是指对关系模式进行分解时，原关系模式下任一合法的关系值在分解之后应能通过自然连接运算恢复。

定义 2：设 $p=\{R_1, R_2, \cdots, R_k\}$是关系模式 R<U,F>的一个分解，如果对于 R 的任一满足 F 的关系 r 都有

$$r=\prod R_1(r)\infty\prod R_2(r)\infty\cdots\infty\prod R_k(r)$$

则这个分解 R 是函数依赖集 F 的无损分解。

例如：将销售单(销售单号，商品编号，商品名称，厂商，售价，数量，销售日期，销售员)无损分解为商品信息和销售信息两个关系，如表 11-4 和表 11-5 所示，两个关系通过商品编号自然连接就可以恢复原来的关系。

表 11-4　商品信息

商品编号	商品名称	厂商
1	快食面	康师傅
2	矿泉水	怡宝
3	矿泉水	农夫山泉

表 11-5 销售信息

销售单号	商品编号	售价	数量	销售日期	销售员
1	1	5	5	2009-08-12	李映
2	2	3.5	3	2009-08-12	周强
3	3	4	5	2009-08-16	张小军

(3) 关系数据库的规范化。

关系数据库设计要求规范化，但也不是一味追求高规范化，因为关系符合的范式越高，分出来的表就越细，可能会引起资源的浪费和复杂度提高。一个关系数据库是否进行规范化，应针对实际问题进行分析处理。如果一个关系数据库主要用来检索查询，那么就未必要进行规范化，其数据录入或少量的更新可通过数据库业务规则或程序中的业务规则自动实现，即可进行数据一致性的维护；若关系数据库更新频繁，则尽量规范化设计。

一般系统都要求达到第 3 范式。若表的联系复杂度太高，则根据性能和复杂度，将表合并后再返回第 2 或第 1 范式。

六、数据库设计案例

1. 系统总体目标

本系统是为小型电商购物管理而设计开发的，是一个独立系统，主要为学生超市日常的商品进货、商品库存、商品销售等进销存业务提供自动化安全管理软件。该软件也适用于同类型中小型超市管理。

2. 系统总体结构图

系统的总体功能划分为五部分。

基本档案：用于商品、客户、员工的基本信息存储、编辑处理与搜索。

采购管理：用于采购、进退货信息的管理、编辑处理与查询。

销售管理：用于商品的销售与退货处理与查询。

库存管理：用于库存管理、报警查询、处理促销、盘点成本、统计利润等。

系统维护：用于用户安全管理和数据备份管理。

3. 系统概念结构设计图

(1) 实体 E-R 图：包含职员信息 E-R 图、部门 E-R 图、会员 E-R 图、商品信息 E-R 图、上架商品 E-R 图、供应商 E-R 图，如图 11-17 所示。

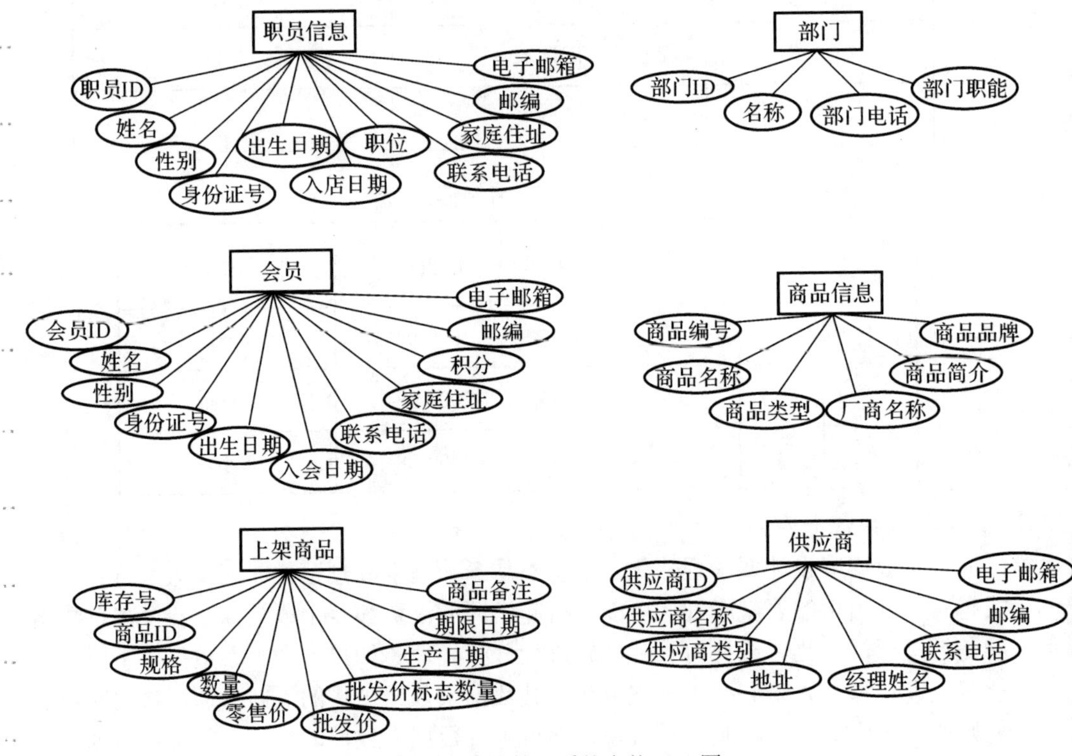

图 11-17　电商购物管理系统实体 E-R 图

(2) 实体联系 E-R 图：包含采购 E-R 图、采购退货 E-R 图、销售 E-R 图、促销打折 E-R 图、销售退货 E-R 图，如图 11-18 所示。

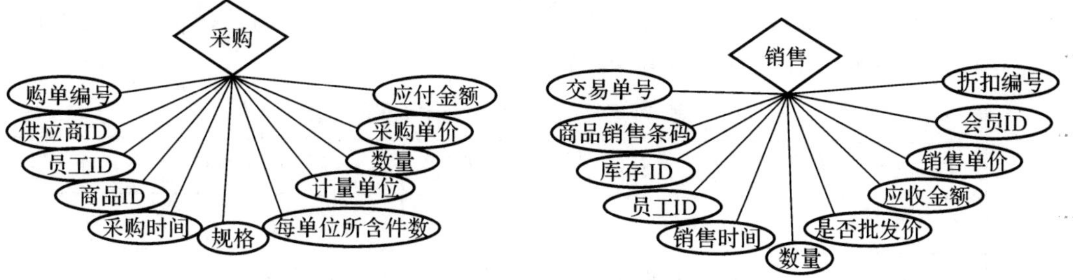

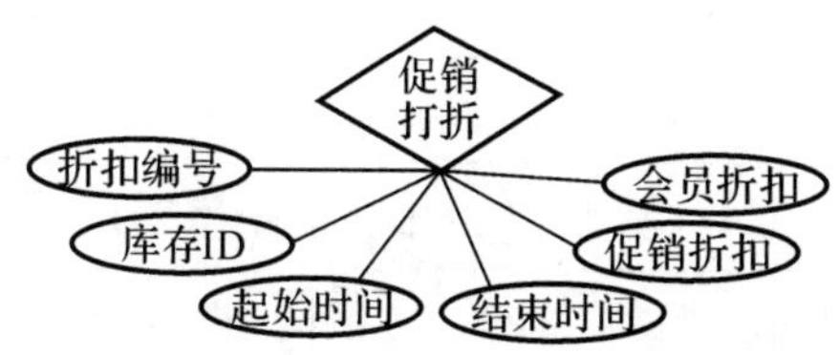

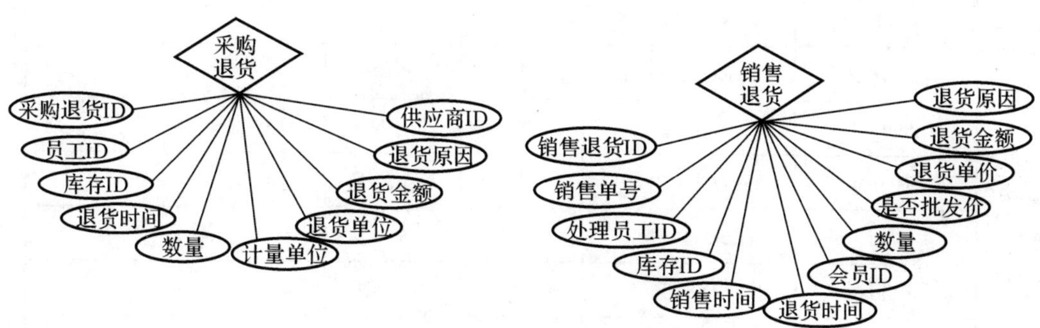

图 11-18　电商购物管理系统实体联系 E-R 图

(3) 全局 E-R 图。电商购物管理系统全局 E-R 图如 11-19 所示。

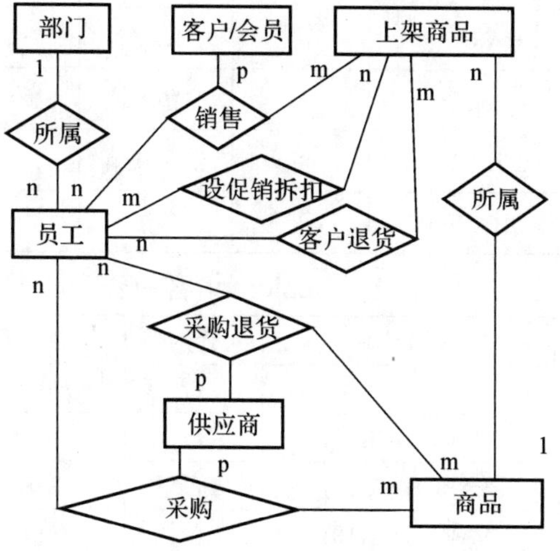

图 11-19　电商购物管理系统全局 E-R 图

4. 主要数据表

参照 E-R 图可转换出关系模式，并且用数据表做详细描述。下面列举电商购物管理系统主要数据表，包括部门表、职员表、客户表、供应商表、商品表、订单订购表、订单详细表，如表 11-6～表 11-12 所示。

表 11-6　Department (部门表)

属性名	数据类型	可否为空	描　述	备　注
id	INT	否	部门编号	自增，主键
dept_name	VARCHAR(20)	否	部门名称	
dept_phone	CHAR(13)	可	部门电话	
DeptFunc	VARCHAR(100)	可	部门职能	

表 11-7　Staffer(职员表)

属性名	数据类型	可否为空	描　述	备　注
Id	CHAR(8)	否	员工号	自增，主键
username	VARCHAR(32)	否	账号	唯一
password	VARCHAR(32)	否	密码	
dept_id	INT	否	部门编号	外键，依赖“部门表”主键
staff_name	VARCHAR(10)	否	员工姓名	
sex	enum('F', 'M')	可	性别	默认'F'
birthday	DATE	可	出生日期	
position	VARCHAR(20)	可	职位	
phone	CHAR(11)	可	联系电话	
post_code	CHAR(6)	可	邮编	
address	json	可	联系地址	
email	VARCHAR(50)	可	电子邮箱	
staff_memo	VARCHAR(100)	可	备注	

表 11-8　Customer(客户表)

属性名	数据类型	可否为空	描　述	备　注
id	INT	否	会员卡号	自增，主键
username	VARCHAR(32)	否	账号	唯一
password	VARCHAR(32)	否	密码	
customer_name	VARCHAR(10)	否	会员姓名	

续表

属性名	数据类型	可否为空	描　述	备　注
sex	enum('F', 'M')	可	性别	默认'F'
birthday	DATE	可	出生日期	
phone	CHAR(11)	可	联系电话	
hobby	set('ball', 'art ', 'music')	可	兴趣	
address	json	可	联系地址	
consumption_amount	DECIMAL(11, 2)	可	消费金额	
menber_balance	DECIMAL(11, 2)	可	会员余额	
email	VARCHAR(50)	可	电子邮箱	

表 11-9　Supplier(供应商表)

属性名	数据类型	可否为空	描　述	备　注
id	INT	否	供应商编号	自增，主键
supplier_name	VARCHAR(100)	否	供应商名称	唯一
manager_name	VARCHAR(50)	可	经理姓名	
phone	CHAR(11)	可	联系电话	
address	json	可	联系地址	
email	VARCHAR(50)	可	电子邮箱	

表 11-10　Goods(商品表)

属性名	数据类型	可否为空	描　述	备　注
id	INT	否	商品编号	自增，主键
goods_name	VARCHAR(50)	否	商品名称	
supplier_id	INT	可	供应商	外键
goods_type	VARCHAR(20)	可	商品类型	
banner	VARCHAR(255)	可	商品图片	
introduce	VARCHAR(255)	可	商品简介	
unit_price	DECIMAL(11, 2)	可	单价	默认 0
amount	INT UNSIGNED	可	数量	默认 0
goods_memo	VARCHAR(300)		备注	

表 11-11 Orders(订单订购表)

属性名	数据类型	可否为空	描 述	备 注
id	INT	否	订购编号	自增
customer_id	INT	否	顾客标识	外键
create_time	DATETIME	否	订单生成时间	
amount_money	DECIMAL(11, 2) UNSIGNED	否	订单应付金额	DEFAULT 0
paid_day	DATETIME	否	支付时间	
status	INT	否	支付状态	
staff_id	INT	否	订单确认员工	外键
memo	VARCHAR(100)	可	备注	

表 11-12 Item(订单详细表)

属性名	数据类型	可否为空	描 述	备 注
id	INT	否	订单条目编号	自增，主键
order_id	INT	可	订购标识	外键
goods_id	INT	可	商品标识	外键
quantity	INT	可	单个订单商品数量	
total_price	DECIMAL(11, 2)	可	单个订单商品总额	

5. 数据库业务规则对象

数据库业务规则包括视图、存储过程、函数、触发器等数据库对象。下面分别列举一个典型应用作为说明。

(1) 创建视图。

```
CREATE VIEW v_dp_staffer AS (
    SELECT s.*, d.dept_name, d.dept_phone, d.dept_memo
    FROM staffer s LEFT JOIN department d ON s.dept_id = d.id
```

(2) 创建存储过程。

```
DELIMITER //
CREATE PROCEDURE p_stafferSearch(IN staffer_id INT)
BEGIN
  SELECT * FROM v_dp_staffer WHERE id = staffer_id;
END //
```

(3) 创建函数。

```
set global log_bin_trust_function_creators=1;
DELIMITER //
CREATE FUNCTION staffer_search(staffer_id INT)
RETURNS VARCHAR(10)
BEGIN
```

```
    DECLARE name VARCHAR(10);
    SELECT staff_name INTO name FROM staffer WHERE id = staffer_id;
    IF ISNULL(name) THEN
      RETURN'无人';
    ELSE
      RETURN name;
    END IF;
  END //
```

(4) 创建触发器。

```
DELIMITER //
CREATE TRIGGER tg_item_ins AFTER INSERT ON item
FOR EACH ROW
BEGIN
UPDATE goods SET amount = amount - NEW.quantity WHERE id = NEW.goods_id;
END//
```

七、任务实施

(1) 划分实体、实体属性和联系属性。

下面是电商购物管理系统中销售部调研的记录信息。

部门：部门名称、业务职责、电话等。

员工登记：员工号、账户名、密码、所在部门、姓名、性别、身份证号、出生日期、联系电话、备注等。

客户登记：客户号、账户名、密码、姓名、性别、出生日期、爱好、消费数量、会员余额、电话、电子邮箱、住址等。

商品：商品编号、商品名称、供应商、商品类型、商品图片、商品简介、单价数量、备注、促销折扣、促销起始时间、促销终止时间等。

销售单：销售单号、客户号、商品名、商品件数、商品总价、订单生成时间、支付时间、支付状态、促销打折、批发价或零售价、应收金额、订单处理员工等。

退货单：销售单、退货商品条码、商品名称、退货单价、数量、退还金额、退货原因、退货时间、销售员号等。

从以上信息可归类出以下四个实体，这些实体的信息是其自然属性：部门、员工、客户、商品。四个实体之间存在四种联系，这些联系的属性即是联系动作发生时所需登记的信息。

① 员工、商品与客户间的订单销售联系；

② 员工与商品间的退货联系；

③ 员工与商品间的促销联系；

④ 员工与部门间的所属联系。

(2) 绘制局部 E-R 图。

分析上述信息，实体间存在的联系种类如下：

① 一个员工来自一个部门，一个部门有多个员工。

② 一份订单可包含多种商品，一种商品可以出现在多份订单中。

③ 一个员工销售确认处理多份订单，一份订单只能由一个员工所销售确认处理。

④ 一个客户可下订购买多种商品，一种商品也可被多个客户订购。

⑤ 一种商品可以给多个员工设置不同时段的促销折扣，一个员工也可以设置各种商品促销折扣。

⑥ 一个员工可以负责多种商品的退货，一种商品的退货也可以由多个员工负责。

划分出销售部的局部 E-R 图如图 11-20 图所示。

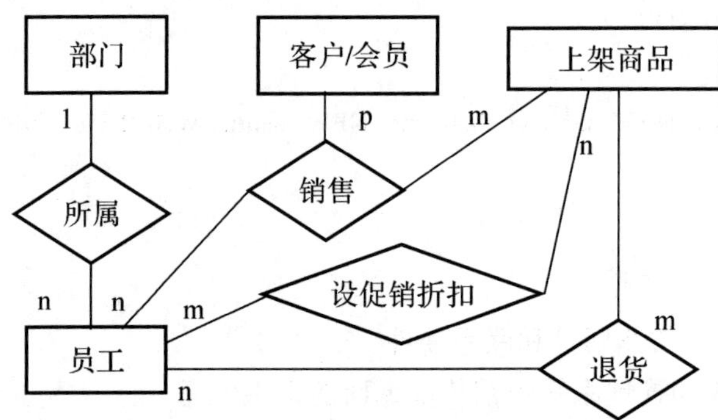

图 11-20　销售部的局部 E-R 图

(3) 整合 E-R 图。

用绘制销售部局部 E-R 图同样的方法绘出采购部局部 E-R 图，如图 11-21 所示。将这两个局部 E-R 图进行整合。

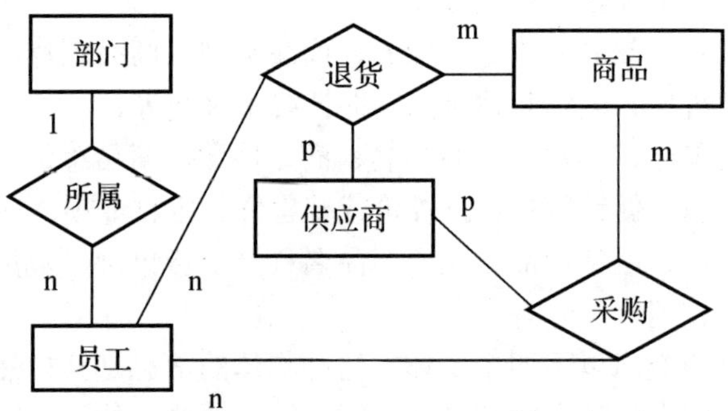

图 11-21　采购部局部 E-R 图

① 同名异义冲突：两图中都有“退货”联系，它们的含义不同，所以应该消除同名异义冲突。

② 完善联系：销售部中的上架商品与采购部的商品应存在所属联系。

整合后的 E-R 图如图 11-22 所示。

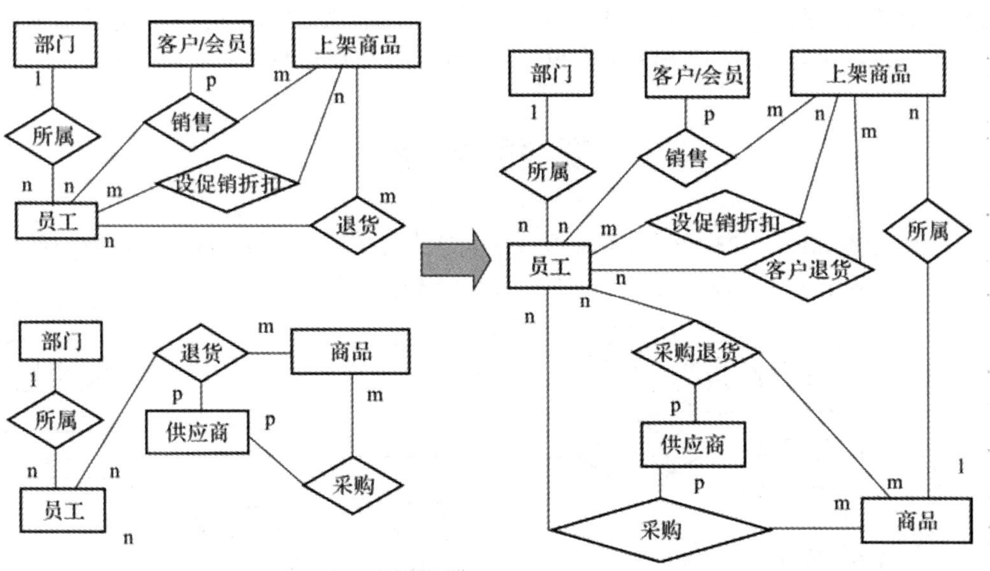

图 11-22　整合后的 E-R 图

(4) 将 E-R 图转换为关系模型。

运用关系模型转换规则，将整合后的 E-R 图转换成关系模式。

① 部门关系属性为其自身的所有属性。

部门(部门编号，部门名称、业务职责、电话)

② 员工关系除了其自身属性外，根据 1∶n 转换规则，还应加入一端联系的实体主码：部门编号。

员工(员工号，账户名，部门号，姓名，性别，身份证号，出生日期，入店日期，职业，联系电话，电子邮箱，住址，邮编)

③ 销售联系与会员、员工、上架商品三个实体有关系，根据转换规则，销售除自身属性外还应加入 3 个实体的主码。

销售(销售单号，商品号，件数，时间，会员号，是否批发，销售时间，销售员号)

其他实体或联系按照转换规则用同样方法进行转换。

(5) 对关系进行规范化检查，并根据实际情况优化调整。

设计出来的关系模式，还要结合实际情况进行优化，以提高服务性能。有时候规范化程度越高，则表分得越细，数据检索时就要连接很多表，服务器性能会大大降低。在存储容量充足的情况下，对修改频率低的表可以增加数据冗余，用空间换时间，以获得数据检索性能的提升。

小　结

本项目主要以电商购物管理系统为引导案例，介绍了应用数据库设计的基本步骤，以及如何进行需求分析、概念模型和数据模型设计，引导读者实践开展需求分

析、业务流程图和 E-R 图的绘制方法和关系模式的转换。学习完本项目，读者应能够根据实际业务需求，运用数据库设计方法来设计中小型应用系统数据库。

课 后 习 题

1. 根据如图 11-23 所示教务管理系统的简洁 E-R 图，转换出其关系模型。(联系的另一种表示方法：箭头线表示一端，直线段表示多端)。

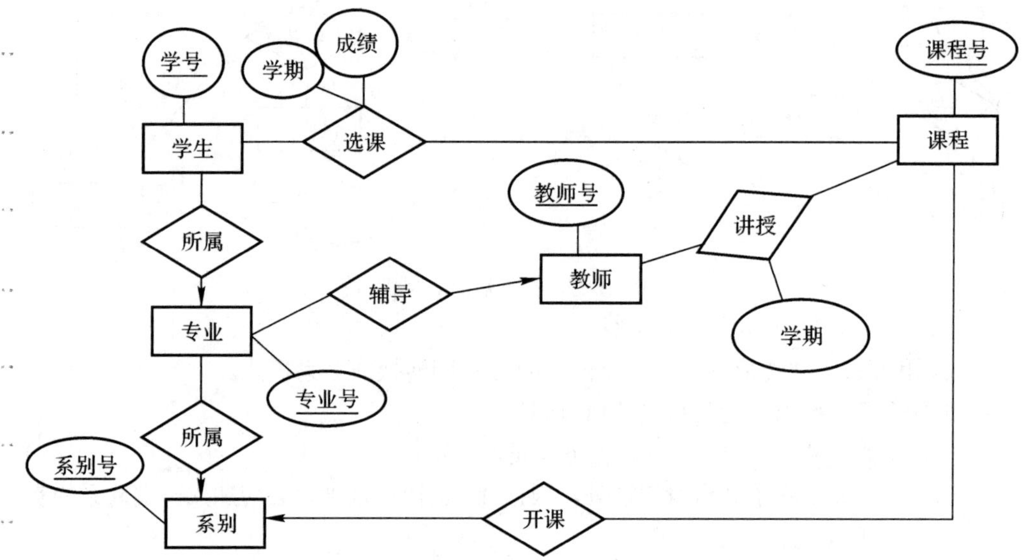

图 11-23　教务管理系统的简洁 E-R 图

2. 根据如图 11-24 所示的餐馆管理系统 E-R 图，转换出其关系模型。

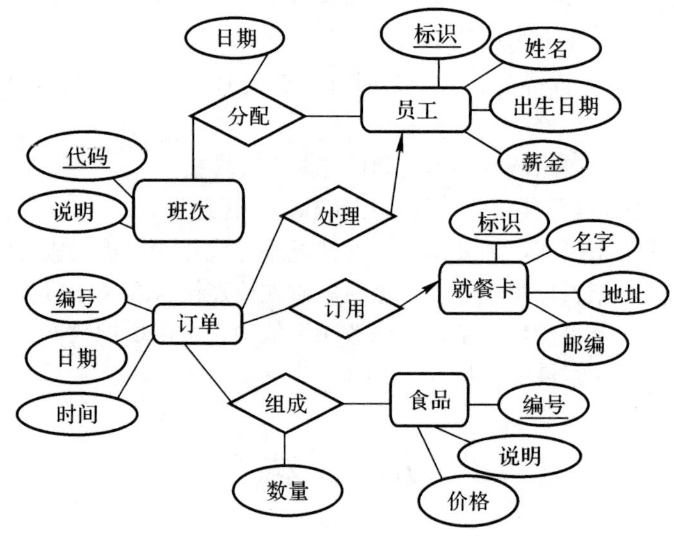

图 11-24　餐馆管理系统 E-R 图

3. 参考数据库设计案例，提交本组项目的数据库设计。

参 考 文 献

[1] 翟振兴，张恒岩，崔春华，等. 深入浅出 MySQL 数据库开发、优化与管理维护[M]. 3 版. 北京：人民邮电出版社，2019.

[2] 李士勇，杜娟. MySQL 数据库应用技术[M]. 北京：北京邮电大学出版社，2019.

[3] 马洁，郭义，罗桂琼. MySQL 数据库应用案例教程[M]. 北京：航空工业出版社，2018.

[4] 肖睿，訾永所，侯小毛. MySQL 数据库开发实战[M]. 北京：中国水利水电出版社，2017.

[5] 任进军，林海霞. MySQL 数据库管理与开发[M]. 北京：北京人民邮电出版，2017.

[6] 杨建荣. MySQL DBA 工作笔记：数据库管理、架构优化与运维开发[M]. 北京：中国铁道出版社，2019.

[7] 李春，罗小波，董红禹. 千金良方：MySQL 性能优化金字塔法则[M]. 北京：电子工业出版社，2019.